STATE AND MILITARY ETHICS

국가와 군대윤리

김장흠

박영사

책을 펴내며

우리에게 국가란 무엇인가? 인간은 태어나면서부터 어떤 국가에 귀속되어 '내 나라 내 조국'이라고 부르고 있으며 국가는 우리가 의지할 영원한 마음의 고향으로서, 사랑과 충성의 대상으로서, 감격과 희망의 대상으로서 존재하고 있다.

국가란 무엇이기에 국가를 위해 희생한다는 것이 충성스러운 행동으로 찬미되고, 또한 인간은 그러한 숭고한 희생을 열망하는 것일까?

여러분과 나의 조국은 대한민국이지요! 여러분은 우리 조국 대한민국이 언제 가장 영광스럽고 감격스러웠나요? 국가를 위해 싸우다 전사한 어느 군인의 모습을 보면서, 스포츠경기에서 대한민국 선수가 우승하여 시상식 때 태극기가 게양되고 애국가가 울려 퍼지는 모습을 보면서, 외국에 나가서 우리 대한민국 한류문화의 활약상을 보면서, 대한민국 기업이 세계 일류기업이 되어 현지에서 내보내는 회사 로그 광고를 보면서, 대한민국의 자긍심을 느끼게 되고 국가라는 이 거대한 조직이 나에게 무엇이고 우리들은 국가를 위해 무엇을 해야 할 것인가를 생각해보게 된다.

인간은 누구나 예외 없이 국가라고 하는 사회공동체에 예속하게 되고, 국가를 떠난 인간의 삶을 영유하기란 불가능하다. 현대를 살아가는 우리들은 국가의 안전과 국민의 번영을 보장하기 위해 국가정책과 국가전략의 이론과 실제를 깊이 이해하고 적극적으로 실천해야 할 의무와 책임이 있다. 이를 선도적으로 실천해야 하는 조직이 군대조직이다.

　외부의 군사적 위협과 침략으로부터 국가를 보위하고, 한반도에서 전쟁을 억제하고 군사적 긴장완화와 평화정착을 이룩하여 평화적 통일에 이바지하며 지역의 안정과 세계평화에 기여해야 하는 것이 대한민국 군인의 본분이다.

　군대 내에서 도덕적 해이 때문에 일어난 사건사고가 다반사다. 2014년 경기도 연천지역의 모 사단에서 윤 일병 구타 사망 사건이 발생했다. 윤 일병 사건은 행동이 느리고 굼뜨다는 이유로 선임들에게 상습적인 폭행과 가혹행위를 당하다 결국 사망에 이른 사건이다. 국방의 의무를 다하려고 군에 입대한 청년들이 선임병사의 몹쓸 폭력과 횡포에 숨죽이면서 하루하루 고통에 시달린다는 것은 있을 수 없는 일이다. 2014년 강원도 고성 전방부대에서 전역을 3개월을 남겨놓은 임 병장이 인격모독을 참지 못해 동료들을 향해 총기를 난사하고 무장탈영한 사건이 발생했다. 이 사고로 5명이 사망하고, 7명이 부상을 입었다. '군인 사망 사고 현황' 자료에 따르면 전체 사고의 60% 이상이 자살로 인한 사고이다. 이러한 사고는 군조직의 단결과 사기를 약화시킬 뿐만 아니라 개인적·사회적으로도 큰 손실을 초래한다. 군 환경·정서에 적응을 하지 못해 군에서 목숨을 끊는 자살사망자수가 좀처럼 줄어들지 않는다는 것이다. 또 군에서 상관이나 간부, 선임에 의한 음성적인 성폭력 행위는 끊임없이 발생하는 것도 군의 사기와 명예를 실추시키는 원인이다. 이러한 사건사고를 염두에 두면서 군대윤리 측면에서 접근하고자 한다.

　군대윤리의 기원은 1970년대 중반 미 육군사관학교에서 시험부정사건이 발생하면서 언론에 이슈가 되었고 미 의회는 조사단까지 파견하여 청문회를 열었으며 육군사관학교 교과과정에 대한 변화가 진행되었다. 이전의 리더십 중심의 교육이 이후 군대윤리를 정식과목으로 포함시키고 생도들의 도덕성 교육이 중심이 되었다. 또 다른 계기는 베트남전쟁에서 세계 최강의 장비와 풍부한 자원을 바탕으로 하고도 전쟁에 진 이유는 도덕적으로 부패한 비윤리적인 군대로 인하여 군기가 문란해졌고 사기가 저하되면서 패전을 하게 되었다. 그 대표적인 예가 베트남전쟁에 파견된 미군병사의 28%가 마약을 하고 있었으며, 탈영, 전투거부, 공격명령 불복종, 허위보고 등이 만연하였다. 장교와 하사관을 합하여 1,016명이 적이 아니라 부하에게 사살되었다는 것은 당시 군부대의 윤리와, 분위기를 극명하게 드러낸다. 윤리적 타락이 주요 원인이 되었던 베트남전의 패배는 자신감의 위기, 적응성의 위기, 양심의 위기라는 세 가지 위기를 불러왔다. 군대의 부패와 부정, 도덕성 타락의 만연은 전쟁의 승패와 직결된다는 것이 입증되었다. 동서고금의 역사는 군이 국민에게 사랑과 신뢰, 그리고 존중을 받을 때 나라의 부국강병이 가능하지만 그렇지 못할 때는 망국의 나락으로 떨어짐을 증명했다.

IP(Independent Producer, 독립적 생산자)세대는 '재미'가 있으면 '열정'을 불태우고Interest & Passion, 빠른 속도로 뜨거워지며 그만큼 빨리 식는 '즉흥적 인간관계Instant Partnership'를 표출하는 것이 이 세대의 한 특징이다. 이런 IP 세대들이 미래의 우리 군을 이끌 세대, 끊임없는 변화와 도전 속에서도 우리 대한민국을 발전시키고 안보를 책임질 세대로서 "국가관과 윤리의식"을 깨닫게 하는 것이 천착하는 이유이자 이 저서의 집필목적이다.

본 저서는 크게 4부 10개 장으로 구성되어 있다. 제1부는 군대의 존재이유, 군대와 국가의 관계, 즉 국가란 우리에게 무엇인가를 소개한다. 제1장은 국가의 형태를 다룬다. 제2장은 국가안보와 국력으로 구성되어 있다. 제2부는 우리의 조국 대한민국 체제의 우월성을 다룬다. 제3장, 제4장, 제5장은 국가를 위해 봉사할 수 있는 길이 얼마나 숭고하고 영광스러운 길인가를 인식시키기 위해 노력했다. 군인이 군복軍服을 입은 자기 모습에서 자부심을 느끼고 국민은 제복의 군인을 존경하며 예우하는 나라라야 군인들이 위기 때 기꺼이 목숨을 바칠 것이다. 국가보위의 일을 하고 있는 군인이 온 국민들로부터 존경을 받을 수 있도록 군 문화를 개선하고 행동하는 것이 중요하다. 제3부는 군대윤리의 기초를 다룬다. 제6장 인간과 윤리 측면과 군대윤리의 개념과 특성, 군대윤리의 범주와 지향점, 전쟁도덕으로서 군대윤리 등을 다룬다. 제7장은 군인의 직업윤리를 직업군인, 직업의 선택과 준비, 군인과 국가로 구성되어 있다. 제4부는 군인의 윤리규범을 다룬다. 제8장은 군대사화와 군대문화의 특징 위주로 구성되어 있다. 제9장은 군인의 의무와 덕목을, 제10장은 바람직한 군간부상으로 구성되어 있다.

　　본 서적을 통하여 진정한 군인이 되고자하는 학생들에게 좋은 지침서가 되고 자그마한 지표가 되었으면 더할 나위가 없겠다. 이 책이 나오기까지 아낌없는 지원과 배려를 해 주신 박영사 회장님과 관계자 여러분께 진심으로 감사를 드리고 싶다. 이 책을 출간하면서 저자로서 최선을 다하였지만 군데군데 허점이 많이 있는 것도 사실이다. 차후에 계속 보완해 나갈 것을 다짐해 본다.

2016년 1월
대덕대학교 연구실에서
저자　김 장 흠

차 례

제1부 국가란 우리에게 무엇인가?

제 2 부 우리의 조국 대한민국

제 3 부 군대윤리의 기초

제 4 부 군인의 윤리규범

국가란 우리에게
무엇인가?

為國獻身軍人本分

우리에게 국가란 무엇인가?

인간은 태어나면서부터 어떤 국가에 귀속되어 '내 나라 내 조국'이라고 부르고 있으며 국가는 우리가 의지할 영원한 마음의 고향으로, 사랑과 충성의 대상으로, 감격과 희망의 대상으로 존재하고 있다.

국가란 무엇이기에 국가를 위해 희생한다는 것이 충성스러운 행동으로 찬미되고, 또한 인간은 그러한 숭고한 희생을 열망하는 것일까?

여러분과 나의 조국은 대한민국이지요! 여러분은 우리 조국 대한민국이 언제 가장 영광스럽고 감격스러웠나요? 국가를 위해 싸우다 전사한 어느 군인의 모습을 보면서, 스포츠경기에서 대한민국선수가 우승하여 시상식에서 태극기가 게양되며 애국가가 울려 퍼지는 모습을 보면서, 외국에 나가서 우리 대한민국 한류문화의 활약상을 보면서, 대한민국 기업이 세계일류기업이 되어 현지에서 회사 로그 광고를 보면서 대한민국의 자긍심을 느끼게 되고 국가라는 이 거대한 조직이 나에게 무엇이고 우리들은 국가를 위해 무엇을 해야 할 것인가? 생각해보게 된다. 이것이 제 1 부의 핵심이다.

제 1 장에서는 국가의 성립과 발전 분야에 있어 국가의 기원으로 학자들은 여러 학설을 주장하고 있지만 저자는 대표적인 몇 가지 학설을 정리하여 소개한다. 다양한 형태의 국가를 서로 비교해봄으로써 국가의 성격을 살펴보고 국가의 구성요소, 국가의 분류, 강대국과 약소국, 강건한 국가와 연약한 국가를 살펴보는 것이 제 1 장의 핵심이다.

제 2 장에서는 국가안보의 주역인 군인이 국가안보를 수행하는 과정에서 도덕과 윤리적 측면의 문제를 살펴보는 것이 제 2 장의 핵심이다. 국가는 왜 불안한가? 국가안보와 국가이익, 국력, 국가안보의 영역이 제 2 장의 주요 내용들이다. 이중 국력을 주요 요소로 언급하였다. 국력은 국가의 힘(power)의 약자이다. 여기에서 '힘'의 개념을 정립하고 국력의 요소들을 제시하였다.

제 1 장

국가란 무엇인가 I
— 국가의 형태 —

제1절 국가의 성립과 발전

1. 국가의 기원

국가는 고대 그리스의 폴리스[Polis]라는 도시국가에서 역사상 가장 먼저 그 모습을 나타낸 후에 현대국가로 발전되어 왔다. 국가라는 용어는 영어에서는 state, 이탈리아어에서는 stato, 독일어에서는 staat로 사용되고 있는데, 이러한 단어들은 르네상스시대에 사용된 라틴어로 "선다"는 말인 staat에서 유래되어 지위 또는 신분이란 의미인 status로 전환된 후 오늘날에는 국가라는 의미인 state로 변화되어 사용하고 있다.[1]

국가의 기원은 학자들마다 여러 학설을 주장하고 있지만 저자는 대표적인 몇 가지 학설을 정리하여 소개하고자 한다.

---

1 조영갑, 「국가안보학」(서울: 선학사, 2009), p.20.

　　신의설divine right theory은 국가는 신에 의해 창조되거나 신의 뜻에 따라 성립되었다고 주장하는 학설이다. 신의설은 국가 성립의 기초를 초자연적 존재인 신의 뜻에 두고 국민에게 절대 복종을 강요하는 신학적 국가론을 말한다. 신권설 또는 왕권신수설王權神授說이라고도 한다. 이 사상은 17세기 절대왕권시대에 절대군주가 자신의 권력을 정당화하기 위한 근거로 삼았다. 군주는 이 사상을 토대로 왕의 권력은 신으로부터 부여받은 것이므로 국민은 왕에게 절대적으로 복종과 충성을 다할 것을 요구한다. 신의설은 고대 농경사회에서 건국신화로 종종 등장하는데 이는 집권세력들의 집권수단으로 많이 활용되었으며 오늘날에도 대부분의 국가주의자들은 이러한 국가관을 유지하고 있다.

　　사회 계약설contract theory은 국가의 성립에 대해 민주주의 국가에서 가장 많이 받아들여지고 있는 주장은 바로 이 사회계약설이다. 사람들이 자신들의 권리를 보장하기 위해 스스로 계약을 맺어 국가를 구성했다고 보는 학설이다. 즉, 국가라는 존재 자체는 국민들의 동의 아래 성립된 사람과 사람 간의 계약으로 이루어졌다는 것이다. 이처럼 사회계약설은 권력의 원천으로 인간을 바라보는 인간관에서 출발한다. 특히 영국의 철학자이자 정치사상가인 홉스Thomas Hobbes, 1588~1679는 인간의 자연상태를 '만인에 의한 만인의 투쟁 상태'라고 보고 무질서의 상태를 벗어나기 위해 인간은 계약을 바탕으로 국가를 만들었다는 사회계약설을 주장하였다. 그리고 로크John Locke, 1632~1704와 루소Jean-Jacque Rousseau, 1712~1778에 의해서도 사회계약설은 주장되었다.

　　홉스는 「리바이어던Leviathan」을 통해 사회계약설을 주장하였다. 그는 모든 인간은 사회성을 결여한 이기적이며 평등한 존재로 보았다. 그리고 자연상태, 즉 무정부상태는 '만인에 의한 만인의 투쟁'

상태라고 생각했다. 자연상태에서 인간은 항상 죽음의 공포에 시달리고 외롭고 비참하다. 따라서 자연상태에서 벗어나기 위하여 모든 개인은 자신의 자연권을 제3의 주권자에게 자발적으로 전부 양도한다. 이렇게 주권자, 즉 국가 혹은 정부는 개개인에게서 양도받은 권리를 이용하여 절대적인 강제력을 행사절대군주하여 사회를 평화로운 상태로 이끌어 나가게 된다는 것이다. 홉스는 공권력을 행사하는 강력한 국가Leviathan를 창출해야 하고 개인은 이 권력에 저항해서는 안 된다고 주장하였다.

　로크는 자신의 저서인 「시민정부론」에서 개인의 동의에 기반을 두는 '제한정부론'을 주장하였다. 로크의 자연상태는 신에 의해 제정된 자연법이 존재하는 상태이다. 인간은 자유롭고 평등한 존재이며 어느 정도의 사회성도 지니고 있다고 보기 때문에 홉스와는 달리 자연상태가 다소 평화로운 상태로 묘사된다. 로크는 자연권 중에서 사적 소유권재산권을 가장 중요시하였는데, 자연상태에서는 소유권의 완전한 확보에 어려움이 있다. 따라서 생명과 자유, 재산에 대한 권리를 확고히 보장받기 위하여 모든 사람들이 사회계약에 동의하여 정치·사회를 구성하게 된다. 그리고 개인의 권력을 위임받은 정부가 구성되는데, 어떤 정부가 본래의 기능과 의무를 다하지 못하는 경우 사회 구성원의 의사에 따라 새로운 정부가 구성될 수도 있다고도 주장한다. 이것이 바로 '로크의 저항권 사상'이다.

　루소는 자연상태에서 인간은 평등하고, 자유를 누리며, 독립적인 삶을 영위한다고 생각하였다. 그러나 사회의 발전 과정에서 볼 때 분업화, 가족제도, 사유재산 등의 도입으로 인하여 사회적·경제적·정치적 불평등과 인간소외현상이 발생하게 된다. 이를 극복하기 위한 대안으로 「사회계약론」에서 민주적 자치를 통한 입법과정과 이의 준수를 주장하였다. 사회 구성원이 모두 동등한 존재로 참여하여 진정한 자유를 추구하는 의사형성 과정에서 공공선公共善과 공공정신이 형성될 수 있는데, 이를 가능케 하는 정치형태로 고대 그리스의 직접민주정치를 가장 이상적인 것으로 보았다. 홉스가 국가에 초점을 두었다고 본다면 로크나 루소는 개인에 초점을 두었다고 할 수 있다.

정복설conquest theory은 원시사회 단계에서 부족들 사이에 적자생존의 투쟁이 일어나 강한 세력이 국가가 되었다고 주장하는 학설이다. 적자생존이란 생물의 생존경쟁에서 환경에 적합하게 잘 적응한 것만이 살아남고 진화한다는 뜻이다. 그런데 이 주장은, 자연환경에 잘 적응하는 강한 동물만이 살아남을 수 있듯이 강한 집단이 약한 집단을 정복하는 것이 자연스럽고 당연하다는 논리를 내포하고 있다. 따라서 강대국이 약소국을 정복하는 것을 합리화하는 근거가 될 수 있어 오늘날에 많은 비판을 받는 학설이기도 하다.

족부권설patriarchal theory은 인류의 공동생활이 발달하면서 가족 내 가부장의 권위가 세지고 가족들이 모여 씨족을 형성하고 씨족이 모여 민족을 형성하여 국가가 형성되었다고 보는 학설이다. 고대의 일부일처제 가족단계 또는 고대문명 발생 시점의 국가가 이에 해당한다. 실력설force theory은 한 종족이 다른 종족을 지배하거나 또는 같은 종족 내에서 한 계급의 다른 계급에 대한 실력적 지배가 성립할 때 국가가 발생한다고 보는 학설이다. 재산설property theory은 국가의 기원을 재산에서 찾는 이론으로, 토지 사유권이 인정되면서 발생했다고 보는 학설이다.

마지막으로 계급설class theory은 원시공동체사회에서 사유재산제가 나타나고, 이어 빈곤계급과 부유계급 사이의 분화가 일어나면서 국가가 발생했다는 학설이다. 즉 지배계급이 다른 계급을 권력으로 억

압하고, 나아가 자신들의 재산을 유지하기 위한 수단으로 만들어 낸
통제기구가 바로 국가라는 주장이다. 지배계급이 피지배계급을 경제
적으로 착취하고 억압하기 위해 국가를 형성했다고 본다. 국가는 지
배계급의 이익을 위해 봉사하는 기관이므로 국가의 권력과 기능은
지배층의 이익을 위해서만 작용한다는 것이다. 따라서 계급이 없어
지면 지배계급이 피지배계급을 지배하고 억압하기 위한 수단에 불과
한 국가도 없어질 것이라고 마르크스, 레닌, 엥겔스 등이 주장했다.
이 계급설은 국가의 본질에도 그대로 적용되었고 공산주의의 시초가
되었다.

2. 한민족의 원류

한국이나 중국은 오래전부터 국가를 유지해왔다. 한국은 지금으
로부터 4천3백여 년 전 단군檀君이 나라를 세워 나라 이름을 조선朝鮮
이라 일컬으니, 반만년 역사에 빛나는 한국민족사의 첫 장이 열린
것이다.

그러나 이 땅에 사람이 살아온 역사는 그보다 훨씬 오래전으로
거슬러 올라간다. 이미 50만 년 전부터 구석기시대 사람들이 남긴
문화의 발자취가 한반도의 여러 곳에서 발견되었고, 같은 모습의 문
화가 북중국北中國, 만주滿洲 일대에서 나타나고 있다. 구석기시대 사람
들은 이곳저곳을 옮겨 다니며 살았지만 구석기시대 후기가 되면서
현대 몽고인종과 같은 특징을 갖는 사람들이 나타나 한민족의 원류
를 형성하게 된다.

구석기시대에 이어 신석기시대가 되면서 가축을 기르고 농사를
짓는 지혜를 터득하게 되어 경제가 안정되고 마을을 이루며 공동생

활을 하게 된다. 이때 만들어진 빗살무늬토기는 시베리아 바이칼호
부근, 흑룡강黑龍江 유역에까지 이르는 문화권을 이룩하며 민족문화의
기초를 닦게 되었다.

　신석기시대가 끝날 무렵에는 동아시아 역사의 주인공인 동이족東
夷族2 이 형성되면서 회하淮河 유역과 황하黃河 하류의 산동반도山東半島 일
대, 남만주 발해만勃海灣 일대, 그리고 한반도에 걸치는 말발굽형馬蹄形
의 동이족 문화권이 형성된다. 동이족 문화권은 특히 큰 강이 밀집
해 있어 경제적 조건이 좋고, 해상 교통이 활발한 곳으로 고대 문명
이 싹트는 데 아주 좋은 곳이었다. 동이족의 문화는 중국사의 첫 문
명인 은殷나라의 문화를 꽃피우는 발판이 되었다. 신석기시대의 문화
권을 그림으로 표시해 보면 다음 [그림 1-1]과 같다.

　신석기시대가 지나고 약 4천 년 전부터 청동기 기술이 등장하고
한국민족사의 새로운 장이 펼쳐지게 되었다. 한국의 청동기문화는
동광銅鑛이 풍부한 요동遼東 지방에서 일어나 만주일대와 연해주沿海州,
일본의 북규슈北九州에 걸치는 거대한 문화권을 형성하게 되었고, 그
주체세력이 고조선을 세워 한국민족사의 첫 장을 열었다.

　고조선을 세운 단군은 하늘의 아들임을 내세우며 태백산太白山: 백두
산을 중심으로 살고 있던 환웅桓雄 세력을 바탕으로 우세한 청동기 문
화를 가지고, 주변의 여러 집단과 힘을 모아 고조선을 세우게 된 것

2 중국 동북부지방과 한국·일본에 분포한 종족을 중국인이 부르던 명칭. 은나라 때
인방(人方)이라는 이족(夷族) 집단이 있었고, 죽서기년(竹書紀年)을 비롯한 선진시
대(先秦時代)의 문헌과 금석문에서 '동이'를 뜻하는 다양한 명칭이 발견된다. 여기
에 표현된 이족과 동이족은 산둥성·장쑤성 북부 일대에 거주한 족속을 말한다. 이
들은 단순한 이민족(異民族)이 아니라, 뒤에 중국민족을 형성한 중요한 요소가 되
었다. 그러나 한(漢)나라 이후 기록된 사서에 나오는 동이는 전국시대까지 중국의
동부지방에서 활약한 '동이'와는 전혀 별개의 존재였다. 한(漢)나라 때의 중국인은
변방의 종족을 동이(東夷)·서융(西戎)·남만(南蠻)·북적(北狄)이라 불렀는데, 동이
는 바로 동쪽에 있던 종족을 가리킨 말이다. 이 시기의 동이족에는 예(濊)·맥(貊)·
한(韓) 계통의 우리 민족과 읍루와 왜족이 속하였다.

그림 I-I 신석기 시대의 문화권

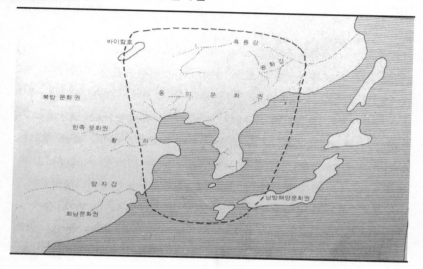

이다. 고조선은 이후 부여·고구려에 그 명맥을 이어주기까지 겨레 문화의 기틀을 다지며 발전의 길을 걸어 나갔다. 우리 겨레의 역사 무대는 처음부터 드넓은 만주 벌판이었고, 이때부터 동북아 대륙은 고조선에 이어 부여, 고구려에 의해서 민족사의 무대로서 계승되었고, 남북조시대의 북조 발해渤海에 이르기까지 한민족은 명실상부한 대륙의 지배자로 군림하게 되었다.

신석기시대 초기의 빗살무늬토기 문화는 한반도로부터 시베리아 바이칼호 부근, 흑룡강 유역까지 전해졌고, 남쪽으로는 일본에도 영향을 끼쳤으며 무문토기 문화 단계에서는 앞서 있던 빗살무늬토기 문화를 이어받아 발전시킴으로써 민족문화의 토대를 마련하였다. 이 문화의 주인공을 예로부터 동이족이라고 불렀고, 예맥족濊貊族[3]이라고도 했

---

3 고대 한민족의 종족명으로 한반도 북부와 중국의 동북부에 살던 한민족(韓民族)의 근간이 되는 민족 중 하나로 보는 게 일반적이다. 그러나 여전히 이에 관한 다양한 견해가 제시되고 있다.
예(濊)와 맥(貊)을 갈라 보는 견해에서는 예족은 요동과 요서에 걸쳐 있었고 맥족

다. 이들이 한민족의 주류를 형성하게 되는 것이다. 그때 황하 중류 유역에는 한족 문화권, 양자강 남쪽에는 화남 문화권, 몽고 지방에는 북방 문화권이 있었는데, 동이족의 문화권은 발해만 일대와 만주·한 반도에 걸쳐 있었으며 북으로 흑룡강과 바이칼호까지 뻗어 있었다.

　　동아시아를 주름잡던 동이족은 만주대륙과 북중국 일대를 무대로 하여 한민족사를 이끌어 왔으며, 중국문명을 일으켰고, 미개한 일본을 깨우쳐 주었다. 고대 로마가 서양 문명의 기초를 놓았듯이, 한민족은 동아시아 문화의 반석을 다지며 장엄한 첫발을 내딛고 있었던 것이다.

3. 유럽국가의 등장

　　유럽에서는 1618년부터 신·구 종교를 둘러싼 30년 전쟁을 치르면서 근대국가가 탄생되었다. 이 전쟁은 최후·최대의 종교전쟁이면서, 최초의 근대적 영토전쟁이기도 했다. 서구세계가 중세에서 근대로 넘어가는 길목이기도 하다.

　　30년 전쟁으로 유럽 인구의 1/4이 사망하고 수많은 경제적, 물리적 피해가 발생하자 유럽의 135개 공국公國들은 1648년 웨스트팔리아 조약The Treaty of Westphalia을 체결했다. 이로써 유럽에서는 근대국가가 형성되기 시작했다. 통치자들은 그들의 관할 지역에서 주권적 권력을 행사하며, 자신의 영토 내에서 자유롭게 종교를 결정할 수 있었다. 웨스트팔리아 조약을 통해 유럽 공국들이 '주권'의 원칙을 수립함으로써 근대국가의 기초를 마련하였다. 30년 전쟁은 유럽의 종

은 그 서쪽에 분포하고 있다가 고조선 말기에 서로 합쳐진 것이라고 보며, 예맥 (濊貊)을 단일종족으로 보는 견해에서는 예맥은 고조선의 한 구성부분을 이루던 종족으로서 고조선의 중심세력이었다고 본다.

교적 신념, 통치제도, 그리고 정치적 이데올로기가 서로 충돌했던 중세의 황혼기에, 문예부흥과 종교개혁에 의해 점화된 장기적 변화의 산물이었다.

30년 전쟁의 결과로 주권의 개념이 어느 정도 정립되고 국가와 종교의 분리가 정착되자 영국과 네덜란드를 제외한 대부분의 국가는 절대주의 왕권을 수립하기 시작했다. 절대주의는 권력의 집중을 가져왔는데 이로 인해, 영토적 경계, 재정의 집중과 확장, 행정의 집중, 국가에 의한 군사력의 독점, 표준군대의 도입, 입법과 시행에서의 새로운 메커니즘의 창설, 외교와 외교적 제도를 통한 국가 간의 관계 형성 등 오늘날 국가의 모습이 나타나기 시작했다.

:: 절대주의(absolutism)

근세 초기 유럽에서 보인 전제적(專制的) 정치형태를 말하는 절대주의는 흔히 절대왕정으로 불리기도 한다. 절대왕정은 중앙집권적 통일국가였다는 점에서 분권적인 중세 봉건국가와는 다르고, 인민의 무권리(無權利)와 신분적 계층제를 유지하였다는 점에서 근대국가와도 구별된다. 절대군주인 국왕은 봉건귀족이나 부르주아 계급 등 어느 누구에게도 제약을 받지 않는 절대적 권력을 가졌다.

절대주의는 국가 내에서의 경제, 정치, 문화적 차이를 감소시키는 국가형성state-making에 기여하였고, 정치적 공동체를 형성하고 정체성을 키우는 데 기여하였다. 절대주의 국가는 봉건적 영주체제를 타파함과 동시에 자신의 폭력기구를 전문화하고 경제적 하부구조의 건설에 나서면서 언어와 교육정책의 통일을 추진할 수 있었기 때문이다.[4]

17세기 후반에 이르러서는 유럽은 더 이상 모자이크식 정치체가

---

4 김열수, 「국가안보」(서울: 법문사, 2010), pp.73-74.

아니라 주권의 원칙과 영토성이 우선시되는 '국가들의 사회'로 진화하였다. 국가주권의 발전은 서로를 국가로 인정하는 과정의 핵심이었다. 또한 영토적 주권, 국가의 공식적인 동등성, 국내문제에 대한 비개입, 국제법 의무에 대한 국가의 동의 등이 국제사회의 핵심적인 원칙이 되었다.[5]

4. 민주주의 국가체제의 팽창

국가의 팽창 못지않게 민주체제라는 체제의 팽창도 일어났다. 제2차 세계대전 이후 40여 년간 미국과 소련을 중심으로 지속되어 온 냉전체제[6]는 소련의 고르바초프Gorbachev 공산당 서기장이 실시한 개혁페레스트로이카정책과 개방글라스노스트정책을 추진하고 중국이 실용주의 노선[7]을 추구하면서 허물어지기 시작했다.

공산주의의 「프롤레타리아 독재론」에서 마르크스는 자본주의 사회가 붕괴된 후에도 쇠퇴한 자본가 계급과 소득의 불평등 등 자본주의 질서의 일부가 존속하는 과도기가 있고, 이 기간 동안에는 부르주아 계급의 부활과 보복 및 그 자체를 완전히 근절시키기 위해 프롤레타리아 독재가 필요하다고 보았다. 그리고 이 프롤레타리아 독재는 극소수 부르주아에 대한 대다수 프롤레타리아 계급의 독재이기 때문에 이러한 독재는 민주주의적이라고 주장했다. 공산국가는 공산혁명을 위해서라면 어떤 전쟁이나 무력행사도 불사하며 이 지구

---

5 상게서, p.75.
6 제2차 세계대전이 끝난 1945년부터 40여 년간 자본주의 국가의 맹주 미국과 사회주의 국가의 맹주 소련이 세계를 분할하여 대립하던 국제질서 체제.
7 1970년대 말부터 중국의 덩샤오핑(鄧小平)이 취한 중국의 경제정책으로 '흑묘백묘론'이 대변된다. 이는 중국을 발전시키는 데는 자본주의나 공산주의나 무관하다는 실용주의 노선으로 '흑묘백묘 주노서 취시호묘(黑猫白猫 住老鼠 就是好猫)' 즉 검은 고양이든 흰 고양이든 쥐만 잘 잡으면 된다는 뜻이다.

상에서 자본주의가 소멸함으로써 평화가 가능하다고 주장하고 있다. 이런 공산체제의 이론은 냉전체제 갈등과정에서 고르바초프의 개혁 개방정책으로 몰락하게 된다.

:: 페레스트로이카(perestroika)

'총체적 개혁', '재편'의 뜻을 가진 러시아어로, 1985년 소련의 고르바초프 당 서기장이 선언한 개혁 이념 및 정책으로 개인의 자유와 소유권의 확대, 사회의 민주화, 개방된 외교정책, 군축 및 동서의 긴장 완화와 상호의존체제 확립 등을 추진했다. 고르바초프는 이 정책을 추진하면서 국내적으로 상상을 초월한 정치개혁을 실시하였고, 대외적으로는 긴장 완화와 군축정책을 실시하여 동구권의 체제 변혁과 냉전의 종식을 이끌어냈다. 그러나 기업의 자립화, 시장경제화가 진전을 보지 못해 사회주의의 붕괴를 촉발시킨 원인으로 여겨지고 있다.

:: 글라스노스트(glasnost)

'열림', '개방'이라는 뜻의 러시아어로, 1985년 소련의 고르바초프가 실시한 개방정책이며 정치적이고 공공적인 생활에서 표현과 자유를 증진시키기 위한 것이다. 종래는 반소적(反蘇的)이라고 금지된 문학작품이나 영화, 연극 등이 공연되었다. 이로 인해 출판의 허용, 토론의 활성화, 정치범 석방, 자유와 서구문화에 대한 개방이 허용되었다. 이런 정책에 대한 제한적인 요소는 있었으나 소련의 민주화에 영향을 미쳤다.

세계는 미국을 맹주로 하는 자유민주주의 체제와 소련을 맹주로 하는 공산주의 체제로 양립하다가 1989년 독일의 베를린 장벽이 무너지고, 동유럽 공산권 국가들의 붕괴로 반세기 가까이 지속되어온 동서진영의 이념과 체제 대결은 사실상 종말을 고했다. 그 후 20여 년 동안 민주주의 국가체제는 번영과 팽창을 이룩하게 된다.

근대국가의 정치제도는 대부분 절대군주제였으나 지금은 대부분

대의민주주의 제도를 채택하고 있다. 귀족제나 군주제 또는 독재의
반대 개념으로 사용되는 민주주의는 국민의 지배를 의미한다. 민주
주의는 국가의 지도자가 하늘에 의해 점지王權神授되는 것이 아니라 인
민에 의해 선택되는 정치제도인 것이다.[8]

자유민주주의는 인간의 존엄성에 대한 믿음을 전제로 하여 자유·
평등·사회정의 및 복지의 가치를 정치·경제·사회의 각 분야에서
최대한으로 실현하고자 하는 정치이념이며 제도이다. 이 자유민주주
의는 18세기 후반 유럽전역에서 국민이 주인이 되는 민주주의로 등
장하기 시작한 것이다.

제 2 절 국가의 성격

1. 자유주의 국가론

자유주의 국가론은 절대주의에 반발하며 새롭게 출현한 부르주
아 지배계급의 이익을 정당화하고 지켜주기 위한 국가 이데올로기였
다. 자유주의는 개인의 천부적인 인권인 자연권을 기본으로 하며,
부당한 권력으로 개인을 억압하였던 절대왕권체제를 깨뜨리는 데 힘
을 실어 주었다.[9]

이 국가관은 사회의 공공선을 달성하는 사회적 제도로 국가를
상정하고 있다. 그리고 국가가 간섭을 하면 시장경제의 작동에 전혀
도움이 되지 않는다고 말하며 시장에 간섭하는 국가의 권력을 최소
화 할 것을 주장한다. 국가는 전쟁억제와 공공의 안녕과 질서 유지

---

8 김열수, 전게서, p.77.
9 유낙근·이준, 「국가의 이해」(서울: 대영문화사, 2006), pp.129-130.

라는 최소한의 역할을 담당하여야 하며, 나머지는 모두 시장경제의
원리에 맡겨야 한다는 것이다. 이것이 바로 19세기의 고전 경제학
및 자유방임적 정치사상에 따른 국가의 본질이다. 각 나라마다 자유
방임적 정치사상은 그 나라의 지배계급과 신흥지배계급 간의 힘의
역학 관계에 따라 민주공화제, 의원내각제, 입헌군주제, 대통령 중심
제 등으로 다양하게 나타나지만 기본적으로 국가권력을 장악하여 지
배세력이 되는 국가형태를 기본 골격으로 하고 있다.

2. 다원주의 국가론

다원주의 국가론은 국가권력에 대한 소극적인 입장을 반영하는
것으로 제2차 세계대전 이후인 1950년대와 1960년대에 걸쳐서 미국
정치학의 주류를 이루었다. 다원주의 국가론의 핵심적인 주장은 정
치권력은 한 사회 내의 특정계급이나 엘리트에 집중된 것이 아니라
여러 집단, 파벌 등에 분산되어 있다는 것이다.[10]
다원주의 국가론의 입장에서 보면, 국가는 집단 간의 공동 이익
을 추구하는 제도이고, 사회 내 대립되는 세력들 간의 화해의 산물
이므로 대립적 사회 세력의 가치 중립자로서 역할을 해야 한다. 집
단의 차원에서 보면 국가란 그들의 이익을 달성하기 위해 이용할 수
있는 중립적 도구에 불과하고 정부의 정책방향을 결정짓는 유일한
요인은 이익단체로 대표되는 집단압력이다.[11] 따라서 다원주의 국가
론은 국가가 유일한 최고 통제기관이고 국가주권을 사회의 유일한
최고권력으로 인정하는 전통적 국가관에 반대한다.[12] 단지 국가는

---

10 김재영, 「현대정치학」(서울: 삼우사, 1995), pp.203–204.
11 오명환, 「현대정치학이론」(서울: 박영사, 1992), p.360.
12 이수윤, 「정치학개론」(서울: 법문사, 1998), p.148.

중개자 또는 심판의 역할이라는 중립적이며 소극적인 지위만을 인정받게 된다.[13] 다원주의 국가론에서는 이익단체, 압력단체, 시민단체, 공익단체 등의 집단의 개념을 도입하여 집단 간 타협 및 조정을 전제하고 있다. 그러나 각 단체들의 이익표명은 자유주의 시장원리에 따라 경쟁적으로 이루어지므로 모든 집단 간에 항상 타협과 조정이 이루어는 것은 아니며 모든 집단에게 참여의 기회와 권리가 보장되는 것도 아니다. 따라서 다원주의 국가론은 갈등이 심화될 우려가 있고 특정집단이 정부와 이익동맹을 형성하고 이익대표 체제를 독과점하여 다른 군소집단의 이익이 배제될 문제가 있으며, 정치적 부패가 만연할 우려가 있다는 한계성을 가진다.

3. 계급주의 국가론

계급주의 국가론은 국가의 본질을 계급지배로 인식한다. 그리고 국가를 사회경제적 지배계급이 피지배계급을 억압하고 착취하기 위한 조직일 뿐이라고 인식한다. 계급주의 국가론은 19세기 중엽 이래 서구 근대국가들이 위기를 맞이하게 되면서부터 시작되었다. 자본주의 경제의 모순으로 빈부의 격차, 유산자와 무산자 간의 계급대립, 사회적 부조리 등의 위기상황 속에서 개인의 의지와 무관한 사회 자체를 객관적·과학적으로 분석함으로써 국가의 근본문제를 밝히려는 움직임이 나타났다. 이것이 마르크스와 엥겔스로 대표되는 계급주의 국가론이다.[14]

마르크스와 엥겔스는 국가가 공익을 앞세우고 개인의 자유와 재산권을 보호한다고 하지만 실제로는 자본가의 특권을 옹호하고 지배

13 오명환, 상게서, p.364.
14 김우태, 「정치학원론」(서울: 형설출판사, 1992), p.171.

계급의 이익을 위하여 봉사한다고 비판하였다.[15] 마르크스는 그의 '공산당선언'에서 자본주의 아래에서의 국가는 부르주아 계급의 이익을 위한 착취도구이며 자본주의 사회는 사회주의 내지는 공산주의 사회로 진행할 것이기 때문에 국가는 필연적으로 소멸할 것이라고 주장하였다.

4. 자율국가론

다원주의 국가론이나 계급주의 국가론은 주로 개인, 집단, 계급 등 사회의 제반 구성요소들이 분석의 기본단위를 이루고 있으며, 이들의 상호작용으로부터 국가의 성격을 이끌어내고 있다. 다원주의적 입장에서는 국가를 심판이나 중개자로 보았고, 계급주의적 입장에서는 국가를 계급지배의 도구와 체제유지의 기구라고 보았다. 이런 견해는 국가권력을 사회에 종속적인 것으로 보았으며 국가의 독자적 성격과 자율성을 인정하지 않았다.

자율국가론은 국가의 사회에 대한 독립성을 전제로 하고 있으며, 국가는 사회의 어느 특정 집단이나 계급의 이해와는 구별되는 스스로의 목표와 그것을 실현할 수 있는 능력을 소지하는 자율적인 행위자로 파악된다. 이러한 학설을 주장한 사람으로는 대표적으로 막스 베버Max Weber와 같은 사회학자를 들 수 있다.

베버는 국가의 특성을 영토성, 물리적 힘의 독점, 정당성이라는 세 가지 측면에서 부각시켰다. 그에 의하면 국가는 사회의 공동체와 국가 자신의 이익을 추구하는 의지적 행위자이며, 절대적 지배권을 향유하는 초계급적인 실체이다. 그리고 그는 국가를 "일정한 영토

| 15 오명환, 상게서, p.397.

내에서 물리적 강제력을 합법적으로 행사하는 인간 공동체"로 정의
하였다.

　사회 내에서 국가의 우월한 위치를 확보시켜주는 요인으로는 관
료제를 들 수 있다. 관료제는 다른 어떠한 조직의 형태보다도 기술적
우월성을 가지며 전문적 지식과 정보 그리고 비밀보장 등의 이점을
가지고 있다. 관료제는 산업사회의 필수불가결한 조직형태이며, 그
힘은 막강하고 파괴할 수 없는 것으로 여겨지고 있다. 근대국가에서
관료제는 상비군과 직업공무원을 통해 국가의 통치권을 전담한다.

5. 조합주의 국가론

　조합주의 국가론은 중세사회의 길드 개념에서 연유하는 기능적
단체인 조합에 구조적 근원을 두고 있으며, 이탈리아의 무솔리니
Mussolini가 조합국가를 시도함으로써 발전하였다. 다원론은 국가를 다
양한 집단 간의 타협과 조정을 통해 만들어진 정책을 집행만 하는
제도로 전제하고 있는데, 이 전제는 현실성을 결여하고 있다. 조합
주의 국가론은 이러한 다원주의 국가론의 한계를 인식하면서 나타난
다원론의 변형된 형태이다.

　조합주의란 각 이익집단들이 단독적·위계적 이익대표 체계를 전
국적 규모로 형성하고, 한편으로는 국가이익을 대변하면서 다른 한편
으로는 국가이익을 대변한 대가로 이익공동체의 요구를 독점적으로
정책과정에 투입하는 이익대표방식을 말한다. 그리고 자원배분정책
에 있어서는 국가가 자원배분권을 독점하는 것이 아니라 이익집단과
어느 정도 공유하며, 국가와 이익집단과의 관계는 대개 보호자와 고
객관계로 정형화되고, 국가는 규제자적 역할을 수행하는 것이다.

조합주의는 사회조합주의와 국가조합주의로 분류된다. 사회조합주의에서 국가는 자본가와 노동자 사이의 실질적 대등관계를 유지하고 그것을 보장하여 주는 장치이다. 반면 국가조합주의에서 국가는 독점자본세력과 연계하여 노동세력을 통제하는 정치 체제를 지칭하고 노동자의 입장에 서기보다는 국가 전체의 총량적 성장에 중점을 두기 때문에 자본의 논리에 따르는 경향이 강하다.[16]

6. 관료적 권위주의 국가론

관료적 권위주의 국가론은 오도넬Guillermo A. O'Donnell에 의해 제시된 것으로, 1960년대 남미에서 나타난 권위주의 체제의 등장에 근거를 두고 있다. 관료적 권위주의 국가론은 라틴아메리카의 자본주의 체제의 유지를 위한 국가의 적극적 활동을 논의의 전제로 하여 민중부분의 배제와 억압을 통해 국가에 의한 시민사회 정복을 불러오게 되었다.

이 체제의 주요 사회적 기반은 상부 자본가 계층이고 중요한 비중을 차지하는 사람들은 억압수단의 사용과 경제기획을 전문으로 하는 군부, 공공기관의 관료, 상층 자본가들이다. 이 체제에서는 그동안 활성화되어 오던 민중부분에 대한 통제를 강화하고 민주주의 정치제도의 폐지, 소수의 대기업체와 국가기관에 과도한 경제적 특혜를 부여하여 자본축적을 도모한다. 그리고 생산구조의 국제화 촉진 및 탈민족화 성향을 나타내고 사회문제의 탈정치화와 질서 및 경제정상화 등을 강조하여 민중적·계급적 이익을 대변할 통로를 차단한다.

16 김우태, 상게서, p.140.

제 3 절   국가의 구성요소

제2절에서 설명한 국가의 기원과 성격을 바탕으로 국가의 구성요소에 대해 알아볼 수 있다. 국가의 구성요소는 국가안보의 대상이며 어떤 성격을 가진 국가이든 국가의 구성요소는 동일하다. 국가란 영토·국민·주권으로 구성된 법적 조직임과 동시에 정치·사회적 조직이다. 따라서 국가의 구체적인 안보 대상은 각각 영토, 국민 그리고 주권이다.

1. 영 토

'영토'라고 표현되는 국가영역은 영토, 영해, 영공으로 구분된다. 이중에서 영토는 토지로 구성되며 국가영역 중에서 핵심적인 부분이다. 따라서 광의의 영토는 땅, 바다, 그리고 하늘로 구성된다.

영토는 국제법상 매매·교환·증여의 대상이 될 수 있다. 미국이 1803년 프랑스령 루이지애나 지역을 1,500만 불에, 그리고 1867년 러시아령 알래스카 지역을 720만 불에 구입한 것이 매매의 사례이다. 이외에도 이스라엘과 팔레스타인은 지역의 평화를 위해 영토 교환을 추진하고 있고, 키르기스스탄과 카자흐스탄도 영토교환을 추진하고 있다.

영토는 또한 영역국과 관계국의 합의에 의해 그 주권이 제한되는 경우도 있다. 국제지역과 조차의 경우가 그 대표적 사례이다. 이중에서 국제지역은 국가 간의 합의에 의해 영토의 특정부분에 대한 영역국의 주권이 제한되는 것을 말하며, 영토의 일부에 대한 비무장의 의무, 영토의 일정부분에 대해서는 제3국에 권리를 두지 않을 의무, 외국군의 통과 및 주류를 인정하는 것 등이다. 한 국가의 영토 안에 다른 국가의 위요지圍繞地, 어떤 토지를 둘러싸고 있는 둘레의 토지가 있는 경우 위요지 통행권이 문제가 된다. 실제로 통일 이전의 서베를린은 동독에 의해 둘러싸인 하나의 위요지였는데, 서독과 서베를린 간의 통행은 연합국 간의 합의에 의해 지정된 몇 개의 육로 및 항공로에 의해 유지되었다.

조차는 국가 간의 합의에 의하여 일국이 타국 영토의 일부를 차용하는 것을 말한다. 여기에는 보통 일정한 기간이 있으며, 그 기간 내에는 영역국의 통치권의 행사가 전면적으로 배제된다. 따라서 그것은 실질적으로 영토를 넘겨주는 것과 같은 외양을 지니며, 법률적으로도 입법·사법·행정 면에서 조차국의 영토가 된 것과 동일한 효과를 지닌다.

영토는 국가의 구성요소 중 현저히 드러나는 물리적 실체이다. 따라서 영토는 안보의 일차적 대상이 된다. 합법적인 매매, 교환, 증여, 국제지역, 조차 등은 국가 간에 합법적 절차를 통해 이루어진 행위이기 때문에 국가안보상의 문제가 덜 발생한다. 하지만 영토를 둘러싼 분쟁의 요소는 많다. 영토를 확보하면 그 안에 있는 자원과 인구는 승자에게 복속되어 승자의 국력이 강해지기 때문이다.

근대국가 등장 이후 국가는 분리와 통합의 과정을 거치면서 대부분 국경이 확정되었으나 아직 국경 분쟁이 끊이지 않는 지역도 많다. 애매한 국경은 서로가 영유권을 주장하기 때문에 최악의 경우에는 그 해결을 군사력에 의존해야 한다. 이러한 분쟁은 영유권 분쟁 지역에 자원이 많을수록, 그 전략적 가치가 높을수록 평화적 방법에 의한 해결이 어려워진다.

2. 국　민

　국민이란 소재지와는 관계없이 원칙적으로 일정한 국법의 지배
를 받는 국가 구성원을 말한다. 따라서 국민은 반드시 영토 내에서
만 주거해야 하는 것이 아니라 재외국민처럼 영토 외에서도 주거할
수 있다. 국민의 개념은 종족이나 민족과 반드시 일치하는 것은 아
니다. 국민은 국내법이 정하는 요건에 따라 그 지위가 주어지는 법
적 개념이다. 그러나 종족은 유전적 특성을 함께 가진 사람들의 모
임으로 자연과학적 개념이며, 민족은 문화적 요소를 기준으로 한 사
회학적 개념이다. 따라서 하나의 종족이 하나의 민족을 구성하여 하
나의 국민 및 국가가 되는 것이 이상형이다. 그러나 대부분의 국가가
이런 이상형의 형태를 띠지 못하기 때문에 국가가 불안한 것이다.

　영어의 'nation'이라는 개념도 애매하다. 왜냐하면 이것이 법적
인 개념인 국민을 의미하는지, 사회학적 개념인 민족을 의미하는지,
또는 법·정치·사회적 개념인 국가를 의미하는지 모호하기 때문이
다. 국가가 이상적으로 형성될 때, nation은 민족이자 국민이며 국
가가 될 수 있으며 이것은 국가가 민족이라는 사회적 공동체에서 출
발했음을 의미한다.

　'nation state'란 민족국가를 의미하는데 이는 국민국가의 근원
이 민족국가에 있음을 의미한다. 민족국가란 혈연적 근친의식에 바
탕을 두고, 공동의 사회·경제생활을 영위하며 동일 언어, 문화, 전
통적 심리를 바탕으로 형성된 인간공동체를 말한다.

　국가는 국민으로 구성되지만 민족으로 구성되지 않을 수도 있으
므로 법적 개념인 국민과 사회학적 개념인 민족은 다르다. 민족－국

가의 연계 측면에서 보면 6가지 형태가 구성될 수 있다.

첫 번째 모델은 한 민족-한 국가ᵃ nation-a state의 형태이다. 이것은 하나의 민족이 하나의 국가를 이루는 가장 이상적인 형태이다. 이 형태는 민족이 국가 형성에 주요 역할을 한 것으로 민족과 국가 간의 관계는 긴밀하고 강하다. 따라서 민족과 국가는 강력한 일체성을 가지고 국가에 공고한 정통성을 부여한다. 이러한 이유로 민족과 국가 사이에 안보 문제가 발생할 소지는 별로 없다. 그리고 이러한 형태의 장점은 민족의 경계선과 영토의 경계선이 일치하기 때문에 국가안보를 규정할 때 중요한 이익과 다수이익 간의 우선순위를 쉽게 합의할 수 있는 데에 있다. 그리고 안보상의 문제가 발생할 때 이를 국가에 호소하는 것이 아니라 사회적 조직에 호소함으로써 이를 더 잘 극복할 수 있다.

두 번째 모델은 다민족-한 국가multi nation-a state의 형태이다. 대부분의 국가들이 이러한 형태를 띠고 있는데 이런 국가들은 정치·사회적 결속력이 약하여 국가안보에 취약하다. 가령 중국은 인구의 92%를 차지하고 있는 한족을 포함하여 56개 민족으로 구성되어 있고, 러시아도 인구의 80%를 차지하는 슬라브족을 비롯해 4개의 민족으로 구성되어 있다. 이외에도 슬로베니아·크로아티아·마케도니아·보스니아-헤르체고비나, 세르비아, 몬테네그로, 그리고 코소보로 분할되기 이전의 구 유고슬라비아도 6개 이상의 다민족으로 구성되었던 국가였다. 대부분의 아프리카 국가에서 내전이 많이 발생하는 이유도 국가가 다민족으로 구성되어 있기 때문이다. 서구 열강이 정치적 편의를 위해 민족의 경계선을 고려하지 않고 국경선을 획정한 것이 그 원인이다.

다민족으로 구성된 국가는 국민으로부터 충성을 기대하기 어렵다. 왜냐하면 사회·문화적 정체성이 달라 국가가 약할 때에는 언제든 분리독립의 움직임이 일어나기 때문이다. 한 국가 내에서 하나의 민족이 압도적인 비율을 차지하고 있고 소수민족의 비율이 적은 경우, 소수민족들이 국토 전체에 걸쳐 분포되어 있을 경우, 소수민족들에 대한 차별이 없을 경우에는 국가안보상 큰 문제가 없다. 그러나 소수민족이 특정 지역을 중심으로 생활권을 형성하고, 인구가 많으며 차별을 인식할 때에는 국가안보의 문제가 생긴다. 국가는 국가안보를 위해서 국가를 해체하기 보다는 국가를 유지해야 하지만 개인이나 민족의 입장에서는 개인안보 및 사회안보가 충돌하는 모습을 가지게 된다.

세 번째 모델은 한 민족-다국가a nation-multi state의 형태이다. 하나의 민족이 여러 국가를 형성하고 있는 경우는 드물지 않다. 한국과 북한, 중국과 대만은 하나의 민족이지만 두 개의 국가로 분리되어 있다. 과거의 월남과 월맹 그리고 냉전시기의 동·서독도 마찬가지였다.

이런 경우, 민족은 통일을 향한 민족국가의 꿈을 가지게 되는데 이것이 국가안보에 대한 중요한 위협의 원천이 된다. 과거의 동·서독이나 오늘날의 남·북한은 자신이 주체가 되어 통일이 되기를 원하기 때문에 자동적으로 서로의 정통성을 위협하게 된다. 즉, 국가 내의 정치적 집단이 같은 민족이면서 통일의 대상이 되는 국가의 체제를 선호할 때, 이는 국가안보에 대한 내부로부터의 위협이 된다. 따라서 한 민족-다국가의 경우에는 내부로부터 위협도 있고 같은 민족이면서도 상대방 국가인 외부의 위협도 있다.

하나의 민족이 하나의 국가를 형성함과 동시에 주변 국가에서 소수민족으로 살아가는 경우도 있다. 키프로스의 터키계, 동북 3성의 조선족, 인도네시아, 말레이시아, 그리고 베트남의 한족들이 이런 사례에 속한다. 또한 알바니아계 코소보, 아제르바이잔의 인종섬인 나고로노—카라바흐 지역의 아르메니아, 우크라이나의 인종섬인 크림반도의 러시아, 몰도바의 인종섬인 트란스드네스트르 공화국의 러시아 주민 등은 해당 국가의 힘이 약해지기만 한다면 분리독립을 추진하거나 자신의 민족으로 구성된 국가로의 통합을 원한다.

이런 경우, 소수민족이 살고 있는 국가의 입장에서 보면 이들은 내부로부터의 국가안보에 대한 위협임과 동시에 소수민족이 통합을 원하는 국가로부터의 외부적 위협이 된다.

네 번째 모델은 다민족—다국가multi nation—multi state의 형태이다. 이 형태는 두 민족 이상이 두 국가 이상을 형성하는 형태이다. 이 경우는 매우 드물긴 하지만 없지는 않다.

후투족과 투치족으로 구성되어 하나의 국가로 존재하는 르완다와 부룬디의 경우를 들 수 있다. 1962년 독립이 되면서 각각의 민족이 두 국가에 흩어져 살게 되었다. 양 국가의 식민국이었던 벨기에는 두 국가 인구의 15%에 달하는 소수민족인 투치족을 식민지 통치에 참가시키고 두 국가 인구의 85% 정도에 달하는 후투족을 지배의 대상으로 삼았다. 독립 후 르완다의 후투족이 정권을 장악하게 되자 기득권을 유지했던 투치족과의 내전이 벌어져 수십만 명이 목숨을 잃었다. 부룬디에서는 후투족 대통령에 대한 투치족 장교들의 쿠데타로 투치족 정규군과 후투족 민병대 사이에 내전이 발생했다.

다섯 번째 모델은 한민족—무국가a nation—no state의 형태이다. 이 모델은 적절한 규모의 민족은 있으나 국가가 없는 형태이다. 이 경우는 민족과 그들이 거주하는 주거지는 있으나 주권이 없다. 제국주의 시대의 식민지 민족, 1948년 이전의 이스라엘 민족, 유랑민족으로 알려진 집시족, 이라크 북부·이란 서부·터키 동남부에 살고 있는 쿠르드족 등이 여기에 속한다.

　　여섯 번째 모델은 한 국가-한 국민ᵃ state-a nation의 형태이다. 여기서 민족이라는 표현 대신에 국민이라는 표현을 사용한 것은 민족이 사회적 개념인 데 비해 국민은 법적 개념이라는 뜻을 강조하기 위함이다. 즉, 같은 민족은 아니지만 이민을 통해 하나의 국민이 오랜 세월 동안 그 국가의 국민으로서의 정체성을 확립함으로써 민족과 엇비슷한 관념을 가지게 된다는 것이다.

　　이 모델에서는 국가가 국민의 정체성을 확립하는 데 크게 기여한다. 국가가 언어, 예술, 관습, 법률과 같은 단일의 문화를 제정하고 보급한다. 시간이 지나면서 이 문화는 뿌리를 내리고 일종의 민족과 같은 문화 공동체를 형성한다.

　　미국의 경우 세계 대부분의 민족들이 미국으로 이민을 와서 미국인으로 살고 있다. 미국인 모두가 'American'이지만 그 속에는 Asian-American도 있고 African-American도 있다. 그러나 European-American이라고는 표현하지 않는다. 즉, 이러한 표현 속에는 유럽으로부터 이민 온 사람들이 미국인의 주류라는 전제가 깔려 있다.

　　국가가 국민의 정체성 확립에 주도적인 역할을 하는 국가-국민형태의 국가에서도 안보문제는 심각하게 발생한다. 미국처럼 국민의 정체성이 확립된 나라에서도 LA폭동이 있었고, 캐나다에서도 퀘벡분리주의 운동이 있었다. 호주의 백호주의는 1975년 '이민차별 금지법'이 통과되면서 사라졌지만 보이지 않는 차별은 여전히 남아있다. 그리고 남아프리카공화국의 경우도 1991년까지 백인 지배층에 의한 인종차별 정책인 아파르트헤이트가 있었다.

　　이주에 의해 부유한 국가를 만든 나라도 국가안보의 모순에서

빠져나오기 힘든데 정부와 국민의 의식수준이 낮은 곳에서는 더 큰 모순이 일어날 수밖에 없다. 이런 국가에서의 엘리트들은 다양한 종족들이 하나의 국민이라는 정체성을 가질 수 있도록 정체성을 심어주지 못함으로써 국민이라는 통합적 요소보다는 민족·종족이라는 분열적 요소만 확대 재생산되고 있다.

3. 주 권

주권이란 국가권력의 대내적 최고성과 대외적 자주성·독립성을 의미한다. 주권은 상위의 어떤 정치적 권위도 거부함과 동시에 주어진 영토와 국민에 대해서는 최고의 정책결정 권위를 국가가 합법적으로 가지는 것을 말한다. 따라서 국가는 대내적 주권과 대외적 주권을 동시에 가지고 있다.

1) 대내적 주권

대내적 주권이란 국가가 국가의 이념과 각종 법 및 제도를 외부의 간섭 없이 제정할 수 있는 권리를 말한다. 국가는 민주주의나 공산주의, 자본주의나 사회주의를 채택할 수 있다. 또한 국가는 헌법을 비롯한 각종 법률을 제정할 수 있으며 각종 정치·경제·교육·사회·군사·경찰제도 등을 결정할 수 있다. 따라서 국가별로 채택하는 이념이 다르고 헌법과 법률, 각종 제도들에서 많은 차이가 난다. 즉, 대내적 주권은 개별 국가의 역사성, 사회성, 문화성 등에 따라 국가마다 다를 수밖에 없다.

국가의 이념이 국가안보에 미치는 영향은 엄청나다. 국가가 지향하는 이념이 국민이 지향하는 이념과 일치할 경우, 이념 자체가 안보에 미치는 영향은 거의 없다. 그러나 국가가 제시하거나 실천하는 이념과 국민들이 원하는 이념이 다를 경우에는 안보문제가 발생한다.

국가의 이념과 국민의 이념이 다를 경우, 다른 이념을 가지는 국민은 국가를 상대로 전복활동을 벌일 수 있고 국가는 이들을 상대로 탄압활동을 할 수 있으므로, 서로에 대한 위협이 발생한다. 특히, 일부 국민이 적대국의 이념을 따르면서 이를 다수 국민들에게 전파할 경우 정권과 체제 붕괴 및 국가 붕괴를 초래할 수 있으므로 심각한 안보 위협이 된다.

인접국가가 어떤 이념을 채택하고 있는지도 안보에 영향을 미친다. 인접국이 어떤 이념을 채택하고 있는지에 따라 국가들은 안전감이나 불안감을 느끼게 된다. 이는 인접국의 이념이 자국의 이념을 대체하여 정권 붕괴와 동시에 체제 붕괴를 초래할 위험이 있기 때문이다.

2) 대외적 주권

대외적 주권이란 자주적이고 독립적으로 대외관계를 결정할 수 있는 권리를 말한다. 외국과의 외교관계 수립, 유엔 및 WTO 등 국제기구에의 가입, 핵비확산조약[NPT], 생물학무기금지조약[BWC], 국제형사재판소[ICC] 등의 가입, 외국과의 동맹 체결 등 대부분의 대외관계를 국가 스스로가 결정할 수 있다.

국가의 행동은 국제기구의 가입이 국익에 도움이 되는지, 혹은 그렇지 않은지에 대한 계산을 근거로 결정이 된다. 특정 국가에 대해 가입을 강요할 어떤 정치적 권위체도 존재하지 않는 무정부적 국제체제 속에서 주권은 국가의 대외활동을 결정하는 최고의 권위체이다.

근대국가 등장 이후 모든 국가의 주권이 동등한 것처럼 보이지

만 결코 그렇지 않다. 유엔헌장에는 '모든 회원국의 주권 평등 원칙'
과 유엔총회에서의 '일국 일표제의 투표권 행사'를 명시하고 있다. 이
것은 모든 회원국의 주권이 동등한 것처럼 보일 수 있지만 실제로는
그렇지 않음을 의미한다. 안보와 직접 관련이 있는 국제평화와 안전
의 문제에 관한 유엔 안전보장이사회의 구성과 거부권이 이를 잘 보
여준다.

3) 유엔 안전보장이사회

유엔 안전보장이사회는 5개 상임이사국과 10개의 비상임이사국
으로 구성되어 있다. 상임이사국은 안전보장이사회의 영구적인 이사
국들로서 제2차 세계대전의 승전국인 미국, 영국, 프랑스, 러시아,
중국1971년 이전까지는 오늘의 대만으로 구성되어 있다. 비상임이사국 10개국은
2년 임기로 교체된다. 국제평화와 안전에 대한 안전보장이사회의 결
정권은 상임이사국이 거부권을 행사하지 않은 가운데 15개국 중 9
개국 이상의 찬성이 있어야 된다. 유엔 회원국이 창설 당시와 비교
하여 4배 이상 증가한 이유로 1990년대 초부터 유엔 안전보장이사
회의 구성과 투표권을 둘러싸고 안전보장이사회 개혁 논의가 계속되
었으나 큰 진전을 보지 못하고 있다. 독일, 일본, 브라질, 인도 등이
상임이사국이 되고자 희망하나 이런 희망에 못지않게 이를 견제하는
국가들도 많이 있다.

주권평등의 원칙이 구현되고 있는 총회의 경우, 총회의 안건은
회원국의 2/3 찬성으로 결정되지만 이것은 권고 수준에 불과할 뿐
강제력을 가지는 것은 아니다. 그러나 안전보장이사회의 결정은 국
가안보에 직접적인 영향을 행사할 수 있는 강제력을 가지고 있을 뿐
만 아니라 5대 상임이사국은 각각 거부권을 행사할 수 있다. 상임이

사국은 개별 국가가 전체 회원국의 의사에 반하는 결정을 할 수 있다는 뜻이다. 5대 상임이사국의 거부권 보유는 주권은 결코 평등하지 않음을 보여주고 있다.

국가들이 동의한 유엔헌장에도 주권의 불평등성이 명시되어 있는 것처럼, 국제관계에서도 주권의 불평등성이 존재한다. 상대적 국력 차이가 있는 국가들이 특정 쟁점을 두고 협상을 하는 경우, 상대방의 호의가 전제되지 않는 한 약소국이 유리한 협상 결과를 기대하는 것은 쉽지가 않다. 권력을 행사할 수 있는 보이지 않는 손이 협상 과정을 지배하기 때문이다. 협상을 통해 특정 쟁점이 해결되는 경우에는 문제가 없지만, 그 쟁점이 군사력이나 경제적 제재 등을 통해 행사될 때는 심각한 국가안보 문제가 발생한다. 국가를 구성하는 각각의 요소도 국가안보에 미치는 영향이 크지만 국가의 형태도 이에 못지않다.

제 4 절 국가의 분류와 국가안보

1. 강대국과 약소국

국가의 형태는 분류기준에 따라 다양하게 나타날 수 있다. 국가의 크기, 위치, 인구, 자원, 이념, 종교, 민족 등이 하나의 분류기준이 될 것이다. 또한 정치적 결속력, 경제력, 사회적 연대감 등도 분류 기준이 될 것이다. 기준에 따라 개별 국가를 분류해 보면 그 국가의 위협과 취약성을 도출해 낼 수 있을 것이다. 어떤 기준을 적용하든지 간에 어떤 형태의 국가도 내·외부의 위협과 취약성으로부터 자유로울 수는 없으나 그 차이는 있을 수 있다. 이런 연유로 개별 국가의 안보 정책은 다를 수밖에 없다. 이것이 또한 국가안보의 일반화를 어렵게 만드는 원인이 되기도 한다.

국가를 강대국과 약소국, 그리고 강건한 국가와 연약한 국가로 구분하여 이를 국가안보 차원에서 비교하고자 한다. 강대국과 약소국의 기준은 가시적 현상으로 인식될 수 있는 군사력과 경제력의 합을 의미한다. 그러나 군사력은 약하지만 경제력은 강한 캐나다, 호주 등과 같은 국가들도 있고, 경제력은 약하지만 군사력이 강한 북한, 파키스탄 등과 같은 국가들도 있다. 그러나 경제력이 강한 국가들은 대부분 이에 걸맞은 군사력을 유지하고 있다는 점에서 이 구분은 국가의 형태와 국가안보의 관계를 이해하는 데 도움이 될 수 있다.

강대국은 내·외부적 위협도 적지만 설령 있다고 하더라도 이에 대비할 수 있는 수단이 많다는 점에서 취약성도 적다고 볼 수 있다. 미국, 러시아, 영국, 프랑스, 중국, 일본, 독일 등이 이에 해당한다. 그러나 약소국은 내·외부적으로 위협도 많고 이에 대비할 수 있는 수단도 제한된다는 점에서 취약성도 크다. 강대국에 비해 국가가 그만큼 불안한 것이다. 과거 제3세계권에 속했던 대부분의 국가들이 여기에 해당한다.

2. 강건한 국가와 연약한 국가

강건한 국가와 연약한 국가의 구분은 개별 국가의 정치·사회적 결속력을 그 기준으로 분류한 것이다. 사회·정치적 결속력을 계량화한다는 것은 어려운 일이다. 더군다나 정치적 결속력이 강하다고 해서 사회적 결속력이 강하다고도 볼 수 없기 때문에 두 요소를 한

묶음으로 묶는다는 것은 쉽지 않은 일이다. 그러나 비슷한 두 국가 사이에서 사회·정치적 결속력의 미세한 차이의 구분은 어려울 수 있으나 비슷하지 않은 국가 사이에서는 그 차이를 쉽게 식별할 수 있을 것이다.

정치적 결속력이 강한 국가는 정부가 높은 수준의 정치력을 발휘하여 정부와 국민 사이의 균열을 끊임없이 치유함으로써 정치적으로 안정되어 있는 국가를 말한다. 사회적 결속력이 강한 국가는 국민 사이에 정체성의 균열이 적어 국민들 스스로가 높은 수준의 연대감을 지니고 있는 국가를 말한다. 정치적으로 안정되어 있고 사회적으로 연대감이 형성되어 있는 국가는 강건한 국가라고 할 수 있고 그 반대의 경우는 연약한 국가라고 할 수 있다.

연약한 국가에서 벌어지고 있는 정치, 사회적 현상은 다음 5가지의 경우이다.

첫째, 국민에 대한 높은 수준의 정치적 폭력과 국민들의 무저항 현상이다. 정부가 국민들에게 정치, 언론, 출판, 결사 등 다양한 자유를 제한하고 정치적 반대자에 대한 구금, 살인 등 높은 수준의 정치적 폭력을 행사함에도 불구하고 국민들은 이에 저항하지 못하는 현상이 일어날 수 있다. 겉으로 보기에는 정치가 안정되어 있는 것처럼 보이지만 국민들에 대한 인권 침해가 만연한 국가들의 경우이다. 대부분의 권위주의 국가, 제3세계 국가, 과거의 소련 및 동구권 국가, 그리고 오늘날의 중국, 북한 등이 여기에 해당된다. 이런 국가들은 강건한 국가로 부를 수는 없다.

둘째, 국민에 대한 높은 수준의 정치적 폭력과 국민들의 저항 현상이다. 국민들이 저항한다는 점에서 첫째 현상과 다르다. 국민들의 저항의 격렬성과 정부의 수용 여부에 따라 더 높은 수준의 정치적 폭력이 동원될 수도 있고 민주화의 길을 걸을 수도 있다. 1986년 체코 자유화 봉기와 1981년 폴란드 자유화 운동은 더 큰 정치적 폭력을 불러왔다. 그러나 포르투갈, 스페인, 페루, 한국, 태국, 대만처럼 민주화 운동이 체제 변동으로 연결되어 정치적 안정의 발판을 마련한 나라들도 있다.

셋째, 정치 제도의 정상적 작동이 제한되는 현상이다. 달리 표현한다면, 정부의 가장 기본적인 기능이 붕괴되어 가고 있거나 붕괴된 현상을 말한다. 이들 국가는 국가의 구성요소인 국민에게 제공해야 할 기본적인 안전을 제공하는 데 실패하고, 국민의 기본적 욕구를 충족하는 데 실패하며, 영토 내에서 법의 지배를 확립하는 데 실패한다. 거의 무정부 상태나 다름없는 이런 상태에서 각 무장단체들은 각자의 영토를 지배하고 무장단체 간에 또는 정부에 대해 폭력을 사용한다. 아프가니스탄, 캄보디아, 아이티, 코트디부아르, 라이베리아, 르완다, 시에라리온, 소말리아, 수단, 콩고민주공화국 등이 이런 사례들이다. 이런 국가들을 실패국가 또는 붕괴국가라고 부른다.

넷째, 국민들 간의 이념적 연대감이 제한되어 있다. 국민들 사이에 국가 차원에서의 공통된 정치적 이념이 존재하지 않을 수도 있고 또 분열되어 있을 수도 있다. 더군다나 정부는 이념에 대한 국민의 합의가 존재하지 않은 가운데 이념적 단합을 강조할 만큼 리더십을 발휘하지 못할 수도 있다. 이런 이유로 아프리카 및 중남미 각 국가에서 보듯이 민주정부와 공산반군 간의 내전, 공산정부와 민주반군 간의 내전이 발생하기도 하였다. 니카라과, 서부사하라, 앙골라, 엘살바도르, 캄보디아, 모잠비크, 라이베리아, 과테말라, 중앙아프리카공화국, 네팔 등이 이런 사례에 속한다. 또한 국민들 사이에 종교로 대표되는 문화적 이데올로기의 균열이 있을 수도 있다. 북아일랜드에서의 신구종교 사이의 폭력, 나이지리아에서의 기독교-이슬람교 사이의 폭력, 인도에서의 회교-이슬람교 사이의 폭력, 필리핀에서의 카톨릭-이슬람교 사이의 폭력 등이 이런 사례에 속한다.

다섯째, 국민들 간의 민족적 정체성이 분열되어 있는 현상이다. 다민족 국가의 경우 지배민족과 피지배민족 간에 갈등이 발생할 수 있다. 분리독립을 위한 무장단체와 정부군 간의 충돌이 빈번히 발생할 수 있으며 결과에 따라 분리 독립의 길을 걷거나 또는 더 차별적인 상태로 살아갈 수밖에 없다. 구소련의 해체, 구유고슬라비아의 해체, 세리비아의 코소보 독립, 인도네시아의 동티모르 독립 등이 여기에 해당된다. 이 외에도 러시아로부터 독립을 원하는 북오세티야, 잉구세티아, 체첸, 다게스탄 등이 있으며, 중국으로부터 독립을 원하는 티베트 및 위구르 신장성 등이 있다. 또한 우크라이나의 인종섬인 친 러시아계의 크림반도, 아제르바이잔의 친 아르메니아 인종섬인 나고로노-카라바흐, 몰도바의 인종섬인 친 러시아계인 트란스드네스트르 공화국 등도 분리독립을 원하고 있다.[17]

정치·사회적 결속력이 강한 강건한 국가에서는 적어도 내부적 위협은 별로 없다. 예를 들어, 서유럽 대부분의 국가, 일본, 싱가포르 등이 그렇다. 그러나 연약한 국가에서의 국가안보는 애매한 점이 많다. 연약한 국가는 국가안보를 국내정치의 무대로 끌고 와서 국민에 대한 폭력을 정당화시켜주는 도구로 활용하기 때문이다.

국가를 강건한 국가와 연약한 국가로 나누는 것은 정통 국제정치의 논리에서 보면 맞지 않다. 모든 국가의 형태가 달라 그 안보의 대상이 다름에도 불구하고 모든 국가가 똑같은 안보의 주체라고 보고 있기 때문이다. 밖에서 보면 국가는 안에서 볼 때에 비해서 보다

---

17 김열수(2008), "신냉전 질서의 등장 가능성과 한계," 「국가전략」 제14권 4호, p.22.

표 1-1 강건한 국가와 연약한 국가

구 분		정치·사회적 응집력	
		연약한 국가	강건한 국가
힘의 크기	약소국	대부분 유형의 위협에 취약	특히, 군사적 위협에 취약
	강대국	정치·사회적 위협에 취약	대부분 유형의 위협에 상대적으로 비취약

확고하고 서로 비슷한 것처럼 보인다. 그러나 국가를 외부에서만 보면 안보의 국내적 측면을 무시하게 되어 국가안보에 대한 견해를 왜곡시킨다. 국가가 단지 법적인 차원에서만 존재하는 것이 아니라 정치·사회적 조직으로도 존재한다는 의미를 제대로 이해해야 국가안보를 제대로 이해할 수 있다.

힘의 크기 차원에서의 강대국과 약소국, 정치·사회적 결속력의 차원에서의 강건한 국가와 연약한 국가를 국가안보와 비교하여 요약하면 [표 1-1]과 같다.

제 2 장

국가란 무엇인가 II

― 국가안보와 국력 ―

제 1 절 국가의 불안

1. 왜 불안한가?

국가나 개인이나 불안이 존재한다. 국가가 불안을 느끼는 이유
는 다른 국가들이 의도적으로 자신의 국가이익을 위협할 수 있다는
점과 그 위협에 대응할 수 있는 자신의 능력이 부족하기 때문일 것
이다. 즉 취약성이 크기 때문이다. 대학생의 미래가 불안한 이유는
졸업한 선배들이 취업을 하지 못하는 현상과 내가 지금까지 공부한
나의 능력, 스펙이 충분히 갖추어지지 않았기 때문이다. 국가나 개
인의 불안요인은 위협이 존재하고 있고 위협에 대응할 수 있는 자신
의 능력의 한계^{취약성} 때문이다.

우리나라는 북한의 군사력에 의한 국가안보의 불안을 느끼고 있다. 1960년대, 1970년대, 1980년대는 안보불안이 최고조에 이르렀다. 북한에서 우리나라에 무장간첩을 침투시키거나 서울 불바다 발언 등이 있으면 국민의 불안은 고조되었고, 주식이 떨어지고, 매점매석, 심지어 서울을 떠나는 사람들까지 있었다. 이는 국민들이 국가의 위기관리능력, 국가의 군사력, 북한으로부터 우리나라를 방어할 수 없다는 국가안보의 취약성 능력이 부족했다고 믿었기 때문에 불안을 느끼는 것이다.

탈냉전이 되면서 군사적 위협이 사라졌음에도 불구하고 대부분 국가들은 여러 가지 원인이 결합되어 분쟁이 일어났고 대량살상무기의 확산 문제와 테러리즘 공포, 지구 온난화, 새로운 질병으로 국제사회를 공포와 불안으로 몰아넣기도 했다. 우리나라도 올 여름 중동호흡기증후군 '메르스MERS'라는 질병으로 국민이 공포와 불안감을 느끼기도 했다.

2010년 3월 26일 서해5도상에서 해상초계 임무수행 중이던 천안함이 북한의 잠수정 어뢰공격으로 피격되고 2010년 11월 23일 서해 연평도에 북한이 포격을 가해와 상호교전이 이루어졌다. 이때 우리 국민들은 북한의 도발에 분노를 느끼면서 적대감을 표출했고 젊은이들은 해병대 입대를 지원하고 북한도발에 대한 강력한 의지를 표방하였다. 북한의 도발에 국민들이 불안감이 없다는 것은 국가의 능력을 믿기 때문이다.

:: 서울 불바다 발언

1994년 3월 19일 영변의 7개 핵 의심시설 사찰을 둘러싸고 북한과 갈등을 빚던 IAEA가 사찰단을 철수시키고, 김영삼 대통령이 NHK와의 회견에서 북한에 대한 국제적 제재의 불가피성을 언급하는 등 남북긴장이 고조되는 와중에 열린 남북실무회담에서 박영수 북측 대표가 했던 발언, 당시 남측이 "핵문제가 조속히 해결되지 않을 경우 어떤 결과가 초래될지 모른다"면서 팀스피리트 훈련 재개를 거론하자 박영수 북측 대표는 "우리는 대화에는 대화로, 전쟁에는 전쟁으로 대응할 만반의 준비가 돼 있다"면서, "여기서 서울이 멀지 않다, 전쟁이 일어나면 불바다가 되고 만다"고 말했다.

2. 위협과 안보

1) 전통적 위협

기본적인 국가안보의 개념은 자국의 이익을 보호하기 위하여 국가 외부의 위협을 방어하는 것과 관련된다. 세계의 역사를 돌이켜보면 적대국가의 군사적인 침략으로 인하여 한 나라가 침략당하고 멸망하는 일이 빈번하였다. 즉, 군대는 타국의 이익을 손상시킬 수 있는 핵심적인 수단이며, 따라서 타국의 군사력은 국가안보를 지키는 데 가장 중요한 고려사항 중 하나가 된다. 자국에 대한 타국의 위협에 대한 구성요건은 크게 능력과 의도라는 두 가지로 구성된다. 여기서 직접적이고 물리적인 손상을 가할 수 있는 힘으로서의 능력은 군사력과 직결된다. 능력과 함께 의도도 중요한데, 아무리 군사력으로서의 능력이 크다 하더라도 침략의 의도가 없다면 실질적인 위협은 이루어지지 않기 때문이다. 가장 대표적인 예는 현재 이루어지고 있는 미국의 한국에 대한 관계가 될 수 있다. 미국은 세계적으로 가장 강력한 군사력을 가지고 있지만 한국을 공격할 의도가 있을 것이라 판단하지는 않는다. 이로 인해 미국은 한국에 대한 위협으로 인식되지 않는다. 하지만 북한과 같은 상황에서는 다르다. 북한의 군사력은 미국보다 매우 낮은 상태이지만 그 의도에 대한 의구심으로 인하여 한국에 대한 위협으로 간주되게 된다.

위협의 구성요건으로서 능력과 의도라는 관점에서 살펴보자면 타국에 대한 능력의 측정도 중요하지만 의도에 대한 정확한 판단도 중요해진다. 왜냐하면 상대국의 충분한 능력이 존재하는 상태에서 의도를 호의적이라고 잘못 판단하였을 때에 그 나라에는 심각한 안보의 위협이 현실화될 수 있기 때문이다. 대표적인 사례로 꼽히는 것은 1938년 뮌헨협정München Agreement이다. 당시 영국, 프랑스, 독일, 이탈리아는 4자회담을 통해서 독일의 히틀러로부터 국제적 분규의 평화적 해결이라는 약속을 받아낸다. 이를 대가로 체코슬로바키아 영토의 3분의 1을 독일에 주었다. 이 회담은 결과적으로 독일의 의도를 잘못 이해한 것으로 판단됐는데 그것은 뮌헨협정 후 6개월도 되지 않아서 독일이 체코슬로바키아와 폴란드를 침략하여 제2차 세계대전이 발발하였기 때문이다.

2) 위협에 대한 한계설정

세계적으로 과학과 기술의 발전, 그리고 무역과 여행 등을 통한 국가 간의 다양한 교류증가는, 군사력을 통한 침공이라는 전통적인 위협개념을 보다 넓게 확장시키게 되었다. 즉, 테러리즘, 마약밀매, 자원고갈, 핵발전소의 사고, 경제위기 등 다양한 원천들이 국가의 안보와 관련되어 논의가 되고 있다. 안보라는 개념은 '안전보장'의 약자로서 '편안히 보전하다'라는 의미를 갖고 있다. 그리고 '위협'의 사전적 정의는 '(1) 힘으로 으르고 협박함', '(2) 두려움이나 위험을 느끼게 함'으로 나타난다. 영어로 위협은 threat와 scare로 나타난다. 따라서 국가안보에 대한 위협에 대한 대처는 의도적인 위협에 대한 안보security와 비의도적인 위협에 대한 안전safety으로 나뉠 수 있다. 과

거 냉전시대에는 의도적인 위협에 대한 안보가 중요한 주제였다면
탈냉전의 현대에서는 비의도적인 위협에 대한 안전개념이 중요해지
고 있다. 국가안보가 본질적으로 국가의 안녕과 관계된 개념이라면
의도적이거나 비의도적인 위협은 모두 중요하게 다루어져야 할 내용
이 된다. 이 두 가지는 분리되어 있기보다는 상호 긴밀히 영향을 주
고받을 수 있다. 역사적으로 살펴볼 때 자연적인 가뭄으로 인한 기
근의 증가는 곧 한 나라의 흥망을 좌우하는 동력으로 작용하곤 하였
다. 현대의 중요한 역사적 사건으로서 구소련의 붕괴는 외국의 침략
으로 인해서이기보다는 자국 내의 경제적 자원의 고갈로 인하여 각
자도생의 길을 찾아서 소련연방이 분해된 것이다. 따라서 자연재난
과 인위적인 재난, 사건, 사고, 마약, 질병 등은 마약밀매, 인신매매,
대량살상무기 등과 같이 국가안보를 위협하는 중요한 요소들로 관심
을 가져야 한다. 하지만 이들 각각에 대한 종합적인 판단과정과는
별개로 이에 대한 대처에 대한 전담기구의 존재는 필요하다. 그 이
유는 이들 영역에 대한 대처는 전문적인 정보와 지식, 해석, 대처방
법을 요구하기 때문이다.

3) 위협의 강도

국가의 안전보장에 영향을 주는 위협에 대한 판단은 종류와 인식
에 의해 영향을 받게 된다. 특히 위협의 강도 또는 크기에 대한 판단
이 중요한데 이를 결정하는 요인으로는 구체성, 공간적 근접성, 시간적
근접성, 개연성, 심각성, 경험성, 우호성의 일곱 가지를 들 수 있다.

구체성은 포괄성에 대비하는 개념이다. 공산주의 이념의 확산을
포괄적 위협이라고 한다면 북한의 핵위협은 구체적 위협이 된다. 구
체성과 포괄성은 한 나라의 상황에 따라 달라질 수 있다. 예를 들어

북한의 재래식 무기는 한국에서는 구체적 위협이 될 수 있지만, 미국의 입장에서는 포괄적 위협으로 간주될 수 있다.

공간적 근접성은 이웃한 나라 간의 위협을 의미한다. 이스라엘과 팔레스타인은 근접하여 서로를 위협으로 인식할 수 있지만 인도와 브라질은 공간적 이격성으로 인하여 위협으로 인식하기 어렵다. 하지만 최근 과학기술의 발달과 함께 공격무기의 원거리공격 능력이 증가하면서 공간적 근접성에 근거한 위협의 개념은 점점 약해지고 있다.

시간적 근접성은 시간적으로 즉각 일어나는지 여부에 대한 것이다. 이것은 공간적 근접성과 관련을 가질 수 있다. 예를 들어 이집트의 이스라엘에 대한 공격보다는 이스라엘의 팔레스타인에 대한 위협이 시간적으로 근접성을 가지게 된다. 하지만 시간적인 측정이 어려운 위협도 존재한다.

개연성은 현실화될 수 있는 정도를 의미한다. 즉, 어떤 위협이 실제로 이루어지는 가능성은 얼마인가에 대한 것이다. 이것은 상황과 인식에 따라 달라질 수 있는데, 예를 들어 두 나라 사이의 영토 사이에서 아무 쓸모없는 섬에 풍부한 자원이 발견되었다면 그 섬의 영유권에 대한 분쟁의 개연성은 증가하게 될 것이다.

이익침해의 심각성은 위협에 대한 인식과 관련을 갖는다. 즉, 어떤 위협이 국가의 생존적 이익과 사활적 이익에 침해되는 정도의 판단에 따라, 한 나라는 군사력으로 그 이익침해 문제를 해결하려 할 수 있다.

역사적 경험성은 위협에 대한 인식에 영향을 주게 된다. 역사적으로 외국으로부터 군사적 침략을 경험한 나라들은 침략을 한 나라에 대해 위협을 인식하게 된다. 이러한 역사적 경험은 합리적 판단과 위협의 우선순위 결정에 영향을 주기도 한다.

표 2-1 위협의 강도를 판단하는 일곱 가지 요소들

구 분	높은 강도	낮은 강도
구체성	구체적	포괄적
공간적 근접성	근 접	이 격
시간적 근접성	근 접	요 원
개연성	현실화	비현실화
이익침해 개연성	높은 가능성	낮은 가능성
역사적 경험	많은 경험	경험 없음
우호성	높은 우호	낮은 우호

우호성은 국가들의 의도와 관련된다. 군사적 힘의 우열에 상관없이 그 의도는 위협인식에 대한 가장 큰 영향요인이 된다. 상대국가의 의도에 대한 판단은 매우 중요한데, 그 이유는 상대국가의 의도를 잘못 판단할 경우에 일어날 수 있는 과잉반응 또는 과소반응이 전쟁이나 침략과 관련될 수 있기 때문이다. 따라서 위협에 대한 평가의 정확성은 국가안보에 있어서 핵심적인 요소 중 하나가 된다. 위협의 강도를 판단하면 [표 2-1]과 같다.

4) 위협의 과대평가와 과소평가

위협의 크기에 대한 정확한 판단은 국가안보에 중요한 요소가 된다. 예를 들어, 만약 위협을 과도하게 평가하게 되면 한정된 자원을 소모적으로 사용하게 될 수 있고, 반면 과소하게 평가하게 되면 침략의 위험을 안게 될 수 있다. 위협에 대한 과대평가는 사라예보 증후군Sarajevo Syndrome과 관련되고, 과소평가는 뮌헨 증후군Munich Syndrome과 관련된다. 사라예보 증후군이란 상대국가의 능력과 의도를 과대

평가함으로써 그 위협의 강도를 크게 인식하게 되는 것이다. 역사적으로 제1차 대전의 발발은 오스트리아 황태자 부부가 구유고 지역인 사라예보에서 세르비아 청년에게 암살당한 것이 발단이 되었다. 황태자 부부 사망 후 오스트리아는 독일의 후원 속에서 세르비아를 위협하였고, 이에 불안해진 세르비아는 소련에 요청하여 오스트리아를 위협하게 되었다. 독일은 소련이 침공할 것으로 오판하고 벨기에와 프랑스를 선제공격하게 되는데 이것이 제1차 세계대전의 시발점이 된다. 즉, 상대국가의 작은 군사적 이동을 침공의 의도로 과대평가하는 연속된 상호작용으로 결국 전쟁으로까지 이어질 수 있다.

이와 반대로 뮌헨협정은 과소평가가 이끌어낸 전쟁사례로 제시된다. 따라서 상대국가의 위협에 대한 정확한 평가는 자국의 안보를 위한 핵심적인 요소 중 하나가 된다.

3. 이익과 안보

1) 가치와 이익

일반적인 국가의 가치는 영토통합, 주권, 정체성, 번영과 복지 등이 포함된다. 한국정부가 제시하는 국가이익은 '국가안전보장, 자유민주주의와 인권신장, 경제발전과 복리증진, 한반도의 평화적 통일, 세계평화와 인류공영에 기여'라는 5가지를 제시하고 있다. 국가의 가치를 실험하기 위해 국가는 목표를 설정하게 되며, 설정된 목표를 실현하기 위한 수단을 이익이라고 할 수 있다. 즉, 가치의 추상성을 구체화하면 목표 그리고 이익으로 표현될 수 있으며, 국가안보의 구체적 개념은 국가의 이익이 될 수 있다.

2) 이익의 강도

국가의 이익은 그 수준에 따라 생존적^{survival} 이익, 사활적^{vital} 이익, 중요한^{major}이익, 주변적^{peripheral} 이익의 네 가지로 나뉠 수 있다. 여기서 생존적 이익과 사활적 이익은 국가의 존립과 관계된 핵심적 이익으로서 타협의 대상이 될 수 없다. 따라서 이 두 가지 이익의 침해는 곧 군사력을 동원해 지켜야 할 이익이 된다. 반면 나머지 중요한 이익과 주변적 이익은 국가의 불편이나 손해를 줄 수는 있지만 감내할 수 있는 영역에 포함된다.

이러한 국가이익의 네 가지 구분법은 국가의 행위를 정당화하기 위해 유용하게 활용될 수 있으나 그 구체적인 기준과 상황은 명확하지 않다. 가장 중요한 원인은 이것이 심리적이고 주관적인 영역과 관련된 것이기 때문이다. 결국 네 가지 이익은 결과론적으로 한 나라의 판단행위를 보고 추정하게 된다. 즉, 한 국가가 대응하는 군사적 행동은 그 나라가 인식하고 있는 이익의 수준을 판단하는 근거가된다. 이익의 판단은 어떤 사건이 객관적인 실체와 이를 인식하는 정책 결정자들의 주관적 의식 사이에서 결정된다. 따라서 이익을 위한 국가행동이 진실된 것일 수도 있지만 때때로 거짓되거나 잘못 판단된 것일 수도 있다. 이러한 오류의 가능성에도 불구하고 국가가 이익을 위한 행동을 취하는 것은 안보가 국가의 존위와 관련된 것이기 때문이다.

3) 이익의 왜곡

객관적 실체와 주관적 인식 사이의 균형에 의해 국가행동이 발생하기 때문에 정확한 정보의 전달과 이성적 판단은 국가안보에 중요한 요소가 된다. 국가정책 입안자들의 주관적 인식이 왜곡됨으로써 발생한 오류의 가장 대표적인 예 중 하나는 미국의 이라크 침공이다. 미국의 전통적인 현실주의자들은 당시 이라크 후세인정권이 대량살상무기를 개발하였다고 판단하고, 이것이 미국의 생존적 이익과 사활적 이익을 위협한다고 주장하였다. 이에 국제사회는 걸프전 이후 7년에 걸쳐 사찰을 하고, 유엔 안보리 결의안에 근거하여 유엔무기사찰단UN Special Commission과 IAEA의 핵무기 사찰단이 대량살상무기의 보유 여부를 확인하였다. 1998년 12월까지 250여 차례의 현장조사가 이루어졌고 48기의 장거리 미사일과 690톤의 화학무기 연료가 폐기되었다. 그리고 이라크는 1만2천쪽에 달하는 관련자료를 제출하였다. 이어서 2003년 엘바라데이 IAEA 사무총장와 블릭스 유엔사찰단장은 유엔 안보리에 이라크가 핵무기 개발 프로그램을 추진한 증거가 없다는 중간보고서를 제출하였다. 하지만 미국은 이라크를 공격하였고, 이후 이라크의 대량살상무기 개발은 허위였음이 밝혀지게 된다. 즉, 미국은 경제적 이익을 위해 이라크를 공격하였지만, 공격의 명분을 위해 미국의 이익강도를 이보다 높은 생존적 이익과 사활적 이익으로 주장하였던 것으로 해석할 수 있다. 이와 같이 강대국의 이익을 위해서 이익의 강도는 자의적으로 판단이 가능하며, 이를 근거로 하여 군사적 행동도 이루어질 수 있다는 교훈을 얻게 된다.

4. 취약성과 안보

1) 능력과 취약성

위협에 대한 불안은 확신의 부재와 관련되어 있다. 다양한 역사적 사례들과 현실을 고려해 볼 때 침략과 전쟁은 늘 가능성이 있으며, 국가는 이에 대한 극복의 확인을 하기가 쉽지 않다. 따라서 불안은 위협 — 능력threat-capability으로 표현될 수 있다. 미국과 같이 세계 최대 군사력과 경제력을 갖춘 나라는 약소국에 비해 불안의 질과 정도는 다를 수밖에 없는데 이는 위협의 대처능력에 대한 확신이 높기 때문이다. 능력의 한계는 취약성vulnerability이라 할 수 있는데 이것은 능력이라는 용어보다 유용성이 높다. 자국의 능력증강은 상대국가에 대한 위협으로 간주될 수 있으며 이는 상대국가의 능력증강으로 이어지면서 연속된 증강의 반복을 불러올 수 있기 때문이다. 한정된 자원에서 군사적 능력의 증강은 곧 자국민의 복지축소로 이어지고 사회불안으로 연결될 수 있는데, 이는 국가안보와도 관련된 문제이다. 가장 대표적인 예는 구소련의 과도한 군사력 증강이 구소련의 해체로 이어진 것이며, 현재 북한의 국력에 비해 과도한 군사력으로 인한 북한국민의 피폐화도 그 사례가 될 수 있다.

따라서 위협에 대한 불안의 감소방법은 두 가지가 될 수 있는데, 하나는 상대국가의 위협을 감소시키거나, 다른 하나는 자국의 취약성을 감소시키는 것이다. 이러한 노력은 자국의 취약성과 능력평가에 근거하게 되는데, 여기에서 정책입안자의 주관성이 개입된다.

2) 주관적 평가와 전쟁

스테신저John G. Stoessinger의 연구에 의하면 현대에 일어난 주요전쟁들의 공통점은 전쟁발발이 국가지도자의 오해에서 비롯되었다는 것이다. 이러한 오해는 네 가지로 나뉠 수 있는데, 그것은 지도자 자신에 대한 오해, 적의 성격파악에 대한 오해, 적의 의도에 대한 오해, 적국과 그 지도자의 능력에 대한 오해이다.

레비Jack S. Levy는 오해에 대해 "의사결정자의 심리적 환경과 실제

세계의 작동환경 사이의 차이"로 규정하고, 결정과 행위는 의사결정자의 심리적 환경에 의해서 결정되지만, 그 효과나 결과는 실제세계의 작동환경에 의해 제한받는다고 하였다. 즉, 자국의 군사력에 대한 과대평가, 적국의 군사력에 대한 과소평가, 제3국 개입의 가능성과 전쟁에 미치는 영향의 과소평가, 적국의 의도에 대한 과대평가 등이 복합적으로 작용하면서 전쟁의 발발이 이루어질 수 있다고 보았다.

브레인리Geoffrey Blainly는 상대평가의 중요성을 다음과 같이 요약하고 있다. "전쟁은 통상 전쟁 당사국들이 그들의 상대방에 대한 상대적 힘에 대해 의견이 다를 때 시작되며, 싸우고 있는 국가들이 그들의 상대적 힘에 동의했을 때 종료된다." 그러므로 전쟁의 발발을 방지하는 중요한 요소들로서 최대한 임의적인 주관적 판단을 지양하고 반면 상대방의 능력과 의도에 대한 정확한 평가와 합리적 판단은 매우 중요한 요소가 된다.

3) 취약성의 강도

취약성에 대한 강도를 결정하는 요인을 위협의 과소, 동맹의 강고성, 정치사회적 단결정도, 기후, 지형, 자원의 외부의존도의 여섯 가지로 나눌 수 있다.

위협의 과소란 전통적 군사적 위협에 대한 차이를 의미한다. 나라마다 주변국가의 환경이 다르기에 전통적 위협에 대한 크기나 정도는 다를 수밖에 없다. 대표적인 예로 한국과 대만은 적대국의 직접적인 위협이 있으며, 반면 유럽연합의 제 국가들은 이웃국가나 국가 내부적인 위협이 매우 낮다. 따라서 위협에 많이 노출된 국가일수록 취약성은 높게 된다.

타국과의 동맹은 자국의 취약성을 줄일 수 있는 방법 중 하나이

다. 하지만 동맹의 존재여부 못지않게 동맹의 강고성이 중요한데, 이
것은 유사 시에 동맹공약의 이행에 영향을 주게 되기 때문이다. 역사
적으로 살펴볼 때 1816~1965년까지의 동맹에서 177개 동맹국 중에
서 동맹의무를 수행한 나라는 48개였고, 109개 국가는 중립을, 21개
국은 동맹을 배반하였다. 이러한 사실들에 근거해볼 때 동맹의 정도
와 확실성은 실제상황에서 매우 중요한 요소로 작용함을 알 수 있으
며 동맹에 대한 맹목적 확신은 위험할 수 있음을 확인하게 된다.

　　한 국가 내에서 국민들의 정치사회적 단결은 상대국의 위협에
대한 대응력을 증가시키게 된다. 반면 상대적국의 정체성을 선호하
는 집단이 혼재되어 있을 때 정치사회적 단결은 기대하기 어렵고,
이로 인하여 해당국가의 국가안보에 대한 취약성은 약해지게 된다.
예를 들어 우크라이나 내의 크림반도 전체인구 202만명 중 60%는
러시아인으로서 결국 분리의 상황을 겪게 되었다. 우리나라에서도
대한민국 정부수립 이후 남로당과 게릴라에 의해 6·25전쟁은 더욱
어려움을 겪게 되었다.

　　국가의 기후와 지형도 취약성에 영향을 주게 된다. 대표적인 예
로 독일의 러시아침공 때 실패원인 중 하나는 러시아의 겨울이었고,
미국의 베트남전 실패는 베트남 정글에 의한 첨단무기의 무력화가
관련된다. 그리고 폴란드와 우크라이나는 평야지대로 쉽게 침략될
수 있는 지형으로 취약성이 높으며, 반면 영국과 일본은 섬으로 둘
러싸여 외국의 침략에 대해 취약성이 낮다. 자원의 외부의존도 역시
현대에 와서 더욱 중요성이 크다. 유류, 식량, 무기 등을 외부에 많
이 의존하게 될수록 취약성은 증가할 수밖에 없다. 취약성의 강도를
요약하면 [표 2-2]와 같다.

표 2-2 취약성의 종류와 강도

취약성의 종류	높은 강도	낮은 강도
위협의 과소	많은 위협	적은 위협
동맹의 강고성	자립·자주	강고한 동맹
정치사회적 단결	높은 분열성	높은 단결성
기 후	온화한 기후	극단적 기후
지 형	용이한 기동	어려운 기동
자원의 외부의존도	높은 의존성	낮은 의존성

제 2 절 국가안보와 국가이익

1. 국가안보의 개념

안보는 안전보장의 약자로서 영어로는 security로 표현될 수 있다. security의 어원은 라틴어의 se^{free: ~로부터의 해방 또는 자유}와 curitas^{care, anxiety: 불안, 염려, 걱정}의 결합이며 따라서 어원적으로 안전보장의 의미는 불안, 걱정, 불확실성으로부터의 자유가 된다.[1] 안보의 기본단위를 국가로 상정한다면 국가의 영토개념이 중요시되어 국가안보에서 국경선은 첫 번째 기준이 된다. 전통적인 관점에서 국가안보에 대한 위협은 국내이기보다는 국가 외부에서 일어나게 된다. 따라서 국가안보는 일반적으로 외부의 위협으로부터 국가와 국민을 보호하고 지키고 국가의 내적 제 가치들을 지키는 것이다.[2]

1 최경락·정준호·황병무, 「國家安全保障序論」(서울: 법문사, 1989), p.41.
2 김진항(2011), "포괄안보시대의 한국국가위기관리 시스템 구축에 관한 연구," 경기

냉전시대에 안보연구는 단기적이고 현실적인 안보정책에 밀려서 제대로 이루어지지 못하였다. 국가안보연구가 활발하게 된 시기는 냉전체제가 사라지던 1980년대였다. 국제정치학 분야에서 안보개념에 대한 정의는 아놀드 월퍼스Arnold Wolfers로부터 시작된다.[3] 그는 객관적 의미로서 안보를 "획득한 가치들에 대한 위험이 없는 것"으로 정의하고 주관적으로는 "이러한 가치들에 대한 우려가 없는 것"이라고 정의하였다. 월퍼스의 연구 이후로 다양한 학자들이 안보에 대한 정의를 시도하였다. 아모스 조단Amos A. Jordan은 국가안보를 "물리적 공격으로부터 국가와 국민을 보호하는 것"으로 정의하였고,[4] 조셉 나이 Joseph S. Nye는 "생존에 대한 위협의 부재"라고 하였다.[5] 그리고 찰스허만Charles F. Hermann은 "국가가 인식하는 높은 가치국가이익에 대한 안보"라고 정의하였으며,[6] 트래거와 시모니Trager & Simonie는 "현존하거나 잠재적인 핵심적인 국가가치를 보호하고 확대하는 것"으로 국가안보를 정의하였다.

2. 국가이익의 개념

국가안보는 국가의 목표와 이익실현이라는 도구적 성격을 갖는다. 여기서 국가목표는 국가이익을 획득하기 위한 순서라고 할 수 있

대학교 정치전문대학원 박사학위논문, p.68.
3 Wolfers, A., "National Security" as an Ambiguous Symbol, Political Science Quarterly 67(4), 1952: pp.481−502.
4 Jordan, A.A., et al., American National Security, 2011: Johns Hopkins University Press.
5 Nye, J.S., Bound to Lead: The Changing Nature of American Power, 1990: Basic Books.
6 Herman, C.F., Defining National Security, in American defense policy, J.F. Reichart, S.R. Sturm, and U.S.A.F.A.D.o.P. Science, Editors, Johns Hopkins University Press, 1982: p.19.

다. 대개의 경우, 국가의 안보정책과 관련된 일체의 행동은 국가이익을 위한 것으로 간주된다. 그러나 국가이익은 모호하고 주관적이며 다의적이다. 많은 학자들은 다양한 스펙트럼으로 이론적 주장을 한다.

국가이익에 대한 개념의 기원은 제2차 세계대전 이후 현실주의 학자들로 거슬러 올라간다. 대표적인 현실주의 학자는 '한스 모겐소 Hans Mogenthau'로서 그는 국가이익은 힘의 측면에서 국가행태를 규정하는 것이 가장 핵심적이라고 주장하면서, 만약 힘이 뒷받침되지 않는다면 국가이익은 단지 열망wish일 뿐인 공허하고 달성할 수 없는 것이라 하였다.

모겐소는 정치적 현실주의의 여섯 가지 원칙을 다음과 같이 제시하였다. 첫째, 정치적 현실주의는 인간본성에 기초한 객관적 원칙을 따른다. 둘째, 힘의 측면과 관련된 국가이익이 가장 중요한 개념이다. 셋째, 힘의 측면에서 정의되는 이익은 객관적이다. 넷째, 현실의 정치와 도덕 사이에는 긴장이 존재한다. 다섯째, 세상을 지배하는 보편적 도덕원칙은 없다. 여섯째, 도덕의 무시는 미개이지만, 정치가 도덕에 종속될 필요도 없다.[7]

또 다른 현실주의자는 케네츠 왈츠Kenneth N. Waltz로 그는 국가는 무정부적 세계환경에서 가장 중요하고 합리적인 행위자로서 상황을 잘 파악하여 면밀히 계산된 행동을 해야 한다고 하였다.[8] 국가의 군사적 행동은 국가생존에 위험하지 않도록 제한적으로 이루어져야 하고, 국가는 자신의 생존을 위해 온 힘을 기울인다고 가정한다. 즉, 국가는 자신의 생존을 최고의 최우선적 가치로 여긴다. 이것은 무정부anarchy환경의 제로섬게임 상태에서 자신의 생존을 위해 상대방의

---

7 Clinton, D., K. Thompson and H. Morgenthau, Politics Among Nations, 2005: McGraw—Hill Education.
8 Waltz, K.N., Theory of International Politics, 2010, Waveland Press: p.134.

도에 대한 불확실성을 최소화하려 하게 된다. 현실주의적 관점에서
세계는 물질론적 구조결정론의 성격을 갖는다. 현실주의에서 힘은
물질적 역량에 따라 측정되며 일체의 인식과 관념을 배제한다.[9] 현
실주의 이론은 국가이익의 결정권자와 그 과정에 대한 인식이 결여
되어 있다는 단점을 갖는다. 이러한 단점에 대항하여 자유주의와 구
성주의가 대두된다.

　　자유주의자의 대표 중 하나는 커헤인Robert Keohane이다. 그는 국가
의 이익이 물질에 한정되는 것은 맞지만, 생명과 자유, 재산 등으로
다양해질 수 있다고 주장하였다.[10] 그리고 국내정치를 통해 국가이
익이 형성되어가는 과정과 경로에 관심을 갖는다.

　　구성주의자의 대표는 웬트Alexander Wendt로서 국가정체성의 개념에
국제정치와 국가이익을 추가함으로써 정신적 측면을 국제측면의 중
요변수로 제안하였다. 이러한 개념화의 장점은 국가이익을 객관적으
로 평가할 수 있는 기준이 될 수 있으며, 국가를 일정 양태로 행동
하도록 유도하는 인과적 힘을 가지고 있기 때문이다. 예를 들어 국
가는 객관적 이익으로 특정한 안보특성을 가지며 주관적 이익을 이
에 따라 정의하게 만든다. 주관적 이익은 다양한 행위자들에 의해
논의될 수 있으며, 그 과정에서 논의되고 결정된다.[11] 대표적인 국가
이익 이론의 특징을 정리하면 [표 2-3]과 같다.

9 최종건(2009), "안보학과 구성주의," 「國際政治論叢」 제49집 5호, pp.81-100.
10 Pious, R.M., Political Science Quarterly 95(2), 1980: p. 310-312.
11 Wendt, A., Social Theory of International Politics, 1999: Cambridge University
　　Press.

표 2-3 대표적인 국가이익 이론의 특징[12]

구 분	현실주의	자유주의	구성주의
대표적 학자	모겐소, 왈츠	커헤인	웬트
국제정치환경	무정부상태 Zero—Sum	부정부상태 Positive—Sum	국제정치환경의 다양성
주요 행위자	국가	국가 및 국내외 행위자	국가 및 국내외 행위자
국가이익개념	생존, 번역 (물질적 요인 한정)	생존, 자유, 재산 (물질적 요인 한정)	생존, 자유, 재산, 정체성 (정신적 요인 중요)
국가이익 변동가능성	불가 (국가이익은 외생변수)	제한적 (국가이익 개념에서 제한적 선택 가능)	가능 (국가이익 개념은 정체성에 의해 변화 가능)

3. 국가이익의 분류

냉전시대에 국가들은 이념적 대립이라는 환경 하에서 국가의 이
익이 무엇인가라는 질문을 하지 못하였다. 그러나 탈냉전시대가 되
면서 국가들은 경직된 과거환경과 달리 다양한 배경에 노출되게 되
었다. 국가들은 이익추구에 관심을 가지고 있으며, 국가이익을 얻고
자 하는 '기대'를 이익추구와 동일시할 수 있다. 이로 인하여 국가의
모든 행동을 국가이익으로 환치함으로써 국가의 모든 행위를 정당화
할 수 있다. 따라서 국가의 이익에 대한 정확한 판단은 국가의 독단

---

12 박상준(2011), "국가이익과 외교안보정책 자율성," 연세대학교 대학원 박사학위논
  문, pp.102－109.

적이고 자기합리적인 행동을 제어하는 기본요건이 된다.

현실주의자들에게서 시작된 국가이익의 개념은 시대에 따라, 국가가 처한 환경에 따라 우선순위와 강도에 차이를 낳게 된다. 하지만 국가이익에 관한 일반적인 정의가 있어야 국가정책을 입안하고 행동을 결정하고 평가하는 데 도움이 된다. 이러한 관점에서 네틸라인Donald E. Nuechterlein은 중요도에 근거하여 이익을 존망의 이익Survival Interests, 핵심적 이익Vital Interests, 중요한 이익Major Interests, 지엽적 이익Peripheral Interests의 네 가지로 분류하였다.[13]

제 3 절 국   력

1. 국력의 정의

국력은 국가의 힘power의 약자이며, 여기서 힘이란 자기의 목적에 따라 타인의 행동에 영향을 줄 수 있는 능력이라 할 수 있다.[14] 임덕순은 국력을 "국가가 다른 국가의 행동에 영향을 주어 타국의 행동을 지배하거나 결정하는 능력"으로 정의하면서 국가 간의 정치관계의 통제는 힘에 의해서라고 주장하였다. 국가가 발휘할 수 있는 힘에는 전통적으로 군사력이 포함된다. 하지만 보다 포괄적 개념으로 국력은 한 나라가 갖고 있거나 동원할 수 있는 다양한 인적, 물적 자원이 포함된다. 즉, 군사력과 경제력, 천연자원 등의 유형의 것과 국민의 단결, 국민의 의욕과 능력, 정부의 지도력과 정치수준, 외

---

13 Donald E.N., The Concept of National Interest: a time for new approach, Orbis, 1979, 23: pp.79−80.
14 임덕순, 「政治地理學原論」(서울: 一志社, 2011), pp.37−39.

교기술 등의 무형의 것까지 국력의 범주에 들어오게 된다.[15] 시대와 환경, 그리고 연구자에 따라 국력의 정의는 다양하게 이루어졌다.

레이 클라인Ray S. Cline은 국력을 "한 국가의 정부가 다른 국가의 정부로 하여금 그들이 하기를 원하지 않는 바를 하게끔 강요할 수 있는 능력" 또는 "설득을 통해서든 강제력을 발동해서든, 또는 군사력 행사에 의해서든 그들이 하고자 하는 바를 하지 못하게 억제할 수 있는 능력"으로 정의하였다.[16] 한스 모겐소는 국력에 대해 "다른 사람의 마음과 행동을 지배하는 힘"이라고 하였다.

2. 국력의 요소

1) 국력의 자연적 요소

(1) 지 리

국가의 지리를 구성하는 요소는 위치, 규모, 기후, 지형 등이 포함된다.[17] 국가의 지리적 위치는 외부국가와의 관계성 속에서 외교정책과 밀접한 관련을 갖게 된다. 대표적인 예로 영국, 일본, 미국은 바다로부터 보호를 받으며 바다를 이용하여 해외무역과 대양해군을 이룸으로써 강대국으로 진입할 수 있었다. 반면 위치는 지정학적 논쟁의 원인으로 작용하기도 한다. 나치독일의 생활권Lebenstaum, 일본의 대동아공영권, 러시아의 부동항 개척, 미국의 해외기지 건설 등은 국가의 위치와 관련되어 제기된 내용들이다.

영토의 크기도 국력에 영향을 주게 되는데, 영토의 면적이 클수록 외부의 위협이 감소하는 경향을 보이기 때문이다. 예를 들어 미

15 이극찬, 「政治學」(서울: 法文社, 1994), p.120.
16 Cline, R.S. 저, 김석용 역, 「國力分析論」(서울: 국방대학원 안보문제연구소, 1994).
17 김열수, 전게서, p.107.

국, 중국, 소련에 대한 공격은 그 영토의 방대함으로 인하여 쉽게 구상하기 어렵다.

기후는 지리와 관련을 가지게 되는데, 제3세계의 대부분이 극지방이나 적도지방인 점은 주목할 만하다. 러시아의 경우도 넓은 영토가 있음에도 그 대부분이 높은 위도에 위치하고 있어서 식량부족의 어려움을 겪고 있다.

지형은 외부국가의 침입에 대한 방어와 관련을 갖고 있다. 평야보다는 산악지형이 방어에 쉽게 된다. 이것은 첨단기술이 개발된 현대에도 어느 정도 유효한 상황이다.

(2) 인 구

일반적으로 인구가 많을수록 국력이 커지는 경향이 있으나, 인구의 경향과 구성적 측면도 중요하다. 예를 들어 캐나다나 호주는 인구가 적지만 멕시코보다 강한 국가로 여겨진다. 인구정책에 의해서 국력이 변화되기도 하는데, 캐나다와 호주, 미국은 모두 이민국가이지만 미국이 적극적인 이민정책으로 캐나다와 호주에 비해 10배 이상의 인구를 가지게 되었고, 국력에서도 차이가 나게 된다.[18]

빈국의 경우에는 많은 인구가 오히려 식량난과 환경문제로 인한 국력약화의 원인이 될 수도 있다. 세계적인 노령화추세로 인하여 인구구성비가 국력에 영향을 줄 수 있다. 선진국에서는 출생률과 사망률이 동시에 감소하면서 노령화가 급속히 진행되었는데 이로 인하여 선진국은 평생학습 개념과 현대화된 전쟁무기 개발을 통해 이를 보완하려고 한다. 하지만 향후 수십년이 지나면서 노령화 비중은 증가할 수밖에 없고 이것은 국력신장의 한계로 작용하게 될 것이다. 반면 브라질과 같은 나라는 다산국가로서 젊은 층의 인구비율이 여전히 높은 비율을

---

18 최동희(2007), "국력을 구성하는 요소들의 상관관계 분석," 금오공과대학교 교육대학원 박사학위논문, p.91.

차지하고 향후 국력신장에 긍정적 요인으로 작용하게 될 가능성이 높다.

(3) 천연자원

천연자원은 산업기반의 근간이 되며, 무역과 원조를 통해 다른 나라에 영향을 주게 된다. 기본적으로 천연자원은 국력에 긍정적인 영향을 주게 된다.[19] 하지만 국력이 약할 때에 풍부한 천연자원은 강대국의 희생의 원인으로 작용할 수 있다. 대표적인 예가 석유라는 천연자원이 풍부한 이라크이다. 그리고 아프리카의 내전의 이면에는 다이아몬드 광산, 금광, 콜탄광산이 있다. 이들 국가들이 풍부한 천연자원을 잘 활용하여 국력신장의 동력으로 삼지 못하고, 부패와 내전, 외국의 침입의 원인이 된다면 천연자원은 오히려 화를 불러일으키는 원인이 되고, 국가안보에 위해적 요소가 되어버린다. 역사적으로 침략전쟁의 가장 첫 번째 원인은 자국의 부족한 자원을 외국에서 전쟁을 통해 확보하고자 하는 유혹이었다. 하지만 문명이 발달하고 다자 간의 힘의 균형이 존재하는 현대에서는 정치적 술수나 구매를 통한 방법이 증가하고 있으며, 특히 희귀자원을 보유한 국가들은 상당한 정치적 이점을 얻게 되었다. 대표적인 예로 일본과 중국의 영유권 분쟁에서 중국이 희토류 수출을 금지하면서 일본이 백기를 들게 된 사례가 있다.

향후 자원개발을 둘러싼 해저개발, 극지방개발, 영유권분쟁 등에 대한 문제가 대두될 것으로 보이며, 이에 대한 대처가 국력안보에 중요한 요소가 될 수 있다.

2) 국력의 사회적 요소

(1) 경　제

경제적 능력은 천연자원을 국력으로 전환할 수 있는 중요한 요

| 19 Morgenthau, H.J., et al., 「국가 간의 정치」(서울: 김영사, 2014), p.74.

소가 된다. 비록 한 국가의 천연자원이 부족하다 할지라도 경제적 능력이 우수할 경우에는 외국으로부터 천연자원을 수입하여 부가가치를 높인 상태에서 수출할 수 있고 이는 경제발전으로 이어지기 때문이다. 경제발전은 정치적 현대화, 공교육의 확대, 사회안전망의 확대, 군사기술의 발전이 가능하도록 하며 따라서 경제발전은 곧 사회적·정치적·군사적인 발전의 중요한 동력이 될 수 있다. 경제력이 강하게 되면 국내의 경제가 국제정치에서 강력한 영향을 줄 수 있게 된다. 무역, 지원, 투자, 차관 등은 다른 국가에 대해 보상과 처벌이라는 양면의 기능을 가질 수 있다. 현대사회는 한 국가의 경제가 다른 다양한 국가들과 상호작용을 하게 되었으며 따라서 한 국가가 개별적으로 정책을 수립하고 집행하는 것이 어려워지게 되었다. 세계무역기구WTO와 같은 국제기구에의 가입은 자율적인 정책집행을 어렵게 하는 원인이 되기도 한다. 뿐만 아니라 국가개방에 의해 국제금융은 국가 간에 자유롭게 이동하여 과거와 같은 국경개념은 점차 허물어지고 있다. 따라서 이러한 측면에서 경제적 상호침투성은 각국의 국가경제에 대한 안정성과 함께 취약성이라는 양면적 측면으로 반영되게 된다.

(2) 군 사

전통적인 개념에서 국력은 군사력과 밀접한 관련을 가지고 있었다.[20] 왜냐하면 전쟁을 통한 침략은 곧 국가의 존립과 관계되기 때문이었다. 침략을 통해 한 국가는 침략당한 국가의 국토와 인력, 자원 등을 침탈할 수 있었고 이를 통해 침략국가의 국력은 더욱 커질 수 있었다. 현대에서 군사력은 과거와 같은 전쟁무기만으로 한정되지는 않는다. 과학기술의 발달과 함께 현대의 군사력은 과학기술능력에 매우 큰 영향을 받는 영역이 되었다. 대표적인 예로 걸프전에

20 이연린(1996), "국력의 요체는 곧 군사력," 「군사논단」 5(1), pp.11-12.

서 이라크군과 동맹군의 비슷한 표면적인 군사력에도 불구하고, 이라크의 패배는 과학기술에 의해 압도적으로 이루어지게 되었다. 군사력은 국력의 투자능력과 지속성, 단시간 내의 동원능력 등이 중요한 함수가 된다. 이스라엘이나 스웨덴은 하룻동안 상비군의 두 배이상의 병력을 동원할 수 있는 능력을 가지고 있으며 이것은 곧 군사력에 영향을 주게 된다.

(3) 정 치

정치는 국민들의 심리적 요소와 관련되어 있다.[21] 국민들이 원하는 정치는 그 정부의 효율성과 신뢰성에 영향을 주며, 이것은 다시 국력평가에 중요한 기준이 된다. 1936년 소비에트 헌법이나 독일의 바이마르 헌법은 민주적인 모델이었지만 정치의 독재성으로 인하여 국민의 자유를 제한하게 되었다. 전체주의 국가와 민주주의 국가와 같은 정부의 형태는 국력의 측정에서 중요한 역할을 할 수 있다. 예를 들어 현대의 중국과 같이 국민의 자유를 제한하면서도 조직화된 국가전략은 국력에 영향을 주게 된다. 정치의 수준에 따라 인적·물적 자원의 효용과 효율성은 달라지게 되며 이것은 경제문화의 발전 그리고 국력과 관련된다.

(4) 심 리

역사적으로 우세한 군사력과 경제력에도 불구하고 패배를 당한 사례가 많은데 이것은 심리적 요소에 의한 영향력이 크다. 여기서 심리적 요소란 국가의 의지, 사기, 성격, 통합수준이 포괄된다. 중국 내전에서 국민당에 대해 승리한 모택동, 인도에서 영국군의 철수를 이끈 간디, 미국의 베트남전 패배는 대표적인 예가 된다. 한 국가가 선택하는 정책과 전략은 국가의 성격과 밀접한 관련을 갖고 있다.

---

21 이상훈(2007), "정치체제와 강대국 전쟁," 연세대학교 대학원 박사학위논문, p.92.

미국의 경우에 청교도 정신에 근거하여 대외적 명분을 내세워 행동을 정당화하는 도덕주의가 강하다. 반면 러시아는 서구로부터 3번이나 침략을 당하였고, 종교적으로 정교회라는 특성과 공산주의 통치, 긴 겨울이라는 기후가 서구국가에 대한 불신이라는 국가성격에 영향을 주게 되었다.

국가의 심리에 영향을 주는 요인에서 통합은 중요하며 이는 국민의 정체성과 소속감으로 나타난다. 통합성의 수준은 민족, 종교, 언어, 문화적 동질성에 의해 영향을 받는다. 그러나 이러한 통합성과 정체성이 결정적 요소는 아니다. 스위스의 경우는 다양한 민족, 언어, 종교로 구성되어 있으나 수세기 동안 안정적인 연방제가 유지됨으로써 국가의 정체성은 높다고 판단할 수 있다.

(5) 정　보

현대는 과거와 달리 정보통신이 매우 발달되어 있다. 이로 인하여 세계를 하나의 정보촌으로 만들게 되어 실시간으로 세계 곳곳의 사건들은 지구전체에 공유할 수 있도록 하였다. 이러한 상황은 국가적으로 긍정적 측면과 부정적 측면의 두 가지 양상으로 나타난다. 정치적 긍정성은 지도자가 국민과 함께 정치적 발전을 도모할 수 있다는 것이고, 부정성으로는 민족주의와 같은 부정적인 면을 강화시킴으로써 사회불안을 부추길 수 있다. 전쟁에서도 정보통신의 발달은 신속하게 정보를 수집하고 통합, 결정을 내림으로써 과거에 전략적·작전적·전술적 수준에서 일어나는 것을 통합하여 나타나게 할 수 있다. 또한 인터넷과 컴퓨터의 발달은 사이버전이라는 형식을 통해 상대국가의 군사시스템뿐만 아니라 행정, 경제, 산업, 민간에까지 영향을 미치게 될 것이다.[22]

---

22 최완규(2011), "마비이론의 현대적 고찰과 미래전 적용성 연구," 경기대학교 정치전문대학원 석사학위논문, pp.81－89.

제 4 절 국가안보 영역

1. 군사안보

1) 군사안보의 의제

군사안보란 군사적 위협으로부터 국가의 구성요소와 주권을 지키고 국익을 도모하는 것이다.[23] 국가의 구성요소는 영토와 국민이 대표적이다. 그리고 군사적 위협은 외부적 위협과 내부적 위협의 두 가지로 나뉠 수 있다. 외부적 위협은 다시 주적으로부터의 위험, 잠재적 적국으로부터의 위험, 초국가적 위험의 세 가지로 더욱 세분된다. 그리고 내부적 위험은 폭동, 군사적 분리운동, 정부전복, 테러 등이 포함된다.

국가마다 환경이 다르기에 위협에 대한 성격과 크기도 달라진다. 예를 들어 강대국은 외부적 위협에 대한 취약성은 높지 않으나 내부적 위협에 대한 취약성이 높을 수 있다. 반면 중소국가는 내부적 위협은 작지만 반면 외부적 위험에 대한 불안은 커질 수 있다.

군사안보의 주체는 군사안보를 주장하는 행위자를 말하며, 이것은 중요행위자와 기능행위자의 두 가지로 나뉠 수 있다. 중요행위자는 대통령, 외교부, 국방부, 정당과 같이 국가를 대표하는 집단 또는 구성원이고, 기능행위자는 군사기관이나 군수산업체와 같이 군사안보정책 수립과정에서 기능적으로 영향을 미치는 집단을 의미한다. 보다 넓게는 재향군인회와 군사전문 학술단체가 포함될 수 있으며, 좀더 넓게는 NGO나 대중매체가 포함될 수 있다. 군사안보의 주체

---

23 이성재(2010), "안보환경 변화에 따른 한국의 군사전략 분석," 경희대학교 행정대학원 석사학위논문, pp.111-119.

의 중요성도 각 국가의 환경에 따라 변화될 수 있다. 예를 들어 아프리카 내전에서는 용병집단이 군사안보의 기능행위자로 역할을 할 수 있다.

2) 군사안보의 대상

국가안보의 대상은 국가이다. 근대국가의 탄생 이후로 국가는 군사안보의 유일한 대상일 뿐만 아니라 폭력수단을 합법적으로 독점하는 유일한 주체가 되었다. 1민족 1국가의 경우에는 민족이 군사안보의 대상이 될 수 있지만 대부분의 나라는 다민족으로 구성되어 있으므로 국가를 군사안보대상으로 정의하는 것이 보다 타당하게 된다. 또한 종교를 군사안보의 대상으로 주장하는 것에 대해서는 같은 종교를 가진 국가 간의 다양한 분쟁사례를 볼 때 설득력이 감소하게 된다.

3) 위협과 취약성

군사적 위협은 정치, 경제, 사회적 쟁점들을 강압적인 힘에 의해 해결하겠다는 의미이며, 이때 위협을 한 국가와 위협을 당한 국가 사이에는 정상적인 정치관계가 단절된다. 군사적 능력은 적대국의 절대적인 능력과 함께 상대적 능력이 중요한데 이것은 취약성과 관련된다. 상대국의 절대적인 능력은 위협의 성격, 범위, 시기에 영향을 주게 된다. 예를 들어서 핵무기나 전략적 수송능력을 가진 국가와 그렇지 않은 국가에 대한 위협의 크기는 다를 것이다. 걸프전, 이라크전, 코소보전 등에서 볼 수 있듯이 현대전에서 무기체계의 질적 수준은 살상무기를 통하지 않고서도 상대국의 전쟁지휘체계를 무력화함으로써 전쟁을 승리로 이끌 수 있다.

전쟁에 참여하는 조직구성원의 심리적 요소도 위협과 취약성에 영향을 주게 된다. 미국에 맞선 월맹과 소련에 맞선 아프가니스탄 전사들에서 볼 수 있듯이 정치·사회적으로 단결된 국가는 상대방 국가의 위협이나 침략을 두려워하지 않는다. 이외에도 국가안보의 위협과 취약성에 영향을 주는 요인들로는 지리적인 요소들과 역사적 경험, 국가 간의 우호 또는 적대적 관계 등이 포함된다.

4) 군사안보 정책

국가안보는 국가의 존립과 관련되며, 따라서 국가는 다양한 정책을 통하여 국가안보를 유지하려고 한다. 이러한 정책은 기본적으로 외부의 위협과 자국의 취약성을 감소시키는 것과 관련된다. 자주국방뿐만 아니라 다자 간 동맹과 집단안보, 협력안보를 통한 세력균형과 상대국과의 군비통제 등 다양한 정책이 시대와 환경에 맞추어서 진행되어야 한다.

2. 사회안보

1) 사회안보의 의제

탈냉전 이후 안보개념은 군사적인 것에서 사회적인 것으로 확대되기 시작하였다. 사회안보의 대상은 집단의 정체성으로서, 사회안보를 정체성 안보라고도 한다.[24] 여기서 논의하는 정체성에는 민족, 종교, 언어, 관습 등의 요소가 포함된다. 이는 사회보장과 혼동될 수 있는데, 사회보장은 보건, 복지 등과 같이 개인과 경제적인 영역과 관련된다.

사회안보는 이주, 수평적 경쟁, 수직적 경쟁의 세 가지에 의해

24 김병조(2011), "'사회안보' 이론의 한국적 적용: 도입, 채택, 발전,"「국방연구」54(1), pp.1─26.

영향을 받을 수 있다. 이주는 다시 국가 간 이주인 이민과 국내이주의 두 가지로 나뉜다. 전쟁지역을 피하기 위한 것과 같은 집단적인 이주는 다른 국가의 정체성에 위협이 될 수 있다. 국내이주의 경우에도 기존 주민의 구성비가 변화하고, 기존 주민들의 문화와 사회의 정체성이 변화하게 된다.

수평적 경쟁은 세계화 현상으로 인하여 문화적, 언어적, 종교적으로 영향을 받아 정체성이 변화하게 되며 경우에 따라 사회안보문제로 대두될 수 있다.

수직적 경쟁은 정부와 국가 내의 특정집단 사이에 일어나는 경쟁으로 이는 방향에 따라 통합계획과 분열정책의 두 가지 요소로 나뉠 수 있다. 통합계획이란 Top-Down 위협으로서 국가에 의해 국민의 정체성이 강요되는 것이고, 반면 분열정책은 Bottom-Up 위협으로 집단에 의해 국가정체성보다는 집단정책이 강요되는 것을 말한다. 분열정책은 분리독립운동으로 발전하여 무력투쟁이 일어나게 되기도 하는데, 이런 경우에 사회문제는 정치 및 군사안보문제로 변화하게 된다.

2) 사회안보의 주체

사회안보의 주체는 국가이거나 어떤 집단의 지도자가 된다. 국가가 주체가 될 경우 중요행위자는 정부나 정치지도자가 되며 기능적 행위자는 집단의 지도자가 된다. 반면 집단의 지도자가 주체가 되면 중요행위자는 집단의 지도자가 되며 기능적 행위자는 정부나 정치지도자가 된다. 정체성의 중심요소는 민족, 종교, 문화, 언어가 되며, 국가와 집단의 지도자는 서로 각 단위의 정체성을 유지하기 위해 서로 경쟁하게 된다. 즉, 국가는 이민통제, 수평적 경쟁, 수직적 경쟁에서 이기려 하고, 국가내 집단은 타 지방에서 오는 이주민을 통제, 수직적 경쟁에서 이기려 한다.

3) 사회안보의 대상

사회안보의 대상은 종교, 민족, 언어, 문화 등의 정체성으로서 국가의 상황에 따라 다르게 나타날 수 있다. 민족국가는 민족과 국가가 같은 단위이어서 사회안보 문제가 크게 대두되지 않지만 다양한 종교를 근거로 한 다민족 국가에서는 갈등의 상황이 나타나곤 한다. 구유고슬라비아는 민족 단위의 공화국과 유고정부 간의 수직적 경쟁에서 민족단위가 승리함으로써 결국 7개 국가로 분할되었다. 반면 현재 중국정부는 티베트와 위구르족에 대해 수직적 경쟁에서 승리함으로써 하나의 국가 내에 유지시키고 있다.

4) 위협과 취약성

사회안보의 대상이 정체성이므로, 그 위협과 취약성도 정체성과 관련된다. 미국의 히스패닉 인구증가, 구소련시절 각 공화국을 이주한 러시아인, 현재 진행되고 있는 티베트나 위구르 신장지역으로 한족의 이주 등은 본래 거주인들의 정체성을 위협하는 요소로 인식된다.

국가가 한 집단의 정체성을 강제로 통합하거나 말살하려고 할 때 수직적 경쟁이 발생하게 되는데, 심한 경우에는 분리운동으로 성장하기도 하며 이때 심각한 사회안보 문제가 나타나게 된다.

5) 사회안보 정책

사회안보 정책은 정체성의 유지 또는 조화와 관련된다. 세계화 시대에 이민과 이주의 빈도는 증가할 수밖에 없으며, 따라서 수평적 경쟁은 피할 수 없는 것이다. 문제는 수평적 경쟁을 국가나 사회집단에게 위협이기보다는 발전의 동력으로 삼을 수 있느냐는 것이다. 강건한 나라와 연약한 나라의 수직적 구조의 정책은 비교가 되는데, 강건한 나라의 경우 국가 내의 사회집단과 서로 안보를 해치지 않는다. 국가는 사회집단을 차별하기보다는 차이를 인정함으로써 다양한 특성들을 활용하여 국가의 발전동력으로 삼는다. 반면 연약한 나라는 국가가 국가 내의 민족이나 종교집단을 억압하고 차별함으로써 불안을 야기하게 된다. 따라서 사회안보 정책의 핵심은 상호인정과 다양성을 차별보다는 발전의 동력으로 삼는 것이 된다.

3. 경제안보

1) 경제안보의 의제

공산주의의 몰락과 함께 세계는 단일의 시장경제체제로 재편되었다. 시장경제는 경쟁적 체제를 전제로 하는데, 이것은 이윤과 파산이라는 양면을 함께 가지게 된다. 따라서 시장경제는 늘 파산의 위험을 전제로 하고 있기에 늘 불안정하고 불완전한 속성을 내포하게 된다. 그러함에도 시장경제는 생산, 분배, 기술혁신에서 경쟁을 가져옴으로써 효율성이 증가하게 된다. 즉 시장경제는 이득의 기회를 누리기 위한 비용으로서 손실의 위험을 받아들인다. 경제안보의 의제는 이러한 관점에서 어느 정도의 불안은 피할 수 없는 본질적인 측면임을 인식하고 다루어져야 한다. 경제안보와 관련된 의제는 군사력, 국가위상, 사회정치적 안정의 세 가지 주제와 관련을 가지고 있다.

첫째, 군사력은 경제능력으로부터 직접적으로 영향을 받게 된다. 과거에는 군사기술이 민간으로 파급되는 경향spin-off을 보였으나 현대에는 그 방향이 반대spin-on가 된다. 둘째, 경제력은 국가의 위상을 결정한다. 국력신장의 결정적인 요소의 주요목록에는 기술력과 첨단제품생산능력이 포함되고 있다. 셋째, 경제적 상호의존성의 증가는 곧 사회·정치적 안정성에 대한 위험과 관련된다. 만약 국가 간 경제의 존성이 비대칭적이면 그 위험은 더욱 높아진다. 금융과 자본의 국가 간에 자유로운 이동은 이익이 되기도 하지만 경제적 혼란의 원인이 되기도 한다. 2008년 미국의 금융위기가 세계로 전파되었고, 2010년 유럽의 위기도 세계를 혼란스럽게 하였다.

2) 경제안보의 대상과 주체

경제안보의 대상은 개인, 기업, 또는 국가가 될 수 있으며 각 수준에 따라 요구되는 개념이 다르다. 예를 들어 개인안보의 대상은 의식주라는 생활수단이 된다. 그리고 기업안보의 대상은 적응력과 혁신성이 된다. 국가의 경우에는 경제안보가 곧 국가안보가 된다.[25]

3) 위협과 취약성

국가차원에서 경제안보에 대한 위협과 취약성은 크게 두 가지로, 하나는 시장의 역동성에서 유래하며 다른 하나는 국가정책에서 유래한다. 시장의 역동성에 의한 위협과 취약성은 다시 금융과 신용, 경쟁력, 불균형 성장 세 가지로 나뉠 수 있다.

첫째, 선진화된 금융체제는 경제주체에게 성장, 유연성, 유동성, 자유의 이점을 주는 한편으로 불안정, 불평등, 정치적 오용, 체제붕괴의 위험성을 안게 한다. 이것은 금융체제가 자원제약을 넘어서기 위해 신용을 공급하기 때문이다. 신용잠재력을 적극 활용하지 못하

25 김열수, 전게서, p.158.

게 되면 경기침체와 불황이 올 수 있으며 따라서 정치적·경제적 부담으로 신용한계를 최대한 활용하려 한다. 문제는 신용한계나 관리능력을 확실히 알기 어렵다는 것이다. 그 한계는 금융위기의 상황이 후에 뒤늦게 확인이 된다. 금융위기의 해결책으로 IMF의 구제금융 상황에 돌입하게 되면 그 나라는 금융시장뿐만 아니라 국가의 거의 모든 시장에 대해 개방을 하게 되면서 경제주권이 심대하게 손상된다.

둘째, 경쟁은 시장의 효율성을 보장해주지만 다른 한편으로 경쟁의 대가가 증가함으로써 성공가능성이 낮아지게 된다. 이것은 곧 경제안보의 취약성으로 연결될 수 있다.

셋째, 불균등 성장은 어떤 한 나라의 성장이 다른 나라와 균등하게 이루어지지 않기 때문에 발생한다. 즉, 한 나라의 급속한 경제성장은 다른 나라에 위협이 될 수 있으며, 위협을 느낀 나라는 보호무역의 정책을 진행할 수 있다. 이것은 새로 진입하는 주변부 국가의 의지를 좌절시킴으로써 자유주의 체제에 근거한 경제안보에 위협을 가져올 수 있다.

국가정책에 기인한 취약성은 크게 자유주의적 정책과 중상주의적 정책의 두 가지로 나뉠 수 있다. 자유주의적 정책은 국가에 비해 시장을 더욱 강화시키는 경향이 있으며 반면 중상주의적 정책은 세계시장보다 국가에 관점을 더욱 강하게 둔다. 이 두 가지는 사회, 정치적 안정을 추구하는 적정선을 유지하면서 적절하게 운용될 필요가 있다. 최근에는 이 두 가지 차원을 절충한 '보호주의적 자유주의protected liberalism' 또는 '자유주의적 보호주의liberal protectionism'가 대두되고 있다. 즉, 자유주의의 투명성, 표준화된 국제회계와 함께 자유주의가 가진 질서의 불안정을 보완할 수 있는 경제정책의 수립이 바람직하다.

4. 정치안보

1) 정치안보의 의제

정치는 사회경제와 밀접한 관련을 가지고 있다. 마찬가지로 정치안보는 곧 사회안보 또는 경제안보와 상호작용을 하게 된다. 국가 내의 종교나 민족문제 또는 자원확보나 복지정책 등은 정치안보 문제와 관련될 수 있다. 이러한 관점에서 정치안보의 의제는 국가정통성의 유지발전과 관련된다.

2) 정치안보의 대상과 주체

정치안보의 대상은 국가적 차원에서 민족, 이데올로기, 주권이 된다. 안보의 행위자는 정부가 되며 기능적 행위자는 정당이나 단체가 될 수 있다. 강건한 국가와 연약한 국가의 실질적인 정치안보의 대상은 다를 수 있는데, 강건한 국가의 경우 정부는 국민의 대리인으로서 작용하지만, 연약한 국가의 정부는 정권의 대리인으로서 행동하게 된다. 국가 단위를 넘어서서 EU와 같은 초국가집단, 또는 팔레스타인과 같은 주권이 없는 유사국가, 그리고 종교집단 등도 정치안보의 대상이 될 수 있다.

3) 위협과 취약성

정치안보와 국가정통성을 위협하는 다양한 요인들이 있다. 민족, 이념, 주권침해 등은 모두 정치적 위협요소가 될 수 있다. 외교관계가 수립되지 않을 경우에는 그 자체가 정치적 위협이 될 수 있는데, 과거 냉전시대에 중국과 러시아와 수교하지 않았던 우리나라의 경우가 이에 해당된다. 하지만 현재 중국의 동북공정과 같은 역사왜곡

등도 정치위협에 포함될 수 있다.

대개의 경우 강건한 국가는 국내적으로 안정된 정치·사회 구조를 가지고 있기에 외부에 대한 위협도 국가정통성이나 안정성에 큰 위협으로 인식되지 않는다. 하지만 연약한 국가의 경우에는 내부적으로 불안한 상태로 인하여 외부의 정통성인정에 많은 영향을 받을 수 있다.

국가의 위험은 민족, 정치이념, 주권과의 관계라는 세 가지 측면에서 위험과 취약성을 분류할 수 있다. 첫째, 국가와 민족이 분리된 경우 외국에 의한 위협이 있을 수 있다. 즉, 분리주의나 고토회복주의가 등장할 가능성이 있다. 루마니아의 트란실바니아Transilvania지역에 거주하는 헝가리인들에 대한 헝가리의 관심, 벨기에 내 프랑스인에 대한 프랑스의 관심, 북아일랜드를 회복하고자 하는 아일랜드의 관심 등이 대표적인 예에 해당된다.

둘째, 국가와 민족이 분리된 경우, 비고의적 단위체 수준의 위협이 있을 수 있다. 예를 들어 세르비아인에게 크로아티아인은 심리적으로 위협으로 느껴지게 한다.

셋째, 정치와 이념적 기반이 취약한 국가에 대한 의도적 위협이 있다. 이는 국가의 체제에 기반이 되는 이념이 국민 전반에 수용되지 못할 때에 발생한다. 예를 들자면 냉전 시 미국이나 소련이 국가의 반군들을 지원할 수 있었던 근거이다.

넷째, 정치적, 이념적 차원에서의 구조적 위협이 존재한다. 이것은 특정 행위자의 의도와는 무관하게 상황적 측면에서 자연스럽게 발생하게 되는 위협이다. 예를 들면 20세기 문명시대에 남아프리카공화국의 인종차별이나 여성을 억압하는 이슬람적 가치는 보편적 인권과 충돌되며 이들 국가에서는 위협으로 받아들여질 수 있다.

다섯째, 초민족적, 지역적 통합에 의한 위협이다. EU나 독립국
가연합CIS 등은 각 개별국가의 주권을 침해하게 되며, 각국은 이를
위협으로 인식할 수 있다. 특히 특정 국가가 이러한 연합에서 주도
적 입장을 취하게 될 때 그렇지 못한 국가는 더욱 위협적으로 간주
하게 된다. 이로 인해서 단위체들은 분리를 통한 독립을 원하게 될
수도 있다.

여섯째, 초민족적, 초국가적 운동에서 비롯한 위협이 있을 수 있
다. 과거 공산주의라는 이데올로기나 근래의 범이슬람주의라는 종교
근본주의는 국제안보에 중요한 위협으로 대두되고 있다.

일곱째, 주권에 대한 직접적인 위협이 있을 수 있다. 레짐에의
가입이 대표적인 예가 되는데, 대표적인 예로 핵확산금지조약, 생물
학무기금지협정, 미사일 통제레짐 등이 있다.

4) 정치안보 정책

제2차 세계대전과 탈냉전 이후 많은 국가들이 분리, 독립하였
다. 이 대부분은 민족 단위에 기초한 국가들인데, 앞으로도 계속 신
생국가는 늘어나리라 예측된다. 따라서 국가적으로 소수민족에 대한
차이를 인정하고, 이를 오히려 국가발전의 원동력으로 삼으면서 국
가정체성을 추구하는 것이 필요하다. 정치적 이념이나 종교의 영역
에서도 동일한 접근이 필요하다. 차별은 반드시 불만과 혼란을 야기
하게 되며, 이는 정치안보에 위해요소가 된다. 따라서 정치안보 정
책의 핵심은 다원성을 인정하고, 국가정체성 통합을 위한 방법을 모
색하는 것이 된다. 21세기 문명화시대에 걸 맞는 인권의식을 기저로
하여 다양한 국가정체성 구성작업이 가능할 것이다.

제 2 부

우리의 조국
대한민국

爲國獻身軍人本分

연구동향

　제 2 부에서는, 제 1 부에서 국가란 무엇이기에 국가를 위해 희생한다는 것이 충성스러운 행동으로 찬미되고, 또한 인간은 그러한 숭고한 희생을 열망하는 것일까? 대한민국의 자긍심을 느끼게 되고 국가라는 이 거대한 조직이 나에게 무엇이며, 우리들은 국가를 위해 무엇을 해야 할 것인가를 다룬 국가의 형태와 국가안보, 국력을 탐구했다. 제 3 장은 대한민국의 건국 배경과 유엔의 한국 결의, 남북협상을 고찰하여 평가하고 건국헌법의 제정, 그리고 한반도의 북쪽 조선민주주의인민공화국의 성립과정을 정리했다. 제 3 장 말미에는 대한민국 체제의 우월성과 한반도 안보현실을 북한의 경제상황과 경제정책 방향을 중심으로 정립했다.

　제 4 장에서는 우리 민족의 극난극복을 서술한다. 우리 민족의 부흥기와 민족국가, 통일국가의 형성을 기초로 한민족과 민족국가의 형성을 살펴보고 우리 민족의 국난극복과 호국정신을 정립했다.

　제 5 장은 자랑스러운 대한민국의 위대한 유산을 중심으로 서술했다. 경제원조를 받는 나라에서 경제원조를 주는 나라로 우뚝 선 대한민국의 위대함을 발전국가체제의 가동 측면과 중화학공업화, 국토 사회의 개발, 중진경제로의 진입 측면에서 분석하였다. 그리고 대한민국 국군의 발전상과 자랑스럽고 보람 있는 군 복무 여건 조성 부문에서는 군인의 사기와 긍지를 높이고 군에 대한 인식 변화, 긍지와 자부심 및 사명감 향상을 위한 방안을 제시했다.

제 3 장
국가로서의 대한민국

제1절 대한민국의 건국

1. 대한민국 건국의 배경

제1차 세계대전 이후 미국의 윌슨^{Woodrow Wilson}대통령은 "모든 민족
은 자치능력과 권리를 가진다"고 하고 민족자결권을 전 인류의 기본
권으로 천명하였다. 그는 동시에 영토의 합병을 통해 타국을 착취하
는 제국주의와, 그 군대, 보호무역주의, 전쟁을 반대하였다. 하지만
그의 민족자결주의[1]는 "식민지 인민들은 장기간의 자치 수습기간이
필요하다"라는 단서 조항이 있었다. 이것은 제2차 세계대전 이후 신
탁통치가 세계적으로 적용되는 기원으로 작용하게 된다. 윌슨의 철저
한 신봉자로 알려진 루즈벨트^{F. D. Roosevelt}는 윌슨의 이상주의에 근거하

---

1 권진영(2015), "민족자결주의의 활용 방식과 갈등 양상의 변천 과정," 서강대학교
  일반대학원 석사학위논문, p.28.

여 전후 평화를 유지할 수 있는 새로운 국제질서를 찾았다. 그 과정에서 국제연합이 제안되었는데, 국제연합은 일개 국가의 이해관계가 없기에 식민지 통치권을 맡겼을 때 적절한 시기에 식민지들을 독립시킬 수 있을 것이라고 기대하였다. 그러나 아시아인들에게 국제연합은 유럽 제국주의 열강의 지배하에 놓이게 됨을 의미하는 것이었기에 부정적이었다. 유럽국가들도 이에 부정적이었는데 그것은 미국의 식민지 쟁취의 방안으로 여겨졌기 때문이다. 그리하여 루즈벨트는 이 대안으로 신탁통치안을 고안해낸다. 즉, 세계열강들이 공동으로 약소국의 정치, 경제력의 성장을 지원하고 일정한 시기가 되었을 때 독립시킨다는 것이었다. 이러한 신탁통치안에 한국이 포함되었던 것인데 이에 대한 원인은 한국에 대한 인식으로 크게 두 가지를 추정할 수 있다.

첫째, 미국 국무성의 극동문제 담당국의 랭던^{William R. Langdon}은 1942년 2월에 루즈벨트에게 한국에 대한 전시정책 자료를 제출하였는데 거기에는 다음과 같은 한국의 현 상황에 대한 내용이 포함되어 있었다. "한국인의 상당수가 문맹이고 가난하며, 정치적으로 미숙하고 경제적으로 낙후되어 있으므로, 적어도 한 세대 동안 한국은 강대국들에 의해 보호되고 지배를 받으며 근대국가의 지위를 갖도록 도움을 받아야 할 것이다." 이러한 인식은 당시 외국의 한국에 대한 일반적인 인식이었다.

둘째, 한국은 북동아시아의 지도상에서 나타나는 것처럼 지정학적으로 아시아 대륙의 전략적인 근거지로서 중국, 소련이 중요하게 생각하고 있었다. 중국은 과거와 같이 한반도에 대한 지배권을 되찾기를 바라고 있었고, 소련은 부동항을 포함하여 태평양으로 진출할 교두보로 삼고자 하였다.[2] 이에 미국은 전후 중국과 소련이 한국에

---

2 윤정혜(1995), "신탁통치안이 한반도 분단에 미친 영향," 동아대학교 교육대학원 석사학위논문, pp.12 – 23.

서 지배권을 놓고서 투쟁을 벌일 것으로 염려하고 정치적 마찰을 최
소화하고 동시에 중국과 소련의 욕구를 충족시켜 주면서, 미국의 영
향력을 유지하려는 해결책으로 신탁통치를 고려하였다. 1945년 12
월 16일부터 12월 26일까지 미·영·소 3국 외상은 전후 연합국 간
의 남은 문제들을 해결하기 위해 모스크바에서 회담을 가졌고 이때
한국의 신탁통치에 대한 논의가 있었다. 이러한 소식은 한국인들에
게 전달되었고 한국인은 해방이 즉시 독립이 되지 않을 수도 있음을
자각하게 된다. 그리하여 좌우익 간의 결정적인 분열을 가져왔고 한
국인은 신탁통치 수용의 당위성 여부를 두고 논쟁에 들어가게 되었
다. 한국의 신탁통치는 1945년 10월 20일 뉴욕에 보도되었고 이어
서 한국에서는 23일자 매일신문에 처음 보도되었다. 이승만은 10월
22일 신문기자단과 회견하여, 신탁통치를 자주독립의 실력이 없을
때에 있는 것으로서 우리는 실력을 갖추어 자주독립의 역량을 집중
시켜야 한다고 하였다. 국민당의 위원장이었던 안재홍도 담화를 발
표하여 신탁통치에 반대를 분명히 하였다.[3] 공산당과 조선인민공화
국에서도 신탁통치에 대해 반대하였다. 당시 조선공산당 대변인인
김삼룡은 10월 25일 기사를 통해 다음과 같이 발표하였다. "우리는
소련이 그 문제에 대해 어떠한 조치를 취하는지 모른다. 그렇지만
강대국들이 조선의 참된 상황, 많은 다양한 정파에 대한 지나친 평
가, 그리고 과거 친일파들의 활동에 대해 오해함으로써 신탁통치라
는 비난을 유발하는 조치를 취한 데 대해 깊은 유감"이라고 하였다.
이러한 발언은 소련의 입장에 따라 한국 공산당이 신탁통치를 찬성
할 수도 있음을 암시한다.

---

3 안미현(2002), "解放直後 安在鴻의 統一民族國家 建設運動," 이화여자대학교 대학
  원 석사학위논문, p.29.

2. 유엔의 한국 결의

1947년 유엔에서는 유엔의 감시 하에 남북한 전 지역에서 자유
선거를 실시할 것을 결의, 채택하였다. 인구비례에 의한 자유선거에
의해 국회를 구성하고, 그 국회는 통일정부를 수립할 수 있다는 것
이었다. 정부가 수립된 후에는 남북한에서 미국군과 소련군은 완전
철수한다는 것이 유엔의 구상이었다. 이러한 유엔총회의 결의 소식
이 알려지자 이승만과 한민당, 김구와 한국독립당, 그리고 좌우합작
운동을 하던 김규식 등 거의 대부분의 지도자들이 유엔의 계획안을
찬성하였다. 김구는 이승만이 주도하는 정부수립 운동을 지지하는
성명을 발표하였다. 그는 소련의 방해로 인하여 북한에서 선거가 불
가능해지면 남한만이라도 선거를 진행하고 정부를 수립해야 한다고
하였다. 이러한 우호적인 분위기 속에서 유엔위원단은 1948년 1월
에 서울에 도착하게 된다.[4] 남한에서는 미군정이 유엔위원단의 활동
을 적극 협조하였다. 유엔위원단은 우선 정치지도자들을 만나서 그
들의 의견을 청취하고, 일반 주민들의 선거에 대한 의사를 조사, 확
인하였다. 남한의 우익을 포함한 정치인들은 남북한 총선의 환영과
가능한 빠른 시일 내에 실시를 표명하였다. 하지만 유엔위원단은 북
한에 들어갈 수 없었는데 그 배후에는 소련군의 지시가 있었다. 예
측하지 못한 상황에서 유엔위원단은 유엔본부에 이에 대한 대처를
문의하였다. 2월 말 유엔소총회는 접근 가능한 지역에서만이라도 총
선거를 실시할 것을 결의한다. 즉, 남한에서만이라도 총선거를 실시
하고 정부수립을 선택한 것이다. 미국은 당시 한국문제를 국제연합

4 하용운(1992), "UN韓國臨時委員團(UNTCOK)硏究," 한성대학교 대학원 석사학위
  논문, pp.27-32.

에서 다루기를 원하였고, 반면 소련과 남북한의 좌익세력은 이를 원하지 않고 저지하려 하였다. 1947년 북조선인민위원회는 소련의 지시에 따라 미국군과 소련군의 조기철수를 주장하였고, 동시에 한국문제의 유엔 상정과 결의를 반대하는 군중대회를 북한에서 개최하였다. 즉 표면적인 주장은 유엔의 개입 없이 한국인들이 한국문제를 결정하도록 하자는 것이었다. 하지만 소련군의 숨은 의도는 미군이 철수한 후에 소련이 무장으로 진입하여 한국전역을 접수하는 것이었다. 이를 위해 우선해야 할 일은 남북한의 정당, 사회단체 대표들을 한 자리에 모아놓고 회의를 열도록 하는 것이었다. 이 회의는 한국인들만의 결정에 따른 정부를 세울 명분이 될 수 있었다. 그 해 10월에 김일성은 남북협상의 필요성을 제기하면서 남북한 정당, 사회단체 대표들의 회의를 주장하였다. 동시에 김일성은 남한의 정당, 사회단체 인사를 포섭하는 작업을 동시에 벌여 나갔다. 남한에서의 포섭작업은 당시 서울에 주재하고 있던 북로당의 공작원인 성시백이 담당하게 되었다. 성시백은 남한의 좌익에서부터 중도, 우익의 정당 인물들까지 포섭하게 된다.[5] 대표적인 인물들로는 우익의 김구와 한독당 동료였던 조소앙, 엄항섭의 측근을 포섭하였고, 중도파의 김규식의 비서가 포함된다. 동시에 남한의 좌익진영에게 지령을 내려서 유엔에서 한국문제가 상정되고 결의되는 것에 대해 비난을 하도록 한다. 남로당은 유엔의 결의에 대해 "미국군의 영구적인 남한 주둔을 합리화하는 것"이라고 하면서 비난하였다. 그리고 1948년 2월부터는 당시 한국에 도착하여 조사하고 있던 유엔위원단의 활동을 방해하기 위해서 격렬한 파업과 시위 그리고 폭동을 일으키게 된다. 철도노동자들은 기관차를 파괴하고 열차운행을 차단시켰고, 통신노

---

5 전성호(2013), "해방 이후 원세훈의 좌우합작운동과 정치활동," 서강대학교 대학원 박사학위논문, p.121.

동자들은 전신설비를 마비시킨다. 그리고 전기노동자들은 변전소를 손상시키고 전선을 절단하였다. 농민들은 경찰서를 습격하고, 학생들은 동맹휴학을 하게 된다. 2주간 진행되었던 방해활동 과정에서 100여 명의 사망자가 발생하게 되었고, 체포된 수만 8천 명에 이르렀다.[6]

1) 김구와 김규식의 이탈과 남북협상

유엔의 총선거 결의에 대해 김구와 김규식을 포함한 남한의 정치 지도자들은 원래 열렬한 환영의 뜻을 표명하였으나, 소련군과 북한의 사주를 받은 남한에서의 폭동과 거센 저항은 유엔결의를 두고 분열하게 되었다. 중도파를 대표하던 김규식은 유엔총회의 결의를 여전히 지지하였으나, 한독당의 일부세력과 군소정당들은 미소 양국군의 조기철수 이후 한국인의 독자적인 결정에 근거한 정부수립을 찬성하게 된다. 북한의 지령에 의한 지속적인 포섭활동이 진행되면서, 결국 1947년 12월 하순에 중도파의 연합단체는 남북 정치단체 대표들의 회의를 제안하였다. 김규식은 이에 반대를 하지 않았고, 김구는 남한만의 선거에 반대한다는 성명을 발표하였다. 그리고 1948년 1월 말에는 김구와 김규식이 유엔위원회와 면담을 하면서 미소양국의 조기철수와 남북협상을 주장하였다. 그리고 남한만의 총선추진을 중지하라고 요청한다. 이것은 남북분단을 막고자하는 의도였으나 근저에는 북로당 공작원이었던 성시백의 포섭에 의한 측근이 관련되어 있었다. 이어서 김구와 김규식은 2월 중순에 통일을 주제로 한 남북정치지도자회담을 제안하는 편지를 북한에 보내게 된다. 즉답을 피하던 북한의 김일성은 3월 25일 평양에서 전 조선 정당사회단체대표자연석회의의 개최를 평양방송을 통해 제안한다. 그리고

---

6 방철주(2012), "대한민국 건국과정에서의 공산세력의 역할," 충남대학교 평화안보 대학원 석사학위논문, pp.32－40.

며칠 뒤에 이 연석회의의 참석을 요청하는 편지를 김구와 김규식에
게 보낸다. 이 편지에는 김구와 김규식이 모스크바협정을 반대하였
고, 이로 인해 남한만의 단독정부가 수립될 상황이 되었으며 국토분
단의 상황에 대한 책임을 책망하고 있었다. 4월 19일부터 26일까지
평양에서는 전 조선 제 정당 사회단체대표자 연석회의가 열리게 된
다. 남북한의 56개 정당, 사회단체 대표 696명이 참석하였다. 당시
남북인구의 3분의 2는 남한에 있었지만 이 연석회의에서 참석한 수
는 남한이 151명, 북한이 545명이었다. 압도적인 북한의 수와 함께
연석회의는 소련의 지시 하에 북한정권의 각본에 따라 일사분란하게
진행하게 된다. 남측대표의 자유발언은 허용되지 않았고, 토론은 사
전에 선정된 소수가 준비한 원고를 읽는 것으로 채워졌다. 그 토론
내용은 남한의 단독선거는 미국의 남한 식민지정책의 일환이며, 이
를 주도하고 있는 이승만과 김성수는 매국노라는 것이었다. 그리고
미 제국주의자들의 식민지정책과 민족반영자, 친일파가 주도하고 있
는 남한 단독선거를 반대하고, 반북한에서 미소군대가 즉시 철수하
고 이어서 한국인만의 결정에 의한 정부를 수립하자고 주장하였다.
사실 이러한 진행과정은 철저히 소련의 지시에 따른 것이었다. 이미
연석회의 전이었던 4월 12일에 소련공산당은 북한 내 소련군에 지
시를 내려서 연석회의에서 몇 가지 사항들을 주장하도록 하였다. 유
엔총회에서 한국결의와 유엔위원단의 활동이 불법임을 비난할 것,
소련이 제의하였던 미소양국군의 사전 철수제의를 환영할 것, 미소
양국군의 철수 후에 남북에서 선거실시를 주장할 것 등이 포함되었
다. 소련의 지시사항에는 남한에서 오는 김구와 김규식의 접대수준
과 그 절차에 이르기까지 세세한 내용까지 포함되어 있었다. 연석회
의의 결과로 남조선 단독선거반대투쟁전국위원회가 결성된다. 그리

고 27일과 30일 사이에 북한대표 8인과 남한대표 7인이 모인 남북
지도자협의회가 열리면서 통일정부 수립에 대한 논의를 진행하였
다.[7] 이 논의과정에서 남북조선 정당사회단체공동성명서가 채택되는
데 그 내용은 소련군의 제의와 같이 남북한에서 외국군대가 철수할
것, 외국군대 철수 후 내전이 발생하지 않게 할 것, 외국군대 철수
후 56개의 남북정당, 사회단체들이 주도가 되어 전 조선 정치회의를
소집하여 민주적 임시정부를 구성할 것, 동 정부에 의하여 직접, 보
통, 비밀선거를 실시함으로써 입법의원을 선출할 것, 동 기관에 의
해 헌법이 제정됨으로써 통일적 민주국가를 수립할 것. 그리고 남한
의 단독선거를 일정하지 않을 것 등이 포함되었다. 이러한 회의내용
을 통보받은 남한 미군정의 하지 사령관은 북한에서의 회의는 한국
의 공산주의자들이 모인 회의일뿐 한국인들을 대표하는 것이 아님을
분명히 한다. 그는 남한에서 미군의 철수는 곧 소련에 의한 남한지
배로 이어질 것이라고 반박하였다. 반면 소련은 그들의 사주 하에
진행되었던 이들 결과들에 대해 환영의 뜻을 나타냈다.

3. 남북협상 및 평가

1948년 4월 말, 평양에서 진행되었던 남북협상의 본질은 소련의
계획에 따른 사주에 의한 것이었다. 전 조선 제 정당사회단체 대표
자 연석회의와 남북지도자협의회를 의미하는 남북협상은 미소 양국
군의 조기철수와 이후에 남북의 총선거를 통한 통일정부 수립이 핵
심이었다. 그 이면에는 당시 북한에서 공고화되어 있던 공산주의 세
력이 있다. 즉, 해방 후 3년간 북한에서 공산주의자들은 소련군의

---

7 이신철(1997), "제1차 남북협상후 남한 정치세력들의 조선민주주의인민공화국 수
  립 참여과정," 「史林」 12 – 13(–), pp.385 – 408.

지원 하에 잘 조직된 세력으로 발전하였다. 반면 남한에서는 단독정
부가 없는 가운데 좌, 우, 중도 정치세력이 대립하여 정치혼란이 심
각한 상태였다. 1948년 2월 북한정권은 조선인민군을 창설하였는데,
총 병력은 6만명이었다. 이중에서 1만명은 소련의 지원 하에 시베리
아에서 탱크와 항공기 그리고 통신장비에 관한 훈련을 받은 간부병
력이었다. 그리고 소련은 탱크와 자주포를 북한에 지원하여 탱크연
대를 편성하도록 하였다. 이러한 움직임은 세계대전 이후 동유럽 각
국에서 무력을 동원하여 정권을 장악하던 당시의 소련의 전략과 관
련이 있었다. 이에 비해 남한에는 군대다운 군대가 없었으며, 미국
은 남한을 군사전략적으로도 높이 평가하지 않고 있었다. 남한에 육
군이 주둔하지 않아도 단지 공군과 해군만으로도 한반도와 관련된
미국의 군사적 이해관계는 충족될 수 있다고 판단하였던 것이다. 이
것은 5·10선거 이후의 미국의 자세를 보면 확인된다. 미국은 5·10
선거 이후에도 한국인들이 만드는 헌법의 원리에 대해 관심을 가지
지 않았는데 이것은 소련의 북한에 대한 세세한 개입과는 대조적인
모습이었다. 뿐만 아니라 당시 이승만은 미군정과 심한 갈등관계에
있었다. 대표적인 예가 공산주의자에 대한 입장이었는데, 이승만은
공산주의자와 싸워서 한국인의 자유와 재산을 지켜야 한다고 한 반
면, 미군정은 공산주의자와의 협상정책을 유지하였다. 이러한 미군
정의 입장은 1945년 이후 2년간 지속된다.

　　소련군의 지령을 충실히 이행하였던 북한의 김일성은 남북협상
을 철저하게 기획하고 실행하였다.[8] 이 과정에서 남북분단을 막고자
하였던 김구와 김규식은 철저히 이용만 당한 것이었다. 이러한 위험
을 이미 잘 인식하였음에도 민족통일을 위한 일념으로 참여하였던

---

8 양주(2005), "1948年 平壤「南北朝鮮 諸 政黨·社會團體代表者 連席會議」와 北韓
　 의 統一戰線戰術에 관한 研究," 단국대학교 대학원 박사학위논문, pp.105-112.

남북협상 이후, 김구와 김규식은 남한정치에서 점차 고립되어 가게 된다. 이승만은 김구와 김규식의 남북협상을 위한 북행소식을 듣고, "남조선에서 북행한 정치가들이 북조선의 김일성 씨와 자기 마음대로 협상할 수 있다고 생각하였다면 너무나 어리석은 일"이라고 하였다.

4. 5·10선거와 제주 4·3사건

1) 5·10선거

당시 유력한 정치인이었던 김구와 김규식의 반대를 직면한 유엔위원단은 남한만의 단독선거 실시를 다시 고려하게 되었다. 이러한 상황에서 이승만을 중심으로 한 우익은 유엔위원단을 방문하여 선거의 당위성을 설득하게 된다. 유엔위원단은 결국, 1948년 5월 10일 이전에 남한에서 총선거를 실시하기로 결정하였다.[9] 그리고 이전에 미군정은 국회의원선거법을 발표하였다. 동법 제1조에는 "국민으로서 23세에 달한 자는 성별, 재산, 교육, 종교의 구별이 없이 국회의원의 선거권이 있음"을 선언하였다. 이것은 한국 역사상 최초로 실효성 있는 법률에 근거하여 자유와 평등에 근거한 정치적 주체의 집합으로서의 '국민'이 탄생한 것이었다. 제시한 투표방법은 선거인 본인에 의한 직접 무기명투표로서 보통, 직접, 비밀선거였는데 이것역시 한국 역사상 처음 실시되는 일이었다.

유엔위원회의 총선거 실시가 공포된 후 남한은 큰 혼란에 진입하게 된다. 그것은 북한의 지령을 받은 남한 내의 좌익세력의 선거 저지활동 때문이었다. 이들은 무장폭동을 포함한 다양한 방식을 동원하여 남한에서의 선거를 무력화하고자 하였다. 좌익세력들은 우선

---

9 이기명(1990), "5·10선거의 전개과정과 국내정치세력의 대응," 연세대학교 대학원 석사학위논문, p.78.

유권자가 선거인등록을 하지 못하도록 유권자를 회유, 협박하였고, 등록업무를 보는 공무원을 살해하기까지 하였다. 그리고 선거인등록을 위한 시설들을 파괴하였다. 좌익은 총선거를 5일 앞두고는 선거방해를 위한 총동원령을 내렸다. 좌익의 활동과 함께 남북협상에 참여하였던 김구와 김규식은 5·10선거의 불참을 선언하고, 선거에 참여하지말 것을 대중에게 호소한다.

이러한 방해공작과 혼란 속에서 남한의 우익은 유엔선거단의 총선거추진을 적극 환영하였다. 이승만은 우리나라에서 최초로 실시되는 선거가 모범선거가 될 수 있도록 하자고 하였다.[10] 그리고 독촉국민회, 한민당, 향보단, 대동청년단 등을 포함한 우익진영 정당과 사회단체들은 선거인등록과 투표참여를 적극 지지하였다. 동시에 좌익에 의해 진행되던 무장폭동과 투표소 파괴에 대해 방어하고, 치안유지에 적극 협조를 하였다. 이러한 혼란 속에서 결국 5월 10일에 남한만의 단독선거가 진행되었다.

혼란 속에서 처음 실시된 투표는 수치적으로 성공적인 결과를 보였다. 중앙선거관리위원회의 자료에 의하면 4월 9일 마감되었던 유권자의 선거인등록률은 96.4%였고, 유엔위원단의 보고에는 79.7%로 두 가지 모두 높은 수치였다. 유엔위원단의 자료에 의하면 선거인 등록자의 89.8%가 투표를 하였는데 이것은 총유권자 대비 71.6%의 투표율을 의미한다. 선거의 분위기는 전반적으로 공명하고 자유로웠다.[11] 유엔위원단의 기록에는 "언론, 출판, 결사의 민주적 권리가 보장된 합당한 수준의 자유로운 분위기에서 실시된 이번 선거는 전체 한국인구의 약 3분의 2가 거주하며 유엔위원회의 접근이

10 유동헌(1982), "李承晩의 政治路線에 대한 一考察," 한양대학교 대학원 석사학위 논문, p.36.
11 하용운(1992), 전게논문, p.49.

허용된 지역에서 유권자의 자유의사가 정확히 표현된 것이다"라고
하였다.

5·10선거에는 다양한 후보자들이 출마하였다. 200개 선거구에
서 출마한 후보자의 평균경쟁률은 4.7대 1이었다. 선출된 국회의원
198명의 정당은 무소속이 85명으로 가장 많았고, 이어서 독촉국민
회가 54명, 한민당 29명, 대동청년단 12명, 기타 정당 단체가 18명
이었다. 하지만 무소속 중에는 한민당 성향의 사람이 35명이나 되어
서 이들을 더하게 되면 한민당 계열은 총 65명으로 최대정파를 이
루고 있었다. 그리고 이승만을 중심으로 한 독촉국민회가 55명~60
명이었고 중도좌파 성향의 순수 무소속이 50명으로서, 이들 세 세력
이 제헌국회의 주요 축이 되었다.

2) 제주 4·3사건

높은 투표율에 비해 선거과정은 평온하지 않았다. 선거와 관련
된 기간이었던 5월 7일부터 11일까지 좌익에 의한 공격으로 사망한
경찰, 후보, 우익인사, 선거위원은 40명이었고, 습격을 당한 경찰지
서는 25개, 투표소는 36개였다. 이중에서 가장 격렬한 반대가 있던
곳은 제주도로서 3개의 투표구 중에서 2개 투표구에서 투표가 무산
되었다. 이것은 주민의 과반이 투표에 불참하여 생긴 결과로서 북제
주의 2개 선거구가 그러했다. 제주도에서 주민들에 대한 좌익세력의
강력한 영향의 기원은 태평양전쟁 시기로 거슬러 올라간다. 일본은
태평양전쟁 시기에 제주도를 본토 사수를 위한 최후보루로 간주하여
요새화하였다. 5만 8천명이라는 대규모의 일본군을 제주도에 주둔하
게 하였고, 1945년 3월부터는 미 공군기의 제주도에 대한 공습이
시작되었다. 이에 일본군은 제주도의 민간인, 노약자와 부녀자를 육

지로 소개시키기로 결정한다. 1945년 5월에는 노약자와 부녀자를
실은 배가 처음으로 육지를 향하게 되었는데, 미 공군기는 이를 오
인하여 공격을 하였고, 배는 침몰하게 된다. 이 사건은 제주도민들
의 미군과 좌익에 대한 의식에 큰 영향을 주게 된다. 미군에 항복을
한 일본군이 무장해제 후 제주도를 떠난 것은 10월 말과 11월 초가
되어서였다. 그리고 미국군 1개 중대가 제주도에 상륙한 것은 11월
9일이었다. 이 두 시기 사이에 제주도는 인공의 지방조직이었던 인
민위원회의 통제 하에 있게 된다. 제주도 11개 면의 거의 모든 곳에
인민위원회가 조직되었고 치안을 담당하였는데, 제주도 주민들은 이
들의 활동을 지지하였다. 그리고 초기에 인민위원회는 제주도에 진
입한 미군정과도 우호적인 협조관계를 나타냈다. 그것은 당시 인민
위원회의 성향이 온건노선에 있었기 때문이었고 미군으로서도 소수
의 병력으로는 제주도를 통제하기 어려웠기 때문이다.[12] 인민위원회
의 간부들은 대부분 조선공산당 전라남도당 제주도위원회^{제주도당}의 당
원들이었다. 반면 당시 우익세력은 제주도에서 세가 매우 미미하였
다. 그것은 식민지 시기에 섬의 열악한 경제상황과 관련된다. 육지
로부터 상대적으로 자유로웠던 당시 제주도의 공산주의자들은 온건
노선을 취하고 있었다. 단적인 예로 1946년 10월에 조선공산당이
주도가 되었던 농민폭동에 제주도는 참여하지 않고 있었다. 그리고
제주도의 인민위원회는 미군정 하에 진행되었던 남조선과도입법의원
선거에도 참여하였고, 2명의 의원을 당선시키기까지 하였다. 1948년
8월이 되어 미군정은 제주도를 전라남도에서 분리하여 독립적인 도
로 승격을 시키게 된다. 이와 함께 조선경비대 제9연대가 창설되어
제주도에 배치되었고, 경찰기구로는 제주경찰감찰청이 설치되면서

| 12 방철주(2012), 전게논문, pp.56-59.

경찰의 수가 증가하게 된다. 군인과 경찰 수의 증가와 함께 미군정
과 좌익세력의 갈등은 고조되기 시작하였다. 1946년 11월에 조선공
산당 제주도당이 남조선노동당 제주도당으로 개편되었고, 1947년 2
월에는 민주주의 민족전선의 제주도지부가 결성되었는데, 이것은 좌
익세력의 대중조직이었다. 그리고 1947년 3월 1일에 3·1절 기념대
회가 제주읍에서 열렸는데, 인민위원회는 적극적으로 주민을 동원하
여 약 3만 명이 참석하게 되었다. 이것은 당시 제주도 주민의 10분
의 1이 되는 수였는데, 이 대회에서 "모스크바협정의 즉시 실천"과
"미소공동위원회 재개"와 같은 북한의 지령내용이 구호로 외쳐졌다.
이 대회 후에 주민들은 가두시위를 벌이게 되었는데, 이 과정에서
기마경찰이 여섯 살 어린이를 우연히 치는 사건이 일어난다. 기마경
찰은 이 상황은 인지하지 못하였고, 군중들은 돌을 던지게 되었는
데, 이에 경찰은 군중을 향해 발포를 하게 되었다. 6명이 사망하고
8명이 부상하는 결과를 낳은 이날의 사건은 온건하던 제주도 주민
들을 크게 자극하게 되었다. 육지에서 파견된 응원경찰이 발포를 하
였고, 이것은 육지에 대한 피해의식이 크던 제주도민들을 더욱 흥분
하게 만들었다. 남로당 제주도당의 지휘 하에 항의표시로 3월 10일
부터 제주도에서는 총파업이 일어나게 된다. 관공서, 학교, 교통, 은
행, 통신기관 등 156개 단체의 총 4만 명이 참석한 시위는 미군 방
첩대의 조사를 불러 일으켰다. 방첩대는 좌익세력의 선동으로 인해
사태가 악화되고 있으며, 제주도 주민의 70%가 좌익세력과 관련되
거나 동조한다고 분석하였다. 미군정은 이러한 분석에 따른 후속조
치로 제주도의 군정장관, 감찰청장, 지사를 강경한 인사로 교체하면
서 동시에 경찰을 증파한다. 그리고 미군정은 총파업을 주도하였던
좌익세력 지도자 328명을 군사법정에 세우게 된다. 이 과정에서 경

찰과 서북청년회는 고문과 가혹행위를 자행하여 제주도민들의 감정을 더욱 악화시켰다. 9월이 지나면서 제주도당은 경찰과 서북청년회를 피해 중산간지대로 아지트를 옮기고 동시에 군사훈련을 시작하였다. 1948년 2월까지 경찰과 좌익 사이의 관계는 더욱 악화되어 갔다. 경찰은 좌익의 지도자들을 잡아가두고, 좌익 청년들은 반발하여 경찰을 구타하였다. 다시 경찰은 청년들에게 중상을 입혔고, 주민을 연행하고 석방한다. 경찰은 청년 3명을 고문으로 사망하게 하였다. 제주도의 청년들은 남로당을 탈당하여 부산과 일본으로 가거나, 한라산으로 올라갔다. 1948년 2월이 되어 남로당의 지휘 하에 전국에 걸쳐서 단선, 단정반대운동이 격렬하게 진행되었는데 이것은 제주도에도 영향을 미치게 된다. 1948년 4월 3일 새벽에 약 350여명의 남로당 제주도당 무장대는 도내 11개 경찰지서와 독촉국민회, 서북청년회를 습격하여 살해하였다. 그리고 주민들을 상대로 단선, 단정을 반대하는 삐라를 뿌렸다. 그 삐라에는 "매국 단선, 단정을 반대하고 조국의 통일독립과 완전한 민족해방을 위하여, 당신들의 고난과 불행을 강요하는 미제 식인종과 주구들의 학살 만행을 제거하기 위하여… 당신의 아들, 딸, 동생이 무기를 들고 있어났다"라고 씌여 있었다. 이에 미군정은 4월 중순부터 제주도 연안을 봉쇄하고 제주도에 주둔하고 있던 조선경비대 제9연대에 명령을 내려서 반란세력을 진압하도록 하였다. 그리고 5월 초에는 서울의 군정장관, 민정장관, 조선경비대사령관, 경무부장이 제주도로 내려가 현재 책임자들과 비밀회의를 가지게 된다. 그 회의에서 그들은 제주도에서 일어나고 있는 사태가 소수의 공산분자들이 선동하여 일어난 것으로 판단하고 강경진압을 결정한다. 이 시기에 남로당 제주도당은 유격대원을 500여 명으로 보충하면서 3개 연대로 인민유격대를 재편하고 그 사령관으로 김달삼을 임명하였다.

5·10선거가 다가오자 북제주도의 2개 선거구 주민들은 한라산으로 이동하였다. 그리고 인민유격대는 선거인명부를 탈취하고, 제주도의 65개 투표소를 습격하였다. 그 결과 북제주도의 2개 선거구는 선거가 이루어지지 못하였다. 미군정은 5월 10일에 무산된 선거를 6월 23일로 연기하였으나 그것마저 다시 무산되었다.

미군정이 강경진압을 명령하였지만, 인민유격대는 한라산 중간지대로 도피하여 정면충돌은 이루어지지 않았다. 이에 미군정은 토벌이 완료된 것으로 오인하고 7월에는 조선경비대를 철수시키게 된다. 남로당은 8월 25일에 대의원을 선출하는 선거를 실시하였다. 이것은 8월 25일 해주에서 소집예정이었던 남조선인민대표자대회에 파견할 대의원을 선발할 목적이었다. 제주도 남로당은 7월 20일부터 제주도를 3개 선거구로 나눈 후 인민유격대의 호위 하에 마을을 돌아다니면서 연판장에 손도장이나 날인을 받는 식으로 투표를 실시하였다. 그 결과 김달삼 사령관을 포함하여 6명이 선출되었다.

선거 후 8월에 대한민국정부가 성립되었다. 그해 10월에는 전남 여수의 국군 14연대에서 반란이 일어났고 정부에 의해 진압되었다.[13] 정부는 이 반란진압 후 제주도 무장반란세력에 대한 토벌을 결정한다. 11월에 제주도에는 계엄령이 선포되고 한라산 중산간지대의 주민들은 연안으로 강제 소개되었고, 130개 마을이 불태워졌다. 이때 소개에 불응하던 부녀와 노약자를 포함한 2만여 명의 주민들이 희생된다.[14] 그리고 유격대의 습격을 받은 군과 경찰이 마을주민을 집단학살한 경우도 있었다. 1949년 5월이 되어 제주도 남로당

13 진덕규(1992), "'여순 반란사건'과 이승만 정부의 경찰국가화,"「한국논단」39(1), pp.182－194.
14 한미영(1999), "제주 4·3항쟁 연구," 연세대학교 교육대학원 석사학위논문, p.71.

인민유격대에 대한 토벌은 종결되며, 완전소탕은 1954년이 되어서야
이루어졌다.

제주 4·3사건은 대한민국의 건국에 저항하여 제주도 공산세력
이 일으킨 무장반란이었다. 육지에서 격리된 섬의 열악한 경제상황
은 좌익세력에 장악되기 손쉬운 환경이었다. 그리고 일제에 의해 점
령되었던 시기에 일제가 심어놓았던 부정적인 미국에 대한 이미지는
해방 후에도 제주도에서 계속 이어지게 되었다. 일제는 미국을 귀축鬼畜
이라고 선동하면서 '식인종'으로 세뇌시켰다. 이러한 상황에서 자유
와 인권을 이념으로 국가와 정부가 세워지는 과정 중 좌익에 선동된
투표반대 활동은 좌익과 우익 사이의 관계를 더욱 악화시켰고, 이
과정에서 제주도민들이 희생된 것이다. 무고한 양민의 인권은 좌우
의 이념대립의 과정에서 철저히 짓밟혔고, 건국과정의 혼란과 그 아
픔을 적나라하게 드러내고 있다.

5. 건국헌법의 제정, 건국

5·10선거를 통해 선출된 국회의원들은 5월 31일에 국회를 개원
하였다.[15] 제헌국회는 헌법을 제정하고, 정부를 수립하는 것이 주요
목적이었고, 이로 인해 그 임기는 2년이었다. 국회의장은 이승만이
선출되었고 제헌국회는 6월 3일부터 7월 17일까지 헌법제정작업을
진행하였다. 이 시기는 새로운 나라의 탄생과정에서 격렬한 논의를
불러일으켰다. 무엇보다 중요한 논의는 새 나라의 국호였다. 한국,
대한민국, 조선공화국, 고려공화국 등이 제시되었고, 최종적으로 다
수결에 의해 대한민국이 채택되었다. 두 번째 중요주제는 정부형태

15 이정은(2003), "制憲國會期 靑丘會·新政會의 政治活動과 路線," 연세대학교 대학
원 석사학위논문, p.95.

였다. 국회의 다수당이었던 한민당은 내각책임제를 원했다. 한민당 인사들이 주도적으로 참여하였던 헌법기초위원회는 헌법초안에 내각 책임제를 선택하였다. 이에 이승만은 과제가 산적한 신생국에서 대 통령중심제가 정치적 지도력을 강력하게 발휘할 수 있다고 주장하였 다. 그리고 헌법기초위원회에 출석하여 내각책임제의 반대를 피력하 였다. 이에 헌법기초위원회는 이승만의 의견을 받아들여 대통령중심 제로 변경하게 된다.[16] 하지만 국회의 권한을 계속 유지하기 위해서 대통령의 선출을 국회가 하도록 하였다. 삼권분립에 어긋나는 모순 적인 이러한 초기구조는 이후 한국의 정치상황에서 대통령선출을 둘 러싼 갈등의 기원이 되었다.

건국헌법은 대한민국이 민주공화국임을, 그리고 그 주권은 국민 에게 있음을 분명히 하였다. 모든 권력은 국민에게서 나오며, 모든 국민은 법률 앞에 평등하고, 성별, 신앙 또는 사회적 신분에 의해 정치적, 사회적 영역 등을 포함한 생활의 모든 영역에서 차별을 받 지 않는다고 선언하였다. 그리고 모든 국민은 신체의 자유, 거주이 전의 자유, 신앙과 양심의 자유, 언론, 출판, 집회, 결사의 자유가 있 으며, 학문과 예술의 자유가 선언되었다. 즉, 건국헌법의 핵심은 자 유민주주의 정치체제였다.

정치체제의 명확한 자유민주주의 지향에 비하여 경제적 규정은 불명확하였다. 예를 들어 재산권은 보장되었으나 각인의 경제상 자 유는 사회정의의 실현과 국민경제의 발전이라는 한계 내에서만 보장 된다. 그리고 주요 지하자원은 국유가 되며, 대외무역은 국가통제 하에 두었다. 뿐만 아니라 주요 산업을 국영 또는 공영으로 하고 공 공의 필요에 따라 사영기업을 국유나 공유화할 수 있었다. 그리고

---

16 이진철(2013), "이승만의 『독립정신』과 제헌헌법의 대통령제 정부형태," 서울대학 교 대학원 석사학위논문, p.57.

사기업의 근로자는 기업이익을 균점한 권리가 있음을 명확히 하였다.[17] 이러한 경제체제는 사회민주주의 요소가 많이 가미된 것이었다. 혼합경제의 성격은 외국헌법의 장점을 절충하고, 당시 상황에 대한 대응 등이 혼재된 상태에서 이루어진 것이었다. 예를 들어 사기업의 근로자 기업이익균점권은 원래 헌법 초안에는 없었던 것으로서 본회의 심사과정에서 한 의원이 긴급히 발의하여 채택된 것이었는데, 그 발의의 근거는 공산주의와의 대결을 위해 필요한 조항이라는 것이었다. 결국 이 조항은 심층적인 토론 없이 통과되었다. 그리고 1962년 제5차 개정헌법에서 폐지되었다.

6. 건국의 역사적 의의

대한민국은 자유민주주의와 시장경제를 근간으로 하는 국가체제로 출범하였다. 이것은 개인의 자유와 재산권을 중요한 가치로 존중하는 체제이다. 자유시장경제체제는 1950년대에 전쟁과 재건 이후 1960년대부터 시작된 고도경제성장의 동력으로 작용하였다. 1950년대 세계 최빈국에서 1995년에는 20대 경제대국으로, 2000년대에 들어서면서 세계 12위의 경제대국이 되었다. 그리고 경제성장의 토대 하에 1987년에는 국민의 보통선거를 통해 대통령을 선출하게 되었다.[18]

세계사적으로 자유민주주의 시장경제는 서유럽에서 16세기에 시작되어 수백년의 시간동안 완성되어 왔다. 반면 한국은 19세기 말 개화파에 의해 새로운 문명을 도입하고자 하였으나 실패하였고, 일제의 강압에 의해 국가가 망하게 되자, 해외로 나가 독립운동을 하

---

17 박소연(2010), "1948년 제헌헌법 경제조항의 성격에 대한 일고찰," 가톨릭대학교 대학원 석사학위논문, p.26.
18 조상진(2013), "대통령 단임제 개헌과정에 관한 입헌론적 고찰," 경기대학교 정치전문대학원 박사학위논문, pp.119-131.

게 된다. 그리고 1948년 선거를 통해서 성립한 국가에 의해 자유민주주의 체제가 대한민국의 국가체제가 되었다. 즉, 서구에 비해 매우 짧은 시기에 이루어진 대한민국의 정치·경제·사회의 변화가 가능하였던 것은 자유민주주의 체제라는 건국이념과 지향이 세계사적으로 타당한 것에 근거한다.

　수백년동안 지배하던 성리학의 전통사회는 대한민국의 건국을 통해 자유민주주의 체제로 전환되었다. 이것은 대한민국의 역사에서 국민들의 삶의 원리에 있어 혁명적인 변혁이었다. 그러나 이 과정은 혁명적인 파괴를 통해 이루어지지 않았다. 그것은 점진적이고 온건한 그러나 급속한 사회개량의 방식으로 이루어졌다. 비록 그 표면은 낡은 사회구조의 연속으로 보일지라도, 그 속에서 사회경제적으로 성장한 국민들은 한국인의 정치적 자유와 정치적 풍요를 가능하게 하였다.

7. 조선민주주의인민공화국의 성립

　유엔위원회의 감독 하에 진행되었던 남한 단독의 선거와 이어지는 정부수립은 북한공산당에 영향을 주게 된다. 북한에서는 1948년 28~29일에 북조선인민회의가 특별위원회를 열어서 조선민주주의인민공화국 헌법초안을 통과시킨다. 이것은 남북한 전체에 적용할 목적을 가지고 있었고 이 헌법 초안은 1936년 스탈린에 의해 제정된 소비에트헌법을 근저로 하였는데, 소련공산당의 면밀한 검토를 거친 후 4월 24일 스탈린에 의해 최종 승인된 것이었다. 이 헌법이 채택될 시기는 김구와 김규식이 평양에서 남북협상에 참여하고 있던 시기로 그럼에도 북한은 이를 독자적으로 결정한 것이다. 이것은 북한의 남북협상의 허구성을 반증하는 것이기도 하였는데, 그것은 한국 전체의 공산화에 대한 계획이 이미 확고하였기 때문이다. 북조선인 민회의는 국호를 '조선민주주의인민공화국'으로 결정하고 당시까지 사용되던 태극기를 폐지하고 새로운 국기를 제정하였다. 이후 북한 공산주의자들은 2차 남북지도자협의회를 남한에 제의하였는데 김구 와 김규식은 그들의 허구성을 확인하고 참석을 거부한다. 이에 북한 은 독자적으로 6월 29일에 평양에서 북한대표 16명과 남한좌익으로 구성된 17명으로 회의를 개최하였다. 거기에서 남한에서 성립한 국 회와 정부를 미제국주의의의 앞잡이로서 반민주적이라고 비난하였 다. 그리고 남북에 걸친 선거와 거기서 선출된 대표로 구성된 조선 최고인민회의를 소집하여 통일정부를 만들 것을 결의하였다. 구체적 인 방법으로 인구 5만에 1명씩의 대표를 뽑는 것을 제안하였는데, 그 선출은 단일후보에 대한 찬반투표였다. 이러한 결의에 이어서 남 한에서는 지하선거가 좌익세력에 의해 이루어졌다. 야간에 좌익계 주민에게 은밀히 접근하여 사전에 인민대표로 정해진 인사에 대해 지지하는 도장을 받았다. 조작과 대리날인이 광범위하게 이루어졌 고, 비밀리에 좌익계만으로 이루어진 선거는 남한주민의 의사를 대 변할 수 없었다. 조작적으로 은밀히 이루어진 선거를 통해 좌익세력 인민대표 1,080명이 선출되었고, 8월 21일에는 이들이 북한 해주에 집결하여 남조선인민대표자대회를 열게 된다. 그리고 이 대회에서 조선최고인민회의에 참가할 360명의 대의원이 선출되었다. 이어서 북조선인민대표자대회가 열렸고, 조선최고인민회의에 보낼 212명의 대의원이 선출되었다. 남조선과 북조선 모두 합해서 572명으로 구성 된 조선최고인민회의가 9월 2일에 소집되었다. 이에 앞서 북조선인 민회의는 헌법초안을 헌법으로 채택하였고, 오늘부터 전 조선에 실시한다고 선포하게 된다.[19] 이 헌법에서는 인민공화국의 주권이 인민에게 있고, 인민의 자유와 권리가 보장된다고 하였다. 하지만 그것은 정치적 선언에 지나지 않은 것이었는데, 왜냐하면 이 헌법에는 "조국과 인민을 배반하는 것은 최대의 죄악이며, 엄중한 처벌에 의하여 처단된다"는 자의적으로 해석될 수 있는 조항이 함께 포함되어 있었기 때문이다. 이 조항에 의한다면 국가와 정부에 대한 비판은 불가능하고 따라서 인민의 자유와 권리는 보장되기 어려웠다. 뿐만 아니라 더욱 심각한 문제는 삼권분립이 이루어지지 않았다는 점이다. 특히 사법부의 독립성은 보장되기 어려웠는데, 왜냐하면 재판소는 공산주의자들이 지배하는 도·시·군의 인민위원회에 의해 선출되었기 때문이다. 인민위원회는 일종의 지방정부로서 이에 의한다면 사법부는 행정부에 종속되게 된다. 소유관계에 있어서도 이 헌법은 공화국의 생산수단이 국가, 협동단체, 개인에 의해 소유된다고 하였으나 현실적으로 국가소유가 그 대부분을 차지하였다. 단적인 예로 1946년 말 북한에 있던 공업시설 중 90%는 이미 국유화가 진행되었으며, 개인의 소유는 보기 좋은 정치적 허울에 지나지 않았다. 이러한 인민주주의 경제는 공산주의를 향한 과도체제였다. 그것은 6·25전쟁 이후 북한이 농업의 집단화를 시작하여 1958년에 완성되었는데 이때 개인의 소유와 경영이 완전히 사라진 것으로 확인할 수 있다. 즉, 개인의 소유를 부속물로 한 인민민주주의는 그 사이 시기인 단지 10년 동안 명맥을 유지하였을 뿐이다. 1972년 북한정권은 헌법을 개정하게 되는데, 여기서 북한에서 계급대립과 착취가 사라졌고, 생산수단은 국가 및 협동단체의 소유라고 명기한다. 즉, 개인소유는 단지 근로자의 개인적 소비를 위한 것만이 인정될 뿐 실질적

19 신태영(1993), "北韓憲法의 構造的 特性에 관한 硏究," 단국대학교 대학원 석사학위논문, pp.31-33.

인 개인소유는 사라진 것으로 판단할 수 있다.

조선최고인민회의는 헌법을 제정한 이후에 내각과 최고재판소 등 정부를 구성하게 된다. 김일성은 만장일치로 내각의 수상으로 선출되었다. 그리고 1948년 9월 9일에는 조선민주주의인민공화국의 수립이 선포된다. 이러한 일련의 과정들은 소련공산당의 철저한 사전검열과 검토 그리고 허가 속에서 이루어진 것이었다. 김일성은 스탈린에 의해 선택되었고, 김일성과 북한의 지도자는 공개적으로 반복하여 스탈린을 찬양하였다.[20] 북한 전역에서는 스탈린동상과 초상화가 내걸렸는데 이것은 북한이 스탈린정권이 건설한 수많은 위성국가의 하나에 포함되었음을 증명한다.

제2절 대한민국 체제의 우월성

1. 자유민주주의 체제의 우월성

우리에게 국가가 필요한 것은 국가가 있음으로 해서 우리가 보다 인간답게 살 수 있기 때문이다. 인간이 인간답게 산다는 것은 개개인의 자유가 보장되고 사람들이 부당하게 차별대우를 받지 않으며, 물질적인 빈곤과 질병 없이 안락한 생활을 영위함을 의미한다. 그런데 개개인의 이런 삶은 개인이 어떤 국가에 속해 있느냐에 따라서 크게 영향을 받는다. 자유를 보다 보장해 주는 나라에 사는 국민은 보다 자유롭게 사는 반면, 독재국가에 사는 사람은 부자유와 강제를 받고 생활을 해야 한다. 사유재산제가 인정되고 있는 나라의

20 고명수(2008), "북한 스탈린주의의 특성과 함의," 성균관대학교 대학원 석사학위 논문, p.67.

국민들은 부를 증가시키기 위해 열심히 일하고, 사유재산제가 부정되고 있는 나라의 사람들은 위로부터 할당된 작업량을 채우기 위해 마지못해 일을 한다.

자유민주주의 체제로 상징되는 우리 대한민국의 체제와 북한 공산체제 간에 어느 것이 더 우월한가는 자유민주주의 국가와 사회주의 국가 간의 실상을 비교해 보면 알 수 있다.

민주화의 성취도를 나타내는 정확한 기준은 없지만 벤 하넨[Ben Harnen]은 『세계 민주주의 비교 연구』라는 저서를 통하여 야당 득표 비율과 국민의 주요 선거 참여율을 중심으로 민주화 정도를 측정하고 있다. 이에 따르면 민주화 지수가 높은 상위권은 모두 자유민주주의 국가들이며, 사회주의 국가들 가운데서 최선두는 겨우 64위의 유고슬라비아 정도이다[1970년대 기준].

1) 국 력

어느 나라가 세계에서 어느 정도의 강국인가는 언제나 흥미거리가 될 수 있다. 미국의 정치학자 레이클라인[Ray Cline]은 『세계의 국력 평가』라는 저술에서 경제력, 군사력, 국가전략추구 의지력 등을 중심으로 하여 각국의 국력을 평가해놓고 있다.[21] 이에 따르면 미국, 소련, 중공, 브라질 등 자연적 혜택이 큰 4대국을 제외하고 주요 자유민주주의 국가와 사회주의 국가의 국력을 비교해 보면 상위 10위권 안에 드는 나라들은 모두 자유민주주의 국가이며 사회주의 국가는 단 한 나라도 없다.

---

21 Ferris, W.H., The Power Capabilities of Nation-States: International Conflict and War, 1973: Lexington Books.

2) 소득분배 상태

사회주의자들은 자유민주주의 사회에서는 부가 편중되어 있어서 소수의 잘사는 사람들과 대다수의 못사는 사람들 간의 빈부격차가 심하다고 주장한다. 그러나 실제로 사회주의 국가의 소득분배 구조가 오히려 불공평한 경우가 많다. 국민 간 소득분배 상태는 지니계수로 측정하는 것이 국제적인 관례로 되어 있으며, 이 수치가 클수록 분배가 불평등함을 나타낸다. 국제노동기구의 『국가 간 소득분배 상태 비교』(1984)와 세계은행의 『소득분배 자료집』(1975)에 따르면 민주주의 국가들이 사회주의 국가들보다 소득분배 상태가 고르다는 것을 알 수 있다.

3) 군인비율 및 병력

사회주의 국가들은 무력에 의한 세계적화와 공산당 독재체제를 유지하기 위해 국민의 후생과 복지를 희생시키면서까지 군사력 증강에 힘을 쏟고 있다. 군사장비와 더불어 군사력을 나타내는 군인비율에 있어서 사회주의 국가들이 자유민주주의 국가들보다 훨씬 높은 것도 이 때문인 것이다.

1981년을 기준으로 미국, 프랑스, 스웨덴, 서독, 덴마크, 영국, 호주, 캐나다, 스위스, 일본 등 민주주의 국가는 인구 천 명당 군인비율이 평균 6.2명인 데 비해서 쿠바, 불가리아, 소련, 동독, 폴란드, 유고슬라비아, 헝가리, 루마니아, 중국 등의 사회주의 국가는 평균 13.5명으로 자유민주주의 국가의 두 배 이상이 된다. 또 군인의 수도 이와 같은 비율로 많다. 우리의 경우 1986년도 한국의 병력은 629,000명인 데 비해 북한은 838,000명이다. 그러나 2012년의 경우 한국의 병력은 639,000명이고 북한은 1,190,000명이며 예비병력은 한국 3,200,000명, 북한 7,700,000명으로 격차가 더욱 벌어지고 있다.

4) 대학생 비율과 노벨상 수상자

한 나라의 교육수준과 국가발전 잠재력은 그 나라의 대학생 수로 평가해 볼 수 있다. 인구 10만 명당 대학생 수에 있어서 주요 자유민주주의 국가는 평균 2,415명으로 주요 사회주의 국가의 1,402명보다 2배 가까이 앞서고 있다1980년 기준. 또한 1900년부터 1987년까지 노벨상을 받은 총 480명 중 주요 자유민주주의 국가가 총 458명인 데 비해서 주요 사회주의 국가는 22명에 불과한 것만 보더라도 학문의 자유와 개인의 창의력이 자유민주주의 국가에서 얼마나 존중되고 있는지 알 수 있다.

2. 공산주의 체제와 결함

1) 공산당 독재체제

공산국가의 정치체제를 특징짓는 것은 첫째, 공산당에 의한 독재체제라는 점과 둘째, 평등한 사회가 아닌 새로운 계급사회라는 점과 셋째, 삼권분립의 원칙조차 없는 사회라는 점 그리고 넷째, 선거나 투표에 의한 정권이나 집권자의 교체가 불가능한 사회라는 점을 들 수 있다.[22]

공산독재는 권력의 집중을 전제로 하는 독재권력을 공산당이 이용한 것이며, 노동계급의 이익을 대표하고 옹호하는 것처럼 가장한 소수집단에 의한 독재이며 모든 권력은 이들에게 집중된다.

---

22 김영휴(1977), "北韓憲法上의 統治構造에 關한 硏究," 조선대학교 대학원 석사학위논문.

이와 같은 소수집단으로의 권력의 집중은 시간이 흐르면 한 개인 또는 그 개인을 옹호하는 파벌 간의 권력쟁탈을 통해 1인 독재체제가 형성된다. 이런 1인 독재체제를 유지하기 위해 동원되는 것이 숙청이다. 공산치하에서의 숙청이란 공산당 지도층 내에서 독재자에게 반항하거나 독재자의 지시에 불성실한 자들을 제거하고, 주민 대중들을 독재자들의 요구대로 끌고 가기 위해 제거하거나 탄압하는 행위를 뜻한다.

공산주의 국가에는 삼권분립 원칙이 없다. 공산주의자들은 삼권분립이란 부르주아적 민주주의라고 하여 이를 제도적으로 부정하고 있기 때문이다. 그리고 공산국가의 정치기구들은 그 기능과 권한의 한계가 극히 애매모호하여 서로 중복되거나 경계선이 명확하지 못한 면이 많다.

공산주의 국가들이 비록 선거나 투표제도를 바꾸려고 노력은 하고 있다지만 지금까지 공산국가, 특히 북한에서의 투표나 선거는 요식행위에 불과하며 투표나 선거에 의해 집권자나 정권이 바뀐 경우도 없었다.[23] 자유민주주의국가에서는 선거를 통해 국민 다수의 신임을 얻은 정당이나 입후보자가 정권을 위임맡거나 정권교체를 이룬다. 그에 반해 공산주의 국가에서는 선거에 의한 정권교체가 불가능하고 집권자가 죽었을 때에야 집권자의 교체가 가능하다. 이것은 공산국가에서는 다수 국민이 정치를 결정하지 못하고, 독재자는 죽기 전까지 권력의 자리에서 물러서지 않는다는 사실을 명백하게 드러낸다.

2) 생산수단의 국유화와 생산의욕의 저하

생산수단의 국유화는 정부가 원하는 특정제품의 생산을 자유주

---

23 김영철(2015), "구 공산국가의 정치 제도와 선거 참여, 「비교민주주의 연구」 11(1), pp.5-28.

의 경제보다 촉진시킬 수 있는 장점도 있으나 조화 있는 경제발전을 어렵게 하고 그 대신 기형적인 경제구조를 낳는다는 단점이 있다. 또한 개인의 재산을 소유하고자 하는 욕망을 억제하여 생산의욕을 저하시킨다. 이런 현상은 특히 농업분야에 있어서 현저히 나타난다. 북한을 포함한 공산주의진영 체제의 농업성장이 지지부진하고 농민의 생활수준이 낮은 것도 따지고 보면 공업 우선정책보다 오히려 사유제를 부정하는 데서 오는 생산의욕의 결핍이 큰 요인이 되고 있다.

3) 중앙집권적 계획경제와 상품의 질 저하

마르크스와 레닌은 계획에 의한 경제의 지배를 주장하였다. 그후 스탈린에 의해 중앙집권적 계획경제체제가 확립되었으며 이는 명령경제의 성격을 띠게 되었다.[24]

이러한 경제체제가 가지는 원천적인 결함은 일하는 사람들이 자발적으로 일하고자 하는 의욕이 없다는 점과 계획과 집행과정에서 많은 인적·물적 자원 및 시간의 소모는 물론 각종 경제통계가 허위로 작성된다는 점이다. 따라서 공산권 내에서 생산되는 상품의 질은 조악해질 수밖에 없다.

4) 중공업 우선정책의 비경제성

소련을 비롯한 공산주의 국가들은 중공업건설에 중점을 두었다. 자급자족적인 공업화를 급속히 추진하기 위하여 기초적인 생산재 부문의 확대가 중요한 것은 사실이지만, 이것은 비용을 고려하지 않는 비경제적 방법인 것이다.

투자 효율의 측정 척도를 사용하지 않고 이루어진 중공업 우선

---

24 황규식(1993), "蘇聯經濟改革의 性格과 課題—경제개혁논쟁과 과학기술론을 중심으로—," 경희대학교 대학원 석사학위논문, p.45.

정책에 치중한 공산국가들에서의 잇단 경제정책 실패는 무모한 중공업 위주의 경제정책이 얼마나 유해한가를 그대로 말해 준다.

5) 농업의 침체

공산주의 국가의 경제체제가 갖는 공통적인 결함으로 농업의 침체로 인한 식량의 만성적인 부족 현상을 지적할 수 있다. 공산주의 국가에서 집단농장이라는 미명 하에 농민으로부터 토지를 몰수함으로써 농민들이 자기 고유의 일터를 빼앗기고, 집단영농으로 일의 책임소재가 명백히 설정되지 않음으로써 농민들의 생산의욕이 지극히 낮다. 즉, 공산국가에서 공통적으로 겪고 있는 농업의 침체는 생산수단의 집단화에 따른 생산의욕의 감퇴와 불평등한 분배에서 비롯되는 불만 등이 그 주요한 이유이다.

3. 고도경제성장

자원 부재를 민족적 유산으로 받고, 전쟁까지 겹쳐 전 국토가 초토화된 한반도는 치유 불가능한 지역에 속했다. 치명적 핸디캡을 극복하기 위해 한국은 한반도 경제발전의 초석으로 '교육'을 선택하였다. 세습된 계급으로 개인의 역량과 무관하게 교육의 기회를 박탈하던 조선시대를 어렵사리 통과한 민초들의 배움에 대한 열망은 폭발적인 취학률로 이어졌다.

해방 직전 초등학교 취학률은 48.3%까지 치솟았다.[25] 절반의 아이들이 교육의 기회를 얻었다는 건 5,000년 역사에서 처음 있는 일이었다. 그런 학업 열기는 1945년 78%였던 문맹률을 불과 3년 만에

25 정재선(2014), "解放·國家再建期(1945~1959) 義務敎育 政策의 추이와 初等敎育의 강화," 서울대학교 대학원 석사학위논문, pp.51-54.

41%로 낮추는 놀라운 효과로 이어졌다. 또한 교육에 대한 국민의 열망은 건국 초기 빈약한 재정상황 속에서도 학교시설 투자에 적극적이었던 이승만과 박정희정부의 교육정책과 맞물리며 상당한 시너지 효과를 일으켰다.

뜨거운 교육열은 고급인재 양성의 기회로 귀결됐다. 1970년대 중동으로 진출했던 기능인력이나 산업단지 내에서 솜씨를 발휘했던 수많은 직공들의 땀이 한국 경제성장의 밑거름이었다면, 현재 한국 경제를 떠받치고 있는 힘은 고도의 지식노동자에게 있다고 할 수 있다.

정부는 경제개발 5개년 계획이라는 카드로 강력한 경제정책 리더십을 발휘했고, 기업들은 사업을 통해 국가에 공헌한다는 이념을 앞세워 정부와 보조를 맞추며 국가 경제부흥의 전기를 마련했다. 그 결과 1970년 10억 달러 수출액을 올린 한국은 불과 7년 만에 100억 달러 수출의 금자탑을 쌓을 수 있었다.

식민지 지배와 전쟁을 연이어 겪은 한반도는 '자본고갈' 상태였다. 정상적인 산업화 과정을 체험할 수 없는 상황에서 정부는 고도의 경제성장에 적합한 특정 산업을 집중 육성하고, 사회간접자본을 확충해 가는 불가피한 선택을 하게 된다.

민·관 협조로 수출에 총력을 기울였던 당시 정부는 산업단지 조성에도 열을 올렸다. 1962년에 울산공업단지를 조성했는가 하면, 구로공단이나 부평공단 같은 수도권 산업단지도 그런 정부의 노력에 의해 만들어진 결과물이다. 석유화학이나 비료, 조선소, 제철소와 같은 자본집약적인 기업을 주도해 만든 것은 고도성장의 초석을 다진 것으로 볼 수 있다.

1950년대 한국은 소비재 산업부터 산업화의 시동을 걸었다. 1960년대 들어 비로소 섬유와 합판, 신발과 같은 노동집약형 경공업으로 전환할 수 있었다. 하지만 그런 방식으로는 발전의 한계가 뚜렷하다는 판단을 한 정부는 1970년대에 들어서면서 조선, 철강 등 중화학공업 육성정책을 펼치게 된다.

정부 주도의 자원 분배가, 대기업 위주의 산업발전에 치중한 나머지 중소기업이 취약한 산업구조를 초래했다는 비난을 받기도 하고, 관치금융이 가져 온 폐해가 적지 않다는 지적도 있다. 하지만 저임금 노동집약형 산업에서 탈피해 고부가가치 산업을 모색해야 했던 정부는 중화학산업 육성을 선택했고 그 결과 한국은 지금의 모습이 될 수 있었다.

식민지배를 당한 민족적 열패감과 동족상잔의 전쟁이 남긴 상처는 깊었다. 자신감 혹은 민족적 자긍심을 회복하는 일이 시급하였다. 그런 점에서 새마을운동은 하나의 전기이자 전환점이었다. 정해진 시간에 일제히 거리를 청소하고 초가집을 슬레이트 지붕으로 바꾼 행위는 열악한 환경 개선은 물론 '근면, 자조, 협동'을 통해 우리도 잘 살 수 있다는 자신감을 선사했다.

새마을운동은 한때 '하면 된다'는 식의 군대식 구호와 정부 주도의 강압적 방식 때문에 폄하됐지만, 1970년대 한국경제 발전의 정신적 모태가 되었다는 점에서 이제 여러 나라에서 벤치마킹하기에 이르렀다.[26] 이렇게 시작된 자신감 회복은 다시 1988년 서울올림픽과 2002년 한일월드컵을 거치며 성숙됐고, 급기야 '세계 속의 한국인'으로 정착될 수 있었다.

자본주의의 두 기둥은 자본과 기술이라고 할 수 있다. 해방 직후 한국인의 손에는 이 두 가지가 쥐어져 있지 않았다. 하지만 뜨거운 교육열로 인재를 양성했고, 젓가락 문화라는 유전자를 물려 받은

---

26 임경희(2012), "새마을운동의 성공과 사회적 자본," 연세대학교 행정대학원 석사
 학위논문, p.48.

한민족은 타고난 솜씨를 기반으로 선진 기술을 추격하는 모방의 시대를 거쳐 창조적 기술강국으로 성장할 수 있었다.

이 땅에 본격적인 과학기술 인력양성이 시작된 것은 경제개발 5개년 계획에 의해서였다. 1950년대 들어 비로소 대학에 이학부와 공학부가 생기기 시작한 한국은 경공업이 주력이던 시기 기술인력보다는 현장에서 당장 필요한 기능인력을 우선시했다. 하지만 중화학공업을 육성하기 시작하면서 기술인력의 필요성이 크게 대두됐고, 1968년에 이르러 해외에 체류 중인 한국의 과학기술자들을 초빙하기 시작했다.

기술을 통한 국가발전의 핵심이 될 국책연구소의 탄생에는 1965년 한·미 정상회담이 결정적 역할을 했다. 당시 월남전에 파병을 했던 한국은 참전의 대가로 연구소 건립을 요청해 미국의 지원을 받아 한국과학기술연구원을 개원할 수 있었던 것이다. 한국과학기술연구원은 이후 '과학기술 한국'을 지향하며 세계적 국책연구소의 반열에 오를 수 있었다.

산업화 초기 정부 주도의 '기술한국'이 시도되었다면, 1980년대에 들어서면서 한국의 기술력은 민간기업에 의해 주도되었다고 할 수 있다. 특히 반도체와 조선, 자동차 등 기술집약형 산업에 뛰어든 기업들은 R&D 투자에 힘을 쏟았다.

정부에서 민간기업으로의 한국 과학기술의 진보는 최근 대학으로 이어지고 있다. 대학이 공공연구소나 기업보다 특허의 비중이나 투자 대비 출원 수가 높고 기술 원천성이나 권리보호 강도가 높은 것으로 알려졌다.

한국이 세계 일류 상품을 시장에 내놓고, 첨단 기술력으로 무장한 가전제품과 휴대폰을 비롯한 IT 리더십을 발휘할 수 있는 건 바

로 산업화 초기부터 꿈꿔 온 기술강국의 염원이 있기에 가능한 일이
었다.

4. 민주주의 발전

1) 제1공화국과 민주주의 시련

제1공화국에서 서구식 민주주의 도입과 함께 국민들은 완전한
민주주의 제도의 기능을 열망했다. 하지만 자유민주주의를 위해 필
요한 높은 수준의 정치의식, 중산층의 존재, 평등의식 등의 전제조
건은 인지하지 못하였다.[27]

제1공화국에서 민주정치가 시련을 겪게 된 것은 이처럼 민주주
의 여건이 갖추어지지 못한 점도 있지만 이승만을 비롯한 집권층의
독선과 권력욕에도 그 책임이 있었다. 이승만의 집권과 집권연장을
위한 두 차례의 강제적 헌법개정 및 권위주의 체계의 수립, 그리고
민주주의의 최후의 보루인 선거의 공정성을 말살한 부정선거 등으로
민주정치에 큰 오점을 남겼다.[28]

2) 제2공화국과 민주정치의 시험

제2공화국은 최초로 양원제를 포함하는 정치적 제도와 지방분권
과 민권사상에 의한 정치를 염원하였으나, 그 운영에서는 일반 국민
의 정치의식 결여와 무기력한 정치 지도층으로 인해 민주정치는 중
우정치로 전락하여 집권기간 동안 혼란을 빚어냈다.[29] 처음으로 민

---

27 성병욱(2004), "韓國 第1共和國 政黨體系의 機能과 特性," 동아대학교 대학원 박
    사학위논문, p.105.
28 김진흠(2012), "1958년 5·2총선 연구," 성균관대학교 대학원 석사학위논문, p.74.
29 손희숙(1990), "第2共和國의 政治的 리더쉽에 관한 研究," 숙명여자대학교 대학원
    석사학위논문, p.51.

주당은 집권 초부터 당 내의 파쟁으로 불안하였고, 경제적으로 불경기가 계속되었으며, 사회불안이 고조되어갔다. 지나친 방임적 태도로 민주주의에 위기가 눈앞에 닥쳤음에도 정부는 이를 수습하기에는 무력하였다. 4·19 이후의 혼란과 집권당의 무능력으로 제2공화국은 5·16군사혁명에 의해 단명으로 끝나고 말았다.[30]

3) 제3공화국과 제4공화국

제3공화국은 상당히 민주화된 헌법과 강력한 행정력으로 본격적인 경제발전을 꾀하게 되었으며, 그 결과 우리나라가 가난으로부터 벗어나기 시작했다. 3선개헌으로 대통령에 당선된 박정희 대통령은 비상계엄을 선포하고 10·17 비상조치를 단행하였다. 이에 따라 헌법의 일부 조항이 정지된 가운데 유신헌법이 공포되었다. 사회적 기본권 보장이 약화된 유신체계는 1인 장기집권과 권력의 집중현상을 낳았고, 부정부패와 경제적 특혜조치 등으로 비정상적인 기업활동이 성행하여 정부에 대한 국민의 불신감을 초래하고 계층 간에 위화감이 조장되는 사회적인 분위기가 형성되었다.[31] 여기에 인권이 침해받고 국민의 정치적 욕구가 봉쇄되어 국민적 저항이 일어나자 이를 긴급조치로 억눌렀다.

4) 민주화의 전기 6·29 선언

정치적 안정을 목적으로 한 유신체계가 정치적 불안을 낳은 원인은 정권의 정통성에 대한 문제였다. 유신헌법의 대통령 선출제도 하에서는 집권자가 대통령 당선 과정에 영향을 끼칠 수 있었기 때문

---

30 윤철병(1969), "5.16軍事革命과 行政改革에 關한 硏究," 건국대학교 대학원 석사 학위논문, p.29.
31 유영재(1984), "維新體制의 成立原因에 관한 硏究," 한양대학교 대학원 석사학위 논문, p.62.

에 정권의 정통성 문제는 주로 대통령 간선제에 대한 불만에서 비롯되었다.

이러한 형태의 대통령 간선제는 제5공화국 헌법에도 채택되었고, 이는 국민들의 불만을 샀다. 국민의 민주화 열망은 대통령 직선제 개헌운동으로 표출되었고, 정치의 국면은 물리적 대결의 상황에 이르렀다. 이와 같은 위기를 수습한 것이 6·29 선언이다. 대통령 직선제 개헌의 수용이 주 핵심인 6·29 선언으로 우리 헌정사에 최초로 합의개선이 이루어 졌으며, 대통령 선거가 이루어졌다.[32] 6·29 선언으로 태어난 제6공화국 헌법에서는 그 동안의 반민주적 요소가 없어졌고, 여야 간의 합의에 의해 정정당당하게 헌법개정이 이루어졌다.

제 3 절 한반도 안보현실

1. 북한의 경제상황

한국은행은 1999년 북한경제가 국제사회의 지원으로 6.2% 증가했다고 추정했다. 90년 이후의 마이너스 성장과 비교해보면 상당한 발전이라 볼 수 있다. 하지만 다음과 같은 점에서 위기의 국면이 끝나지 않았다고 볼 수 있다.[33]

첫째, 아직까지 위기 이전의 수준을 회복하지 못하고 있다. 최근 GDP 추이를 보면 마이너스 성장을 하고 있음을 알 수 있다. 원자재 및 에너지난, 설비노후화 등으로 공장 가동률도 낮은 상태라고

---

32 곽경원(1993), "80년대 6.29민주화선언을 전후한 한국 국가자율성 변화에 관한 연구," 국민대학교 대학원 석사학위논문, p.69.
33 박형준(2010), "체제위기상황에서 북한의 경제관리에 관한 연구," 경기대학교 정치전문대학원 박사학위논문, p.72.

볼 수 있다.

둘째, 현재의 회복추세는 내부개혁 때문이 아니라 외부지원 때문이다. 북한 경제운영에서 국제사회의 원조성 지원이 상당 비중을 차지하고 있다. 이 점이 북한이 생존과 발전을 위해서 대외관계 개선을 지속할 수밖에 없는 이유다.

특히 식량수급에서의 대외의존도가 매우 높다. 북한에서 식량문제는 경제문제 이상의 의미를 갖고 있다. 북한의 정치사회체제를 지탱하는 물적 토대 중의 하나가 배급제이기 때문이다. 2000년 들어 북한의 식량수급 사정이 호전되고 있지만 대외관계가 악화되거나 정치적 무상원조가 줄어들 경우 북한은 다시금 식량위기를 겪을 가능성을 전혀 배제할 수 없는 상황이다.

2. 북한의 경제정책 방향

북한이 경제위기 국면을 경제활성화 국면으로 전환시키기 위해서는, 대외적으로는 생산 정상화에 필요한 투입물을 최대한 확보하고, 대내적으로는 경제위기 이후 약화된 경제운영 능력을 정상화하는 것이 급선무이다. 북한은 현재 계획능력 향상을 위해 전력, 석탄, 금속 등 기간산업의 가동률을 증대시켜 산업 간 분업체계를 활성화하기 위한 기반조성에 주력하고 있다. 그리고 산업정책에서는 과학기술 분야를 강조하고 있는 것이 특징이다. 북한경제의 활성화를 위해서는 노동이나 자본과 같은 생산요소의 추가적인 투입이 필요하나, 대내외 여건상 이것이 어려워 과학기술의 발전을 통해 생산성을 증가시키겠다는 것이다.

대내적으로는 경제운영에서의 '실리', '경제적 타산' 등의 용어를 사용하면서 제도개선을 정당화하고 있다. 개정헌법^{1998. 9}에 독립채산세를 명문화하고 원가, 가격, 수익성 개념을 강조한 바 있으며 2000년 공동사설에서도 '모든 부문에서 실리보장'을 역설한 바 있다.[34]

구체적으로는 연합기업소 재편이 주목되고 있다. 이러한 연합기업소 제도는 산하 공장 및 기업소 간의 협동적 생산을 강조한 결과 생산물의 원가절감 유인 등이 상실되어 경제적 비효율성을 가져왔다. 산업관리 측면에서도 조직의 비대화에 따른 지배인의 권한 강화 및 당 조직과의 마찰, '기관본위주의' 심화 등으로 중앙의 정책 추진력을 약화시켰다. 결과적으로 계획기조를 유지하고 있는 상황에서 관리의 효율성 차원에서 시도된 연합기업소 재편은 실패한 것으로 평가되고 있다.

북한은 지속적인 경제위기에도 불구하고 현상관리형 정책선택을 계속하고 있다. 정권의 안전보장을 최우선으로 고려하면서 최소한의 개방 노력을 선택적으로 지속하고 있는 것이다. 그러나 이러한 조치로는 근본문제를 해결할 수 없으며, 북한은 보다 새로운 정책을 모색해야 할 기로에 서 있다.

---

34 김현원(2004), "북한경제 개혁조치와 개발원조의 상관관계에 관한 연구," 이화여자대학교 대학원 석사학위논문, p.44.

제 4 장

우리 민족의 국난극복

제 1 절 한민족과 민족국가의 형성

1. 우리 민족의 부흥기

우리 민족은 단일민족으로서 오랜 기간 동안 단일국가를 유지해
왔다. 동아시아에서는 고대 이래로 중국의 한족 이외에 다양한 민족
들이 있었다. 대표적으로 동이계에서도 여진, 말갈, 숙신 등의 민족
들이 있었으나 국가를 지속적으로 유지한 민족은 우리 한민족이 유
일하다. 우리 민족은 중국의 전설시대인 요순임금 시기와 비슷한 시
기에 단군왕검이 나라를 세웠다는 기록을 가지고 있다.[1] 즉, 우리 민
족의 시원과 국가의 기원은 다른 민족에 비할 수 없이 오래되었고,

| 1 유왕기, 「되물한국사」(서울: 리민족사연구회, 2004), pp.177−183.

이러한 연유로 하여 우리 민족은 오래전부터 민족의식과 함께 자부심이 강했던 것이다. 그리고 이러한 자부심과 민족의식은 수많은 외환과 내부적인 분열의 위기 속에서도 민족국가를 유지할 수 있도록 한 강력한 원동력이 되었던 것이다. 그렇다면 우리 민족의 민족국가 형성의 시작은 어디서부터 시작되었고, 현재까지 그 과정은 어떻게 전개되었던가를 알아보는 것은 앞으로 분단된 민족의 통일을 위해서 필요한 과정이 될 수 있다.

2. 민족국가의 형성

역사적으로 한민족이 처음으로 국가를 형성하게 된 시기는 지금으로부터 약 4,300여 년 전에 세워졌던 고조선이다.[2] 지금 우리가 개천절로 기리는 날은 바로 고조선의 건국이념에 기초를 둔 것이다.[3] 고조선의 건국에 관한 기록은 여러 곳이지만 특히 일연의 삼국유사에는 다음과 같이 기록되어 있다.[4]

환인의 아들 환웅이 천하에 뜻을 두고 인간세상을 탐내었다. 이에 아버지가 아들의 뜻을 알고 삼위태백을 내려다보니 가히 인간을 널리 이롭게 할 만한 땅이 있었다. 이에 천부인 세 개를 주면서 다스리게 하여 환웅은 3천 무리를 이끌고 태백산 마루턱 신단수에 내려왔는데 이곳이 신시이다. 바람을 뿌리는 사람, 비를 뿌리는 사람, 구름을 부르는 사람을 거느리고, 곡식, 생명, 병, 형벌, 선악을 주관

---

2 김종서(2006), "古朝鮮과 漢四郡의 位置 比定 硏究," 중앙대학교 대학원 박사학위
   논문, p.43.
3 정영훈(2010), "개천절, 그 '만들어진 전통'의 유래와 추이 그리고 배경,"「고조선
   단군학」 23(一), pp.401-444.
4 오장록(2005), "三國遺事 古朝鮮條 內容에 대한 考察," 여수대학교 교육대학원 석
   사학위논문, p.77.

하여, 인간의 세상사 360가지를 맡아 세상을 다스리고 교화하였다. 어느 날 곰과 호랑이가 환웅에게 인간되기를 빌어서 환웅은 쑥 한 묶음과 마늘 20개를 주면서 100일 동안 햇빛을 보지 말라고 하였다. 이에 곰은 21일을 참아 웅녀라는 여자가 되었고, 호랑이는 참지 못하여 사람으로 변화하지 못하였다. 웅녀는 신단수 아래에서 수태하기를 빌었는데, 환웅이 거짓 변하여 결혼하여 아들을 낳았고, 그가 단군왕검이다. 요임금 즉위 50년에 평양성에 도읍하고 나라이름을 조선이라 하였다.

이상과 같은 건국신화는 우리나라를 세운 이가 천신의 자손이라는 선민의식과 자부심을 잘 드러내고 있다. 신시는 그 당시의 정치 형태가 제정일치였음을 드러내고 있는데 그것은 단군이 제사장을 뜻하고 왕검이 정치적 지배자를 의미하는 것에서 더욱 분명해진다.[5] 환인이 환웅을 하늘에서 땅으로 내려보낸 것은 "널리 세상을 이롭게 하라"는 홍익인간에 있었다는 점은 우리 민족국가의 기원이 평화에 기반한 문명실현에 있음을 알리고 있다. 실제로 환웅이 하늘에서 내려와 한 일은 바람, 비, 구름을 부려서 곡식을 키우고, 질병을 물리치는 것이었다. 그리고 질서를 바로잡고 도의를 확립하는 등 인간이 인간답게 살아갈 수 있도록 하고, 건강한 사회조직으로서 영위될 수 있도록 사회시스템을 만드는 것이었다. 이것은 강압적인 무력에 의한 것이기 보다는 덕을 근본으로 한 교화를 근본으로 하고 있었다.

기원전 2333년에 세워진 단군의 고조선은 군장사회로서 인접한 군장사회들을 통합하여 드디어는 대동강에서 요하지방까지 영토가 확대되었다.[6] 이와 함께 국가단계로 넘어가게 된다. 이 시기는 중국

---

5 김병곤(2000), "古朝鮮 王權의 成長과 支配力의 性格 變化,"「동국사학」34(一), pp.33-56.
6 김종서(2006), 전게논문.

에서 은나라를 물리치고 주나라가 세워지던 시기이다. 주나라의 등장과 함께 동이족은 동쪽으로 이동하게 되었고 이 영향은 고조선에도 영향을 미치게 된다. 고조선의 인구가 증가함과 함께 사회의 문화적 수준이 점차 높아지고 주변 여러 나라와의 교류도 점차 증가하게 되었다. 청동기술이 발달하였고, 기원전 7세기에는 철기시대가 시작되었다. 이와 함께 사회가 커지고 복잡해지면서 관료조직이 정비되고, 상비군이 만들어지는 등 국가체계는 더욱 정교화하게 된다. 고조선의 법률인 8조법금 중 3개만이 현재 알려져오고 있는데, 그 내용은 살인죄, 상해죄, 절도죄에 관한 것으로서 사회의 치안과 관계가 있었다.[7] 주나라 시기부터 이루어졌던 중국과의 관계는 이후에도 계속 이어졌다. 기원전 4~3세기에는 중국의 연과 분쟁이 있었다. 연은 스스로 왕으로 칭하였고, 고조선도 왕을 칭하게 된다. 그리고 연나라는 고조선을 침략하여 서쪽 땅 1천리를 빼앗았다. 고조선은 이후 연나라를 공격하여 대능하까지 그 세력을 몰아내게 된다. 이후 진나라에서 한무제 시기까지 고조선은 만주 일대에서 세력을 유지하였다.

고조선 사회가 해체된 후 그 지역에 부여와 고구려가 등장하였다. 그리고 한강 남쪽지역에는 진국에 이어서 삼한사회가 형성된다. 고구려는 초기에 압록강 중류 동가강 유역에 자리잡았는데, 고구려의 건국설화에 의하면 고구려는 기원전 37년에 부여에서 주몽이 내려와 압록강 중부에 나라를 세웠다. 고구려 태조왕 때에는 정복사업을 활발히 하여 동으로는 옥저를 복속시키고, 남으로는 청천강까지 이르렀다. 중국사서인 삼국지 위지 동이전에는 초기 고구려의 여러 관직으로 구성된 중앙관제가 잘 소개되어 있다. 고구려의 사회구성층은 국왕과

---

7 이동명(2007), "우리나라 上古時代의 法思想 연구," 「법학연구」 26(一), pp. 1-23.

대가, 관리 및 호민, 하호라 불리는 일반 농민층 등으로 이루어졌다.

백제는 군장사회의 하나였던 마한의 백제국이 성장하여 형성한 국가이다. 백제 건국설화에는 기원전 18년 주몽의 아들 온조가 남쪽으로 남하하여 한강 하류에 도읍을 정한 것이 나라의 시작이 된다. 온조때 영토는 한강유역을 중심으로 하고, 북으로는 예성강, 동으로는 춘천, 남으로는 안성천까지 이르렀다.[8] 이 지역은 한반도의 중서부지역으로서 기름진 넓은 평원과 몇 개의 큰 강과 하천들이 있어서 바다가 접해 있어서 진출하기 용이하였다.

진한 12개국 중 하나였던 사로국은 군장사회의 하나로 경주평야에 자리잡았다.[9] 경주평야에는 6촌이 이미 있었는데, 이들이 하나의 소국인 사로국을 형성하고 있었던 것이다. 신라의 건국설화에 따르면 기원전 57년에 '박혁거세'가 6촌장의 추대를 통해 왕으로 선출되었고 이것이 신라의 개국이었다.

고구려, 백제, 신라는 국가가 세워진 후 시간이 지나면서 점차 체제가 정비되기 시작한다. 그리고 한반도에 대한 패권을 둘러싸고 각축을 벌이게 되었고 그것은 곧 한민족의 통일국가로 이어지게 되었다.

3. 통일국가의 형성

1) 신라의 한반도 통일과 발해

늦게 국가를 형성하였고 고구려와 백제보다 후진적이었던 신라는 6세기 지증왕[500~514]시기에 이르러서 비약적인 발전을 이루게 되었다. 552년에 신라는 백제와 동맹을 맺고 백제의 옛 땅이었던 한강

8 박찬규(1995), "百濟의 馬韓征服過程 硏究," 단국대학교 대학원 박사학위논문, p.3.
9 강종훈(1991), "3─4세기 斯盧國의 辰韓統合過程에 대한 考察," 서울대학교 대학원 석사학위논문, pp.67─71.

유역을 고구려로부터 빼앗게 되는데, 이후 백제와 동맹국의 의지를
저버리고 한강유역을 신라의 영토로 편입시켜 버린다. 이에 백제는
고구려가 중국과의 전쟁으로 혼란한 틈을 타서 신라를 공격하게 된
다. 백제 성왕은 '관산성'에서 신라군에 전사하였으나 이어서 의자왕
이 즉위하면서 신라에 대한 공격은 더욱 치열해졌다. 그리하여 신라
의 대야성을 포함하여 40여 개 성을 백제에 빼앗기게 된다. 이어서
백제는 고구려와 함께 '당항성'을 공격함으로써 신라의 대당교통로를
차단하고자 하였다. 위기에 처한 신라는 김춘추를 당나라에 보내어
동맹을 맺고, 백제를 우선 정벌한 다음 고구려를 남북으로 협공하기
로 하였다.[10] 이어서 660년인 의자왕 20년에 나당연합군의 백제 공
격이 시작되었다. 당나라의 '소정방'은 13만의 군사를 산동반도에서
출발시키고 백제로 향했다. 그러나 백제는 해동군자로 칭송받았던
의자왕이 환락에 젖어 정치는 혼란스러웠고 심지어 충신 '성충'과
'흥수'는 간언을 하다가 옥사하거나 유배당하고 있었다.[11] 나당연합
군의 공격의 와중에서도 백제는 집권층이 분열하여 대책마저 제대
로 세우지 못하고 있었다. 신라군은 탄현을 넘어 황산으로 향하고
있었고, 당군은 지금의 금강하류인 백강까지 다다랐다. 뒤늦게 백제
왕은 '계백'에게 결사대를 조직하여 신라군의 침입을 막도록 하였
다. 계백의 5천 결사대는 다섯 차례에 걸쳐서 신라군을 격파하였으
나 결국 중과부적衆寡不敵으로 패배를 하고 만다. 사비성은 함락되고
웅진으로 피신했던 의자왕이 항복함으로써 660년에 백제는 멸망을
하게 되었다.

　백제의 멸망 후 신라와 당은 동맹을 맺으며 계획하였던 것과 같

10 이윤섭, 「(다시 읽는) 삼국사 2014」(서울: 책보세, 2014), p.86.
11 남정호(2010), "의자왕(義慈王) 후기(後期) 지배층(支配層)의 분열(分裂)과 백제(百
　濟)의 멸망(滅亡)," 「백제학보」 0(4), pp.99-126.

이 고구려를 공격하게 된다. 당은 백제 멸망 이듬해인 661년에 소정 방에게 군사 35만을 주고 고구려를 공격하게 하였다. 당의 수군은 대동강을 거슬러 올라가 평양성을 포위하고 6개월이 넘도록 공격하였다. 그러나 연개소문의 강력한 고구려군에 참패를 당하고 철수할 수밖에 없었다. 그리고 수군의 패배와는 별도로 계필하력이 이끌었던 육로군은 남생이 이끌었던 고구려군에 패퇴하여 압록강을 건너지도 못하였다. 나당연합군의 초기 공격은 고구려를 침략할 수 없었으나 계속된 외환으로 인하여 고구려는 점차 국력이 소모되어 갔고, 여기에 더해 연개소문의 독재정치는 국민의 불만을 키우게 된다. 결국 연개소문이 죽게 되자, 그 아들 사이에 권력투쟁이 일어나게 되었고, 중앙의 귀족세력들은 분열하게 된다. 이러한 상황을 포착한 당은 고구려를 재차 침공하게 되었다. 그리하여 처음과는 달리 요동 방면의 여러 성을 함락시키고 압록강을 건너 평양성을 포위하기에 이른다. 김인문이 이끄는 신라군도 평양성에 도착하여 당군과 합류하게 되었다. 결국 나당연합군의 치열한 공격을 받은 고구려는 성을 함락당하고 668년 보장왕 2년 고구려는 멸망을 당하게 된다. 토인비는 한 국가의 멸망이 외부에 의한 것이기보다는 내부의 분열에 의한다고 하였는바, 이 구절은 백제와 고구려의 멸망에도 적용되는 것이었다.[12] 동아시아의 패자로서 맹위를 떨쳤던 고구려와 해상왕국으로 이름을 드날렸던 백제는 내부의 분열과 혼란으로 멸망을 당하게 되었다. 당나라와 신라에 의한 고구려와 백제의 멸망은 국가의 영토를 대동강과 원산만 이남으로 축소시키게 되었다. 하지만 이러한 불완전한 통일이었을지라도 고구려, 백제, 신라의 통일은 하나의 민족, 하나의 국가라는 민족국가의 기원을 만들게 되었다는 의미를 부여받

---

12 전형근(2012), "6~7世紀 高句麗 對倭交涉의 展開樣相," 고려대학교 대학원 석사 학위논문, p.91.

는다. 즉, 이전의 같은 혈통, 같은 언어, 같은 문화였음에도 서로 다른 세 개의 국가로 나뉘어 있던 민족은 이 시기를 거치면서 하나로 결합되기에 이른다.

한편 고구려의 멸망 후에 만주지역에서는 고구려 유민에 의한 발해가 건국되었다.[13] 그리하여 남쪽의 신라와 함께 남북국시대가 전개되었다. 발해는 고구려의 유장이었던 대조영이 세운 나라로서 고구려의 계승을 명확히하고 있었다. 즉, 무왕때 일본에 보낸 국서에는 "고구려의 옛 땅에서 다시 일어나 부여의 풍습을 지녔다"라고 하였고, 스스로 고려국이라고 칭하였다. 발해로 인하여 역사에서 만주는 한반도와 함께 여전히 우리 민족의 무대로 이어졌다.

2) 후삼국으로의 분열

삼국이 통일된 후 신라 하대에 이르러 중앙귀족들은 정치적으로 부패하게 되었다. 사치와 향락에 젖은 귀족들을 지탱하기 위해 일반 백성들은 피폐해졌고 국가재정은 바닥이 나기 시작하였다. 급기야는 중앙정부의 지방에 대한 통치도 미치지 못하게 되었다. 이러한 국가의 혼란상황은 진성여왕887~897시기에 이르러 극에 다다르게 되었다. 지방에 대한 중앙정부의 통제약화는 조세감소로 이어졌고, 조세감소는 다시 중앙정부의 약화로 이어졌다. 여왕은 관리를 파견하여 지방조세를 독촉하였으나 이것은 귀족들에 억압받던 농민들의 반발을 일으켰고 각 지역에서 봉기가 일어나게 되었다. 이 과정에서 '견훤'과 '궁예'는 조직적으로 반란을 도모하여 견훤은 892년 무진주와 완산주를 중심으로 후백제를 건국하였고, 궁예는 901년 송악을 중심으로 후고구려를 건국하게 되었다. 후백제와 후고구려라는 이름은 그 유

13 최영운(2008), "渤海 건국초기의 대외 관계," 동국대학교 교육대학원 석사학위논문, p.35.

민들에 대한 신라정부의 차별과 반발을 이용하는 것이기도 하였다.[14] 견훤은 상주지방에 있던 농민의 아들로서 서해안지방에서 신라군으로 근무하였으나, 신라 각지에서 반란이 일어나자 자신 예하의 군대를 이끌고 무진주를 취한 후 완산주에 이르러 후백제를 건국한 것이다. 이후 견훤은 전라도, 충청남도의 대부분을 점령하고 900년 효공왕 4년에는 스스로 후백제왕을 칭하였다.[15] 그리고 관직을 설치하고 국가의 체제를 갖추고, 남중국의 오, 월에 사신을 보내어 교류를 하였다. 그리고 일본과도 교통을 하면서 신라에 대한 공격을 감행하였다. 901년에는 대야성을 공격하고 신라의 여러 성을 빼앗았으며, 927년에는 경애왕을 죽이고 군신을 포로로 삼았다.

궁예는 신라의 왕자로 처음에 승려가 되었는데, 각지에서 반란이 일어나면서 양길의 부하가 되었다. 이후에 양길을 죽이고 송악을 중심으로 후고구려를 건국한 것이었다. 궁예는 국호를 마진, 태봉으로 고친 후에 도읍을 철원으로 옮겼다. 그리고 중국에 몇 차례에 걸쳐서 사신을 보내어 친선을 맺었고, 신라에 대한 공격을 계속하였다. 그리고 후백제도 공격을 하여 전라남도의 수십여 군현을 점령하게 된다. 이로서 후삼국이 형성되게 되었다.

---

14 신성재(2006), "弓裔政權의 軍事政策과 後三國戰爭의 展開," 연세대학교 대학원 박사학위논문, p.24.
15 신호철(2011), "高麗 건국기 西南海 지방세력의 동향,"「역사와 담론」 58(-), pp.1-32.

그림 4-1 한국사와 중국의 연대표

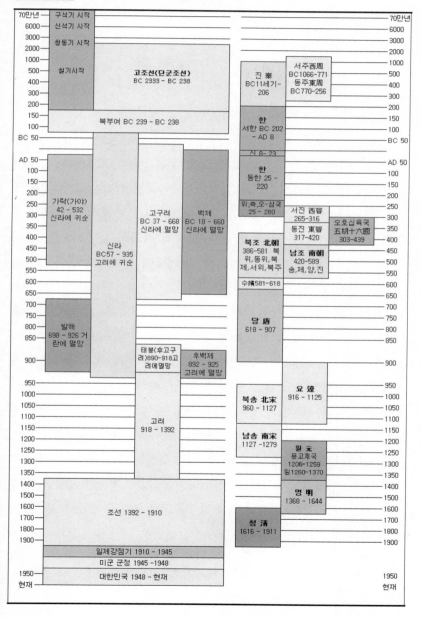

제2절   민족웅비

1. 고려의 북진정책

1) 고려초기 거란과의 투쟁

10세기 초엽의 고려 건국시기에는 대륙에서도 변화가 진행되고 있었다. 5대의 혼란이 송(宋)나라에 의해 수습되었고, 북방에서도 발해가 멸망하면서 거란이 성장하고 있었다. 이 시기에 고려는 송과 친선정책을, 거란과는 배척정책을 취하였고, 이로 인하여 거란과의 충돌은 피할 수 없었다. 거란에 대한 고려의 배척정책은 건국초기부터 이루어진 것으로서 그것은 고려인들의 의식에 동족으로 남아있던 발해가 거란에 의해 멸망하였기 때문이다.[16] 단적인 사례가 서기 925년, 태조 25년에 거란이 사신을 보내어 낙타 30마리를 바쳤을 때, 태조는 사신을 섬으로 유배를 보내고 낙타는 만부교(萬夫橋) 밑에 붙들어 매고 굶겨 죽였다. 그리고 발해의 유민을 적극 받아들이면서 북진정책을 추진하여 국경을 청천강 유역까지 확장시키게 되었다. 이러한 태조의 북진정책과 반 거란정책은 이후 후대 왕들에게 계승되었던 것이다. 그리하여 정종은 북방개척을 위해 오늘의 평양인 서경으로 천도를 계획하였고, 30만 명으로 구성된 광군사(光軍司)를 설치하여 거란의 침입에 대비하도록 하였다.[17] 그리고 정종과 광종은 청천강을 넘어서서 압록강 사이에 여러 성(城)들과 진(鎭)을 쌓아서 북방경계를 더욱 확고히 하였다. 서기 986년에 거란은 발해유민들이 세운 정

---

16 김철규(2014), "高麗의 對북방민족 戰略 研究," 대전대학교 대학원 박사학위논문, pp.61-64.
17 이기백(1965), "高麗光軍考,"「역사학보」 27(-), pp.1-22.

안국을 공격하여 멸망시키고, 이어서 991년에는 압록강 하류에 있던 여진족을 공격하여 그곳에 내원성來遠城을 쌓았다. 이에 고려는 더욱 대비를 강화하였고 거란은 서기 993년인 성종 12년에 1차로 고려를 침입하였다. 거란의 소손녕蕭遜寧은 고려의 서북변방으로 침입하였고 고려에서는 서희가 중군사로 출정하였다. 서희는 소손녕과 담판을 벌여서 거란의 명분을 일축하고 오히려 압록강 동쪽의 여진의 옛 땅을 차지하게 되었다.[18]

거란군이 철수하고 고려는 압록강 동쪽의 여진을 토벌한 후 그 곳에 여러 개의 성을 쌓아 강동 6주를 설치한다. 이로써 고려는 개국 후 처음으로 압록강까지 국경이 넓어지게 되었다. 이에 거란은 고려가 강동 6주를 점령한 후 군사적 거점으로 활용하는 것에 대해 항의하면서 그 땅의 반환을 요구하였다. 고려는 그 요구를 거절하였고 현종 원년인 1010년에 거란은 강조의 정변을 구실삼아 40만 대군을 이끌고 재침입을 하였다. 당시 강조는 서북면도순검사西北面都巡檢使였는데 군사를 일으켜서 김치양 일파와 목종을 시해하고 현종을 옹립하였다. 이에 거란의 성종이 강조의 죄를 묻는다는 구실로 고려를 공격하게 된 것이다. 고려는 강조가 30만 대군을 이끌고 거란군과 통주에서 대치하게 되었다. 처음엔 여러 차례 승리를 하였으나 나중에 적을 얕잡아 보다가 결국 대패를 하게 된다. 그리하여 거란군이 개경을 함락하고 현종은 나주로 피난하게 되었다. 하지만 서북의 여러 성을 방치한 채 개경까지 내려온 거란군은 후방에서 고려군의 공격을 받게 되었다. 강민첨, 조원은 서경을 고수하면서 거란의 후방을 공격하였고, 홍화진에서는 양규가 곽주, 귀주를 탈환하면서 거란을 압박해 나갔다. 이에 거란은 고려의 강화조약을 수락하고 별다른

---

18 허인욱(2012), "高麗·契丹의 압록강 지역 영토분쟁 연구," 고려대학교 대학원 박사학위논문, p.57.

소득 없이 철군하였다. 이후 거란은 현종의 입조를 독촉하였으나 고려왕 현종은 병을 칭하고 거절하였다.[19] 이에 1018년, 현종 9년에 소배압은 10만 대군을 이끌고 3차로 고려를 침입하게 된다. 이때 고려는 지난 경험을 되살려 만반의 준비를 갖추고 기다리고 있었다. 그리하여 송악성을 개수하고 서경을 재축성하였고 광군사를 설치하여 국방에 만전을 다하고 있었다. 소배압은 강감찬이 이끄는 고려군에게 패배하였으나 아랑곳하지 않고 개경까지 진군을 해나갔다. 하지만 개경은 방어를 철통같이 하여 소배압은 결국 군사를 돌리게 되었다. 고려군은 귀주성 동쪽 들판에서 거란군을 궤멸하였고 돌아간 거란군은 불과 수천에 지나지 않았다.

2) 고려중기 여진과의 투쟁

세 차례의 거란군의 침입을 물리친 고려는 옛 고구려의 영토였던 만주지역의 복원을 향한 일념을 실현하고자 하였다. 당시 거란의 왕조였던 요는 서북면에 있었고, 현실적으로 동북면을 중심으로 확장해야 했는데, 동북면은 여진족들이 유목민 생활을 하고 있던 지역이었다. 11세기 후반에 여진 완안부完顏部가 북만주에서 정차 강성해져 여러 부족을 통합하면서 점차 고려를 압박해오기 시작하였다. 여진족은 원래 부여의 구성원으로 말갈족의 후손들이었다. 낮은 문화 수준으로 인하여 국가 단위까지 성장하지 못하고 흩어져 살고 있었다. 고려는 변경에 흩어져 살던 여진족들 중에서 공물을 바치는 여진족에게는 식량과 철제농구를 주면서 회유하였고, 노략질을 하는 족속들은 무력으로 응징하였다. 그리고 귀순하는 여진족은 가옥과 토지를 주어서 일반 백성으로 편입시켰다. 그러던 중 여진족 내에서

| 19 허인욱(2012), 전게논문, p.47.

통일세력이 나타났는데 그 주인공은 완안부였다.[20] 완안부는 1104년 숙종 9년에 고려에 복속하였던 여진족을 공격하고 함흥을 점령하면서 도망가는 여진족을 쫓아 정주관까지 다다르게 되었다. 고려는 윤관과 임간을 보내어 공격하도록 하였으나 모두 패배하였다. 주된 이유로 고려의 보병에 비해 여진족은 기병이었음을 간파하고 윤관의 건의에 따라 고려는 기병을 주축으로 한 별무반을 편성하여 기병중심의 신기군과 보병 중심의 신보군, 승병으로 구성된 항마군을 편성하여 여진의 공격을 준비하였다. 1107년, 예종 2년에 윤관을 17만 대군과 함께 출정시켜 여진정벌을 시작하게 되었다. 함흥평야를 점령하고 130여 개의 여진부락을 소탕하면서 4천 명을 참살하고 1만 명을 사로잡았다. 윤관은 점령지에 성과 진을 쌓고 남방에서 7만5천 호를 이주시켜 본격적인 영토개척을 진행하였다.[21] 이에 동여진은 항거하고 완안부의 여진들도 반격을 해왔다. 윤관은 그 공격을 잘 막아냈으나 당시의 개척한 땅은 너무나 광활하였고 어려움을 느끼게 되었다. 여진족들은 무력으로 공격이 어려움을 깨닫고 방법을 바꾸어 지난 날의 잘못을 사죄하고 9성을 돌려줄 것을 청하였다. 당시 윤관의 공을 시기하던 일부 신하들이 9성의 환부를 강력히 주장하면서 1109년인 예종 4년에 예종은 이들의 의견에 따라 9성을 도로 내어주고 만다.

3) 고려후기 공민왕의 북진정책

고려에서 공민왕이 왕위에 오른 시기에 중국대륙에서는 원나라에서 명나라로 세력이 교체되고 있었다. 고려는 이 시기에 권문세족

---

20 허인욱(2001), "高麗 中期 東北界 範圍에 대한 考察," 전남대학교 대학원 석사학위논문, p.47.
21 이정신(2012), "고려·조선시대 윤관 9성 인식의 변화," 「한국중세사연구」 통권 32호, pp.107−140.

과 신흥사대부의 대립이 한창 진행되던 중이었다. 공민왕은 중국의 혼란된 틈을 타서 옛 고구려의 영토를 회복하려고 하였다. 원나라는 1258년인 고려 고종 45년에 영흥땅에 원나라 관청인 쌍성총관부를 설치하여 철령 이북의 동북지구를 점령하고 있었다.[22] 그리고 1281 년인 충렬왕 7년에는 개성에 정동행중서성을 두고 고려내정을 간섭 하기에 이르렀다. 이에 반감을 가지고 있던 공민왕은 원의 세력에서 벗어나고자 원나라에 아부하며 내정간섭에 앞장서던 기철 등 부원배 들을 제거하고 정동행성의 이문소를 혁파하기에 이른다. 이어서 쌍 성총관부를 공격하여 철령 이북땅을 회복하였다. 1356년 공민왕 5 년에 실시하였던 고토수복작전은 성공적으로 이루어져서 동북면으로 는 영흥, 안평, 함흥에서 북청지방까지 다다랐으며, 서북면으로는 압 록강유역까지 수복하게 되었다. 이것은 고려가 원에 지배당한 지 99 년만의 영토수복이었다.

이러한 상황에서 중국대륙에서는 원나라가 쇠퇴하면서 각지에서 한족의 봉기가 일어나면서 이중 하나였던 홍건적이 북중국의 원세력 을 축출하게 되었다. 이 와중에서 원군의 반격을 받은 한 무리가 요 동까지 쫓겨나면서 1359년 공민왕 8년에 고려를 침입하였는데, 이 것이 홍건적의 난이다. 홍건적은 서경까지 다다랐으나 고려군에게 패하여 큰 피해를 입고 퇴각하였다. 이후 2년 뒤인 1361년에 홍건 적은 재차 침입을 하였고 이번에는 개경이 함락되어 왕은 안동으로 피난하게 되었다.[23] 피난의 상황에서 정세운, 안우, 김득배, 이방실은 홍건적을 공격하여 패퇴시키게 된다. 공민왕은 내정을 회복하고 고 토수복의 기회를 엿보다가 명의 세력이 요동에 이르지 않은 것을 확

---

22 Eerdun, B.(2006), "元·高麗 支配勢力 關係의 性格 研究," 강원대학교 대학원 박
   사학위논문, pp.41−45.
23 노창민(1994), "14세기 홍건적의 고려침구 원인에 대한 일고찰," 홍익대학교 대학
   원 석사학위논문, p.56.

인한 후 고구려의 옛 땅인 요동을 선점하기 위해 군사를 움직이게 된다. 1369년인 공민왕 18년 11월에 동북면 원수로 이성계를, 서북면 원수로 지용수를 임명하고 동녕부를 공격하게 하였고 이듬해 1월에는 동녕부의 우라산성의 항복을 받았다. 그리고 같은 해 11월에는 지용수와 합세하여 요양을 공격해서 성을 탈환하게 된다. 이리하여 고려의 영토를 철령 이북지역까지 확장시켜 1931년에는 갑주지역까지 회복하였다고려사(高麗史) 권(卷)58 지(志), 권12 지리(地理)3 동계(東界). 이어 요동점령을 감행하였으나 당시 추운 날씨와 군량부족으로 군대를 철수하게 되었다. 이때 요동지역이 고려의 영토임을 기록하여 팻말을 세우게 된다.

> "본국은 요임금과 함께 나라를 세웠다. 주 무왕이 기자를 조선후에 봉하여 땅을 주기를 서로 요하에 이르기까지 하여 대대로 강역을 지키었다."

이에 알 수 있듯이 서두에 우리나라가 요의 건국과 같은 시기에 개국된 오랜 역사를 가지고 있음과 함께 주 무왕이 기자를 조선후로 봉하였을 때 요하의 요동지역에 대한 연고권을 명확히 하였다.[24] 이것은 명나라 세력이 요동지역에 미치기 전에 이후의 상황에서 요동지역에 대한 연고권을 주장하기 위한 것이었다. 그러나 이러한 공민왕의 북진정책은 친원, 친명의 대립 속에서 1374년에 공민왕이 반대파에 의해 시해되면서 실패로 끝나고 말았다. 육군본부에서 펴낸 『겨레의 역사』에는 공민왕의 북진정책의 모습 속에서 국토회복의 선조의 노력을 이해할 수 있음을 강조하고 있다.[25]

---

24 신상원(2015), "恭愍王代 遼東의 情勢와 東寧府 征伐," 부산대학교 대학원 석사학위논문, p.71.
25 육군본부, 「통일과 웅비를 향한 겨레의 역사」(대전: 육군본부, 1983), pp.289−292.

2. 조선시대의 영토확장 정책

1) 세종의 북방정책

고구려가 멸망한 이후 고구려의 고토를 회복하고자 하는 열망은 이후 왕조에서 계속 이어져 내려왔다. 고려의 뒤를 이은 조선에서도 이러한 열망은 식지 않았다. 조선건국 후 태조, 태종을 거쳐 세종대에 이르기까지 약 60여 년간 두만강과 압록강 연변이 지속적으로 개척되었고 동시에 남방의 민호들이 이주하여 장성을 축조하였다. 이것은 고토회복을 통한 민족적 웅도실현의 일환이었다. 조선동북방에 위치하였던 여진은 태조 이성계가 그 지방출신이었기에 태조를 따라 귀화하는 자가 많았다. 태조 7년에는 이 지방의 군현(郡縣)경계가 확정되면서 조선의 국토는 경원까지 확장되었다.

태종 10년에는 여진이 침입하여 국경선이 경성으로 후퇴되었다. 여진의 조선침입은 거주지와 일용품의 확보 때문이었고, 조선에서는 이들에게 필요한 물품을 주고 관직을 내림으로써 회유를 하고, 동시에 공격을 하는 여진들은 무력으로 징벌을 하기도 하였다. 세종시대에 여진족들 사이에 혼란이 일어나자 세종은 북방개척을 추진하였다. 공주지방을 회복하고 경원부와 영북진을 북방으로 옮겨서 두만강 이내의 모든 땅을 회복하려는 의도였다. 세종은 함경도 도절제사였던 김종서에게 명하여 고려시대의 윤관이 세웠던 공험진정계비를 확인하도록 하고, 두만강 밖의 비석도 조사하게 하였다. 이것은 두만강 바깥까지의 고토회복을 염두에 둔 것이었다. 그리하여 1434년 세종 16년에 이르러 김종서를 함길도 관찰사로 임명하고 북방개척을 진행하게 된다. 현재의 부령지역인 석막의 영북진을 종성으로 옮기고 종성군을 설치하였다.

1444년 세종 19년에 이르러서는 회령의 서쪽 독산 연대에까지 강변을 따라 장성을 쌓았고, 이후 7년 뒤에는 석막에 '부령부'를 설치함으로써 6진의 개척이 완결되었다.[26] 이로부터 동북지역의 강역은 두만강을 경계로 확정되었다. 세종은 서북 압록강 강변의 여진도 토벌하여 북장정책을 펴나갔는데, 4군을 개척하여 압록강 이남까지 영토를 회복할 수 있었다. 세종대의 동북 6진과 서북 4군의 개척을 통해 조선의 영토는 두만강과 압록강의 상류까지 다다르게 되었고 현재 우리나라의 영토의 기반이 되었다. 이것은 우리나라 역사에서 매우 중요한 사실로 평가된다.[27]

2) 효종의 북벌웅지

병자호란으로 청 태종에게 굴욕적인 항복을 하였던 인조의 모습을 확인하고 뒤이어 즉위한 효종은 복수를 위해 북벌계획을 준비하였다. 특히 효종은 심양에서 볼모로 8년간을 지내야 했는데 이때의 고초는 왕에 등극하면서 북벌웅지의 길을 밝게 하였다. 효종은 북벌의 1차적 작업으로 당시 척화파였던 김상헌과 송시열, 송준길 등 반청사림 세력들을 중용하고 동시에 김자겸 일파를 제거하였다. 그리고 군비증강을 위해 경제력을 키우고자 김육을 영의정으로 등용하였다. 1643년 청에서는 태종이 죽고, 이어서 제위에 오른 세조가 어려 도르곤이 섭정을 하고 있었다. 그런데 도르곤이 1650년에 죽고 세조가 청을 직접 다스리게 되면서 조선에 대한 간섭이 완화되게 된다. 효종은 1652년 재위 3년째에 북벌을 위한 군비증강에 박차를 가하

26 박환수(2004), "世宗의 國防 및 軍事分野의 業績에 關한 研究," 대전대학교 경영행정·사회복지대학원 석사학위논문, p.61.
27 이기백, 「한국사신론」(서울: 일조각, 2007), pp.271-273.

였다. 조총, 화살, 화약을 제조하고, 병력을 증강시키는 한편 군사훈
련도 강화하였다. 이러던 중 1654년에 청에서는 러시아정벌을 위해
조선에 원군을 요청하였다. 1654년 3월에 조선은 군사력을 시험해
보고자 포수 100명을 두만강을 건너 청군 3천명과 합류시켜 러시아
군과 두 차례의 접전 끝에 큰 전과를 올렸다. 1658년에는 재차 나선
정벌에 나서 러시아군에게 막대한 피해를 입히고 개선하였다. 그러
나 북벌은 재정문제로 한계에 부딪치게 되었고, 재위 10년에 효종은
41세로 사망하게 되면서 북벌계획은 점점 약화되었다. 숙종 시기에
윤휴와 이동규에 의해 북벌론이 재론되었으나 시대상황은 급격히 변
화 중에 있었고 현실화되기 어려웠다.

3) 대마도정벌

　12세기 중엽부터 고려는 일본의 대마도對馬島와 교역의 형태를 빌
어 지속적인 관계를 유지하고 있었다. 이러한 상황은 13세기 중엽에
원나라에 의해 동아시아 전체가 지배되면서 단절된다. 이후 여·몽
연합군의 일본정벌 과정에서 대마도는 많은 인명피해와 경제적 손실
을 입게 된다.[28] 무역로까지 차단된 상황에서 대마도는 기본적인 생
존이 어렵게 되었고, 왜구의 근거지로 변화하게 되었다. 왜구는 고
려시대에서 조선 초기까지 일본인으로 구성되어 한반도와 중국대륙
을 침입하여 약탈을 일삼고 사람들을 납치하던 집단들을 의미한다.
고려시대에는 회유책과 함께 대마도의 왜구근거지를 공격하기도 하
였다. 고려사에는 1389년 창왕 1년에 있은 고려의 1차 대마도정벌
에 대한 기사가 기록되어 있다.

---

28 이훈, 「대마도, 역사를 따라 걷다」(서울: 역사공간, 2005), p.84.

"전함 100척을 가지고 대마도를 공격하여 왜군의 선박 300척과 그 근방 해안의 건물들을 불살라버렸다. 원사 김종행, 최칠석, 박자안 등이 뒤따라 왔으므로 그들과 함께 붙잡혀갔던 우리 사람 남녀 100여 명을 찾아 데려왔다."[29]

왜구의 폐해는 고려 말에 심각하였고 조선건국 이후에도 시급히 해결해야 할 문제로 다루어졌다. 이성계는 위화도회군 이후 조선을 건국하였고, 명과의 불편했던 관계를 개선하면서 안정이 되자 대마도를 정벌하게 되었다. 고려 말부터 지속되어온 왜구의 침입으로 조선연안은 침입과 약탈이 일어나고 있었다. 조선은 일본에 사신을 파견하여 왜구의 통제를 요청하는 한편 각 연안의 방어를 철저히 하도록 하였다. 1393년 태조 2년에 왜구들이 침입하자 태조는 이에 대응하여 도평의사사都評議使司에서 왜구를 공격할 것을 논의하도록 하였다. 1396년 태조 5년에는 현재의 태국인 섬라곡국暹羅斛國에 외교사절단들이 전라도 나주에서 왜구의 습격을 받아 모두 죽고 수행하던 이자영李子瑛만이 사로잡힌 후 일본으로 끌려갔다가 돌아왔다태조실록(太祖實錄) 권10, 태조 5년 7월 11일(병인(丙寅)). 이에 태조는 삼남지방의 해안방어를 더욱 굳건히 하였으나 왜구는 120척이라는 대병단을 이끌고 동래, 기장, 동평성, 영해성, 평해성, 울진을 함락하고 노략질을 하였다. 태조는 이와 같이 계속된 왜구의 침입에 대응하여 같은 해 12월에 대마도를 정벌하여 왜구의 본거지를 공격하였다.[30]

1401년인 태종 1년에 명으로부터 조선왕으로 책봉을 받고, 뒤이어서 일본도 일본국왕원도의라는 칭호를 받게 되었는데 이것은 명 중심의 국제질서 속에서 조선과 일본이 포섭되는 것을 의미한다. 이 과정에서 일본과 조선은 자연스럽게 교류가 활발해졌다. 명과 달리 조

29 「고려사(高麗史)」 권116, 열전29 박위(朴葳)전(傳).
30 「태조실록」, 권11 태조 5년 8월 9일(갑오), 8월 23일(무신).

선과는 무역의 횟수에 제한이 없었고 이로 인해 더욱 많은 이득이 있었기에 일본은 조선과의 우호적 관계를 형성하려고 조선인 포로를 돌려보내고 토산물을 바치는 등 다양한 노력을 하였다. 그러나 1419 년인 세종 1년에 왜구들이 조선의 도두음곶[31]과 연평곶에 침입하는 일이 벌어졌다.[32] 왜구들은 병사들을 죽이고 병선을 불태웠으며 민가를 약탈하였다. 그러는 한편으로 양식을 요청하였는데 조선은 이에 양식을 제공하였음에도 왜구들은 인질을 붙잡고 위협하며 더욱 많은 양식을 요구하였다. 상왕上王 태종은 이에 대마도정벌을 지시하게 된다.

6월 8일 경상, 전라, 충청도의 병선 2백 척과 17,285명의 정벌 군을 견내량見乃梁에 모이도록 하였다. 그런 다음 일본과의 관계가 악화되지 않도록 당시 왜구에게 보다 큰 영향을 미치던 구주절도사九州 節度使에게 사신을 보내어 대마도정벌의 사실을 알리게 하였다. 대마도로 출발한 정벌군 중 선발대 10여 척이 먼저 도착한 이후에 대군이 뒤이어 대마도에 도착하였다. 이때 적선 129척을 탈취하고 1939호의 집을 불태우고 목을 벤 자가 114명, 생포한 자가 21명, 포로 중국인 남녀가 131명이었다. 당시 대마도 내에는 기근이 심하였고, 왜군은 급작스럽게 도주하면서 한두 말만의 양식을 가지고 도주하였기에 조선군은 장기간 포위로 아사할 것으로 예측하고 목책을 세워 장기간 머무를 것을 표시하였다.[33] 이종무李從茂는 배를 두지포豆知浦에 머무르게 하고 병력을 배에 대기한 채 매일 병력을 육지로 보내어 수색을 하였다. 그리하여 68호의 가옥과 15척의 적선을 불사르고 왜구 9명을 죽였다. 이때 구출한 중국인은 남녀 15명이었고 조선인은 8명이었다. 7월 3일 정벌군은 태풍을 경계하고 거제도로 병력을 거

31 「세종실록」 권4, 세종 1년 5월 7일(신해(辛亥)).
32 「세종실록」 권4, 세종 1년 5월 12일(병진(丙辰)).
33 「세종실록」 권4, 세종 1년 6월 20일(계사).

두고 돌아왔다.

몇 차례의 대마도정벌에도 왜구의 근절에는 한계가 있었다. 하지만 대마도정벌은 대마도 자체에 영향력을 증가시키는 성과를 보였다. 대마도정벌 후 종정성宗貞盛은 항복과 함께 조선의 영토에 귀속할 것을 요청하였다세종실록 권7, 세종 2년 윤1월 10일(己卯). 그러나 이듬 해에 대마도에 온 사절은 대마도의 경상도 예속은 확인되지 않았다고 부인하였고 조선은 그 필요성을 인식하지 못하고 대마도의 영토를 고집하지 않았다. 실제로 몇 차례에 걸친 조선의 대마도정벌은 전체 병력을 활용하지 않은 채 소극적으로 이루어졌다.

제 3 절 국난극복과 호국정신

1. 개 관

우리나라는 지정학적으로 대륙과 섬의 중간에 위치한 반도로 인하여 대륙과 해양세력의 틈바구니에서 수많은 외침을 받아왔다. 일제 식민사학자들은 이를 우리나라의 지정학적인 위치를 강조하면서 숙명론적으로 받아들일 것을 세뇌하였고, 우리 민족이 나약한 민족이기에 그러한 침입으로 어려움이 많았다고 하였다. 그러나 세계사적으로 어느 민족이 다른 나라의 침략을 받지 않고, 싸우지 않고 성장하였는가를 되물어 볼 때 식민사학자들의 주장은 전혀 근거가 없음을 알 수 있다. 오히려 우리나라는 오랜 역사 속에서 그만큼 많은 시간동안 다양한 침략과 방어의 과정을 통해 꿋꿋하게 자랑스러운 영토를 유지하고 단일민족의 국가를 유지하여 왔다. 이것은 세계사

적으로도 드문 일이다. 따라서 우리는 불굴의 항거정신과 난국상황
에서 전 국민이 힘을 모아 이겨나간 역사를 자랑스럽게 여겨야 할
것이다. 우리는 국난극복의 교훈 속에서 선조들의 호국정신을 배울
수 있다.

2. 수·당과의 투쟁

1) 을지문덕과 살수대첩

한나라의 멸망 후 수백년간 분열되어 있던 중국대륙은 589년
수나라가 중국을 통일하면서 고구려를 위협하게 되었다. 수나라의
양제는 부왕인 문제가 고구려를 정복하지 못하고 사망한 것에 대해
복수를 하고자 113만 3천8백 명의 대군을 동원하여 고구려를 침략
하였다. 출발에만 40여 일이 걸렸고 군대의 행렬은 960리에 걸쳤다
고 기록되어 있는데 이에 비해 고구려군의 병력은 단지 20만에 불
과하였다. 하지만 수문제의 공격은 별 성과를 거두지 못하였다. 이
에 수문제는 우중문, 우문술에게 별동대 30만 5천명을 주고 평양성
을 공격하도록 한다.[34] 고구려의 영양왕은 을지문덕을 보내어 적의
상황을 탐지하도록 하였다. 우중문은 수양제로부터 을지문덕을 생포
하라는 지령에 따라 사로잡으려 하였으나 위무사인 유사룡의 만류에
의해 돌려보내게 된다. 을지문덕이 압록강을 건널 즈음 우중문은 후
회를 하고 다시 오도록 하였으나 을지문덕은 응하지 않았다. 을지문
덕이 확인한바 군사들은 굶주리고 피곤하여서, 그들을 더욱 피곤하
게 하려고 하루에도 몇 차례씩 싸워서 지는 척 하면서 살수로 유인
하였다. 그런 다음 사전에 매복한 군사로 적의 퇴로를 막은 후 살수

---

34 이상원(1984), "乙支文德 연구,"「國語國文學」22호, pp.71-79.

_{현재의 청천강}의 상류에 막았던 강물을 터놓아 적을 섬멸하였다. 그리하
여 30만 5천명 중 살아 돌아간 자가 2,700명에 불과하였다. 이로 인
하여 수나라는 결국 멸망의 길에 들어서고 만다. 이와 함께 고구려
는 동아시아의 강력한 국가로서 위세를 더욱 떨치게 되었다.

2) 양만춘과 안시성 전투

수나라의 뒤를 이어 당나라가 건국되었다. 당태종은 세계정벌을
도모하였으나 처음에는 고구려의 강력한 세력을 알고 친선정책을 썼
다. 하지만 당나라의 야심을 알아차린 고구려는 연개소문의 지휘로
천리장성을 쌓고 당나라의 침입을 대비하였다. 642년에 연개소문은
영류왕과 충신들을 살해하였고 이에 당태종은 그 사실을 명분으로
삼아 수륙군 30만을 이끌고 평양으로 진격하였다. 이세적의 육로군
은 개모성을 함락하였고, 요하를 건너 당군은 열흘간 공격한 끝에
요동성과 이어서 백암성까지 함락시키게 되었다. 고구려 침략을 위
한 장벽으로서 안시성만 남겨놓은 상태에서 당태종은 맹렬한 공격을
펼쳤으나 양만춘 장군의 지휘 하에 안시성은 굳건히 대항하였다.[35]
당군은 안시성의 동남쪽에 흙을 쌓아 공격하였고, 이에 양만춘
도 대항하여 성내에서 토산을 쌓았다. 당군이 토산을 쌓기를 60여
일이 되어 뜻밖에 토산이 무너져 버리게 되었고, 안시성의 성벽 한
모퉁이를 치게 되었다. 이때 고구려군은 재빠르게 몰려나와 토산을
빼앗고 그 주위에 나무를 쌓아 불을 질러서 토산을 지키니 당군은
근접을 하지 못하게 되었다. 당태종은 이에 울분이 치밀어 토산수비
대장 부복애의 목을 베고 다시 맹렬한 공격을 감행하였다. 하지만
강인한 고구려군의 저항을 이겨낼 수는 없었다. 이 과정에서 당군의

---

35 남재철(2014), "安市城主의 姓名 '양만춘' 考證 1," 동아시아고대학 35(一), pp.
111-152.

식량은 바닥이 나게 되었고 설상가상으로 매서운 추위가 다가오게
되었다. 뿐만 아니라 당태종은 고구려군의 화살에 눈을 맞아 한쪽
눈을 실명까지 하게 되었다.[36] 부왕 고조와 함께 중국대륙을 누비며
당제국을 세웠던 당태종은 고구려의 일개 성주 앞에서 고개를 숙여
야만 하였다.

태종은 퇴군을 하면서 양만춘 장군에게 비단 1백필을 보내면서
그의 용기와 지략에 존경을 표하였고 이에 양만춘도 성벽 위에 커다
란 목책으로 인사말을 써서 당태종을 전송하였다. 양만춘은 관문 사
수의 신념으로 군인의 정신을 온전히 발휘하였고 이것은 고구려를
위기에서 구하는 중요한 힘이 되었다.

3. 몽고의 침입과 투쟁

1) 몽고의 침략과 대몽항쟁

13세기경 몽고평원에서 시작된 몽고는 주변국가를 정복하면서
역사상 가장 큰 영토를 가진 세계의 최강자로 군림하게 되었다. 몽
고는 거란을 토벌하고 이어서 고려에 대해 큰 은혜를 베푼 듯이 과
다한 공물을 요구하였다. 이 과정에서 1225년 고종 12년에 몽고의
사신 저고여가 고려를 방문하고 몽고로 가던 중에 압록강 부근에서
피살되는 사건이 발생하였다. 몽고는 이를 빌미로 하여 40년에 걸쳐
진행될 제1차 침입을 하게 된다.[37] 몽고장군 살리타이는 대군을 이
끌고 압록강을 건너 여러 성을 공격하였다. 그러나 귀주에서 박서의
저항으로 함락하지 못하자 이를 버려두고 남하하여 개경을 포위하였
다. 그리고 일부는 충주에까지 진격하게 된다.

36 장영주·고두심·권영운, 「세계전쟁사의 수수께끼」(서울: KBS Media, 2011), p.75.
37 이이화, 「한국사 이야기」(경기: 한길사, 2003), pp.131-142.

고려조정은 화친을 맺고 난국을 타개하고자 하였다. 하지만 몽고는 무리한 조공을 요구하였고, 이에 고려는 항전을 결정하고 1232년에 고종이 강화도로 도읍을 옮기고 몽고에 대항하였다. 몽고는 제2차 침입을 하였고 한강남쪽까지 침입하였으나 처인성에서 김윤후 장군에게 살리타이가 사살되면서 철군하였다. 1259년 고종 46년에 강화가 맺어질 때까지 몽고는 수차례에 걸쳐서 침입하였다. 이 상황에서 농민과 천민들은 자신의 목숨을 아끼지 않고 대항하였다. 1차 침입 시 충주성을 지킨 이들도 농민과 천민들이었고, 2차 침입에서 몽고장수 살리타이가 사살된 장소인 처인성도 천민들이 살던 부곡이라는 특수지역이었다.[38] 이처럼 백성들은 강화도로 도피한 특권층들이 안일 속에 자신만을 보호하려 한 데 비해 굶주림과 열악한 군비 속에서 몽고군과 싸웠던 것이다. 만약 지배계층이 백성들과 뜻을 함께 하여 대항하였더라면 당시의 상황에 비추어 몽고군의 격퇴는 전혀 불가능한 것만은 아니었다. 그러함에도 지배계층은 백성들의 신뢰를 상실하고 자신들의 특권만을 소중히 하여 백성들을 돌보지 않았던 것이고 이로 인하여 몽고에 굴복하는 불행한 결과를 낳게 되었다.

2) 삼별초의 항몽투쟁

고려왕과 문신들은 강화도에서 몽고군을 막고 있었으나 강화여론이 우세해지면서 출륙환도를 결정하게 되었다. 이것은 몽고에 대한 항복과 종속을 의미하는 것이었는데 무인정권의 무력장치이자 전위부대였던 삼별초는 이를 반대하였다. 원종은 강화도로 사람을 보내어 삼별초를 선무하였지만 삼별초는 전혀 응하지 않았다. 이에 원종은 삼별초의 해산을 명하고 명부를 압수하게 된다. 이에 삼별초는

38 주채혁, 「몽·려전쟁기의 살리타이와 홍복원」(서울: 혜안, 2009), p.82.

반정부, 반몽고를 내걸고 봉기하였다.[39] 배중손의 지휘 하에 삼별초
는 강화도와 육지 사이의 교통을 차단하고 왕족이었던 승화후 온을
왕으로 추대하기에 이른다. 그리고 관부를 새로 설치한 후에 관리를
임명하였다.

    이어서 삼별초는 항전에 유리하기 위해 근거지를 강화도에서 진
도로 옮기게 되었다. 거기서 용장성을 쌓고 궁전을 지어 도성의 위
용을 갖추고 결의를 다졌다. 당시 경상, 전라도의 세금인 곡식은 조
운성을 통하여 운송되었는데 진도의 삼별초로 인하여 차단되었다.
이리하여 고려정부는 정치적 뿐만 아니라 경제적으로도 어려움에 처
하게 되었다. 몽고는 일본정벌을 염두에 두고 먼저 고려군과 합세하
여 삼별초를 진압하려 하였다. 완강한 삼별초의 항전은 여몽연합군
의 총공세로 인하여 결국 무너지고 배중손은 연합군에게 죽게 되었
다.[40] 이후 김통정은 남은 무리를 이끌고 제주도로 이동하여 군사를 재
정비하고 해안에 제방을 쌓아 대비하였다. 그러나 연합군이 제주도를
공격하자 버티지 못하고 김통정은 그의 부하들과 자결을 하게 된다.
이리하여 삼별초의 항전은 1273년, 3년 만에 평정되었다. 삼별초의
항전은 고려무인의 강인한 자주정신을 나타내고 있다. 자주독립과 배
타의식은 이후 구한말과 일제시대로 이어져 호국정신으로 나타났다.

4. 임진왜란과 병자호란

1) 임진왜란과 의병의 활약

1592년 선조 25년에 일본의 풍신수길은 자신에게 반대하는 영

39 최지은(2009), "『고려사』와 교과서 서술 비교분석," 울산대학교 교육대학원 석사
   학위논문, p.47.
40 곽의진, 「전사의 길」(서울: 북치는마을, 2013), p.58.

주들의 군사력을 약화시키고, 시선을 돌리고자 20만의 대군을 보내어 조선을 침략하도록 하였다. 부산첨사 정발과 동래부사 송상현은 부산과 동래에서 왜군을 맞아 방어하였으나 실패하였고, 중앙에서는 신립을 도순변사로 임명하고 왜군을 막도록 하였다. 신립은 충주에서 배수진을 치고 항전하였으나 조총으로 무장한 왜군을 막지 못하였고, 왜군은 서울을 향해 북상을 하였다. 선조는 평양으로 천도를 결정하고 어두운 새벽에 융복을 갈아입고 말채찍을 들고 돈의문에 나섰다. 부산상륙 후 불과 20일만에 왜군은 서울을 점령하고 개성과 평양까지 함락하였다. 선조는 이에 압록강변의 의주까지 쫓겨나게 되었다. 백성들은 무력하게 도망가는 선조와 왜군의 침입에 충격을 받았으나 곧 민족의 의기와 저력이 모여져 의병들이 자발적으로 곳곳에서 일어서게 되었다. 경상도 의령에서는 곽재우가 마을의 장사 수십명을 모아 의병을 일으켰고, 합천에서는 정인홍이, 고령에서는 김면이, 전라도 광주에서는 김덕령이, 나주에서는 김천일이, 충청도 옥천에서는 조헌이, 경기도 수원에서 홍언수가, 강원도 금강산에서 사명대사가, 황해도 봉산에서 김만수가 담양에서는 고경명이, 평안도 묘향산에서는 서산대사가 의병과 승병을 일으켜 침입한 왜군에 대항하였다.[41]

육지의 패배와 반대로 해군에서는 이순신이 왜군에 연전연승의 쾌거를 올리고 있었다. 전라도좌수사 이순신은 거북선을 개량하여 왜군보다 우수한 화포를 설치하였고, 한산도에서는 와키자카가 거느린 70여 척의 왜군을 모두 수장시켰다. 이리하여 왜군은 수륙으로 협공하려던 작전을 실패하였고, 전라도 곡창을 왜군으로부터 지킬 수 있었다. 의병들과 수군의 활약이 진행되고 있을 무렵, 명에서는

---

41 이영석(2013), "壬辰戰爭時 義兵活動의 軍事史學的 硏究," 충남대학교 대학원 박사학위논문, p.34.

이여송을 장군으로 하여 원군을 보냈고, 평양을 탈환하였다.[42] 그리고 강화회담을 진행하였으나 지지부진하던 중 갑자기 풍신수길이 사망을 하게 되었다. 그러면서 왜군은 철수를 개시하면서 7년간에 걸친 왜란은 막을 내리게 된다.

일본군의 침입은 조선전기 사회를 해체하는 중요한 계기가 된다. 그리고 국방력의 중요성을 뼈저리게 느낀 사건이었다. 무력한 조정에 비해 국민들의 자주의식은 크게 고양되었다. 홍의장군 곽재우는 가산을 처분하여 무기를 모았고 동지들을 이끌고 왜적의 간담을 서늘하게 만들었다. 김천일은 병든 몸을 돌보지 않고 맏아들을 끌어안고 촉석루 아래에서 진주성을 지켰다. 조헌과 700의사는 칼이 부러지고 화살이 모두 떨어지자 맨손으로 왜적의 칼날과 총탄에 맞서다가 모두 죽음을 선택하였다. 고경명은 3부자가 모두 왜군에 대항하였고, 이외에도 이름없이 죽어간 수많은 의병들이 있었다. 누구의 지시나 강요가 없이, 내 손으로 조국을 지켜야 한다는 일념으로 일어선 민병대의 기록은 동서고금을 통해 쉽게 찾아보기 어려운 소중한 것이다. 이것은 그토록 오랜시간동안 수많은 외적의 침입에도 불구하고 살아남은 저력의 한 예가 된다.

2) 국정의 문란과 정묘호란

조선의 임진왜란 시기에 중국에서는 명의 세력에서 벗어난 여진족이 세력을 키워서 후금을 건국하였다. 태조 누르하치는 요하유역을 차지하기 위해 남으로 진출하였고, 명나라 변경요지인 무순과 청하를 점령하였다. 조선에서는 선조를 이어 즉위한 광해군이 내정과

42 김성한(2012), "임진왜란 420주년 기념연재: 시인과 사무라이2; 지레 겁먹은 明將(명장) 李如松(이여송)은 평양까지 후퇴 춥고 배고파진 왜군은 講和(강화)를 모색하다," 「한국논단」 278(-), pp.128-143.

외교에서 실리적인 운영을 하고 있었다. 광해군은 주자학적 사림정
치의 부국강병에 무력함을 깨닫고 새로운 인물들을 등용하여 정통
주자학자를 비판하도록 하였다. 그리고 무기를 수리하고 군사훈련을
강화하면서 국가수입을 확대하기 위해서 전답측량과 호적정리를 실
시하였다. 대외적으로도 대륙에서 왕조교체가 진행되는 것을 파악하
고 신중한 중립외교의 자세를 견지하였다. 실제로 명이 후금을 치기
위해 조선에 원병을 청하였을 때, 광해군은 강홍립에게 군사 1만을
주어 출정을 시켰으나 밀정을 내려 형세를 관망하도록 함으로써 후
금과의 충돌을 막도록 하였다.[43] 하지만 1623년에 인조반정이 일어
나면서 광해군이 폐위되었고, 서인이 집권하면서 친명배금정책이 분
명하게 되었다. 이어서 인조반정 후 서인들 사이에 논공행상으로 분
열이 일어나면서 2등공신이 된 이괄이 불만을 품고 난을 일으켜 한
양을 점령하였다. 그러나 곧 관군에 진압되었는데 그 잔당들이 후금
으로 도망하여 인조즉위의 부당함으로 호소하게 된다. 후금은 이를
구실로 3만의 군사를 보내어 조선을 공격하게 되는데 이것이 정묘
호란이다.[44] 후금의 주력군은 곽산, 안주, 평양, 황주를 순식간에 무
너뜨리고 황해도 평산까지 다다르게 되었다. 주선의 주력군은 개성
으로 물러서게 되고 동시에 인조는 강화도로 피신을 하게 된다. 결
국 조선의 조정은 강화를 청하여 후금과 형제의 맹약을 맺고 조공과
관무역을 하기로 하였다. 이러한 위기는 왜란 이후에도 위기의식을
느끼지 못하고 자기이익과 정권욕에 휩싸여 국가의 안위를 제대로
돌보지 못한 위정자들의 문제로 인한 것이었다. 왜란 후에라도 국력
을 키우고 군비를 정비하였다면 충분히 막을 수 있었던 것이다.

---

43 고윤수(2000), "光海君代 朝鮮의 遼東政策," 서강대학교 대학원 석사학위논문,
　　p.60.
44 정해은(2010), "정묘·병자호란 연구의 새로운 지평, 그리고 남아있는 문제, 「역사
　　와 현실」 통권 77호, pp.455 – 472.

3) 병자호란과 삼전도의 치욕

후금이 성장하면서 태종은 국호를 청으로 바꾸고 조선에도 사신을 보내어 형제관계를 군신관계로 변경하도록 강요하였다. 이에 조선은 반발하여 전국에 선정의 교서를 내리고 청에 대항하려 하였다. 1636년 청 태종은 직접 10만대군을 이끌고 조선을 침공하였다. 인조는 왕족의 일부를 강화도로 보내고 인조도 따라가려 하였으나 후금의 선봉대가 이미 홍제원에 이르러 양천강을 차단하자 수레를 돌려 남한산성으로 피신하였다. 이윽고 강화도가 함락되었고 왕자와 비빈이 포로로 잡혔다. 이에 조정에서는 척화론자와 주화론자의 격론이 벌어지게 되었다. 인조는 강화도 함락의 소식을 듣고 삼전도로 나아가 항복의 예를 올리게 된다. 의장행렬도 없는 채 인조는 시종 50명을 이끌고 청 태종에 항복을 하고 신하의 예를 취하였다.[45] 그리고 두 왕자는 인질로 잡혀가고 척화파 관리들을 비롯하여 수많은 백성들이 포로로 끌려가게 되었다. 청에 대한 종속관계는 이후 구한말 대한제국이 성립될 때까지 계속되게 된다.

여기서 세 가지 중요한 교훈을 우리는 얻을 수 있다. 하나는 국민적 화합이 있어야 외세의 침입에 대항할 수 있다는 것이고, 두 번째는 힘이 뒷받침 되지 않는 상태에서의 명분은 공허한 것이라는 점이다. 셋째, 그릇된 국제정세의 판단과 방위태세의 소홀은 나라의 존립을 위태롭게 할 정도로 위기에 빠뜨릴 수 있다는 점이다.

---

45 허태구(2009), "丙子胡亂의 정치·군사사적 연구," 서울대학교 대학원 박사학위논문, p.53.

제4절 민족의 시련과 교훈

1. 일제의 포악한 무단정치

　을사보호조약을 명분으로 대한제국을 멸망시키고 한반도를 식민
지로 만든 일제는 조선통감부를 조선총독부로 변경하면서 노골적인
식민지 체제를 만들어가기 시작하였다. 명칭부터 한반도 전체를 조
선이라는 지방명으로 부르게 하였고 조선은 일본헌법이 아니라 천황
의 대권으로 다스리게 하였다. 이것은 조선총독이 일본천황에게 직
속되는 것이었는데, 입법, 사법, 행정의 3권을 조선총독 일인이 모두
관할하게 된다는 것이었다. 이러한 막강한 권한은 일본이 조선에 대
해 가장 포악한 식민지통치를 가능하게 하도록 하였다. 가장 악명높
았던 제도 중 하나는 헌병경찰제도였다.[46] 즉, 조선의 치안을 경찰이
하는 것이 아니라 군인이 담당하게 하였다. 직제에서도 경무총장은
헌병사령관이 임명되었고, 각도의 경무부장은 각 지방의 헌병대장이
담당하도록 하였다. 이리하여 전국에 1,600개의 헌병경찰기관이 설
치되었고 이에 관련된 자만 2만이 넘는 병력이었다. 이들이 관여한
일들에는 첩보수집과 의병탄압을 포함하여 30여 종에 이르렀다.
　조선총독부의 무단정치의 잔학성은 태형에서 단적으로 드러난
다. 전근대적인 악형으로 꼽히는 태형은 경찰서장이나 헌병 분대장
이 재판소의 재판을 통하지 않고서도 임의로 가할 수 있었고 이로
인하여 태형은 극도로 남용되어 사소한 과오나 심지어 범법행위가

46 김정은(1998), "일제하 경찰조직과 조선인 통제정책," 숙명여자대학교 대학원 석
　사학위논문, p.61.

아님에도 예사로 사용되었다.[47]

문관인 지방관리나 소학교 교원들도 칼을 차고 근무를 하는 식으로 공포정치가 자행되었는데, 이의 명분을 얻고자 한국인으로 구성된 중추원을 총독 자문기관역할을 하도록 하였다. 하지만 중추원의 구성원은 한일합방에 찬성한 친일파로서 조선민중을 전혀 대변하지 못하였다.[48]

일제는 한일합방과 동시에 집회취체령을 발표하여 모든 정치, 사회단체들을 해산시켰다. 그리하여 애국계몽운동을 위해 조직되었던 대한협회, 서북학회, 국민협성회, 유생협회, 정우회뿐만 아니라 친일단체인 일진회와 합방찬성건의소까지 해체되었다. 그리고 언론에서도 총독부의 어용신문을 제외하고 모든 신문을 폐간하였다. 간행되는 서적에서도 검열과 취체를 엄격히 하여 1910년 한 해에만 255건의 발간처분명령이 내려졌다.

이러한 귀와 눈을 막고 민족의 정체성을 말살하며 폭력적인 강압, 무단통치에도 불구하고 민족의 저항을 막을 수는 없었다.

미국의 윌슨 대통령은 민족자결주의를 발표하여 한국의 독립운동을 더욱 고취시켰다.[49][50] 그리하여 미국의 거주교민들은 독립운동자금을 모금하고 중국에서는 신한청년당이 결성되었으며, 일본에서는 유학생들이 중심이 되어 조선독립청년단이 조직되었다. 그리하여 한국의 독립을 요구하는 2·8독립선언이 발표되었다. 해외의 이러한

47 안현신(1989), "1920年代 朝鮮總督府의 統治體制 研究," 숙명여자대학교 대학원 석사학위논문, p.38.
48 이방원(2004), "한말 정치변동과 중추원의 역할: 1894－1910," 이화여자대학교 대학원 박사학위논문, p.72.
49 권진영(2015), "민족자결주의의 활용 방식과 갈등 양상의 변천 과정," 서강대학교 일반대학원 석사학위논문, pp.34－41.
50 박현숙(2011), "윌슨의 민족 자결주의와 세계 평화," 「미국사연구」 33(－), pp. 149－190.

활발한 움직임들은 국내에서 대대적인 민족운동을 자극하는 계기가
되었다. 1918년 말부터 학생과 종교단체를 중심으로 하여 대대적인
독립운동이 준비되었고, 고종의 장례식인 3월 1일을 거사일로 정하
였다. 그리하여 민족대표 33인은 1919년 3월 1일에 태화관에 모여
독립선언서를 낭독하게 된다. 동일한 시간에 탑골공원에서는 학생들
과 시민들이 모여서 독립선언서를 낭독하고 대한독립만세를 외치면
서 가두시위에 들어가게 되었다. 순식간에 이 운동은 전국으로 확산
되어서 200만이 넘는 인원이 참가하였고 운동횟수는 1,500회를 상
회하게 되었다. 전국의 218개 군 중 211개 군이 이 운동에 참석하
였다.[51]

　그러나 자주정신을 발휘하되 배타적 감정으로 흐르지 말고 질서
를 존중하며 평화롭게 진행되던 이 운동은 잔악한 일제의 헌병경찰
과 군대에 의해 잔인하게 탄압을 당하게 된다. 박은식의『한국독립
운동지혈사』에는 당시 피해를 상세히 기록하고 있는데, 3월 1일에서
5월 말 사이에 피살된 사람의 수가 7,509명이고, 부상당한 사람은
15,961명, 체포된 사람이 46,948명이었다.[52] 그리고 파괴, 손상된 교
회가 47개소, 학교가 2동 민가가 715호에 다다랐다. 특히 수원인근
의 제암리에서는 모든 주민을 교회에 가두고 불을 질러 집단학살을
하고 마을을 불태웠다.[53] 일제의 역사를 통해 찾아볼 수 없는 잔악
한 탄압과정을 통해 3·1운동은 실패로 돌아갔으나 그 의의는 적지
않다. 우선 이 운동을 계기로 여러 갈래로 전개되었던 독립운동이
일원화되었다. 그리하여 상해에서 민주적인 공화정체에 기반한 대한

51 김지훈(2013), "3.1운동의 성격과 의의 재고찰," 서울대학교 대학원 석사학위논문,
　p.59.
52 박은식·김도형,「한국독립운동지혈사」(서울: 소명출판사, 2008), p.84.
53 이지영(2008), "제암리 학살사건의 전개와 성격," 충북대학교 대학원 석사학위논
　문, p.66.

민국 임시정부가 수립되어 국내외 독립운동의 중추로 활약하게 되었
다. 두 번째 3·1운동은 우리 민족의 독립의 염원을 세계각국에 알
릴 수 있었고, 세 번째 이 영향으로 중국의 5·4운동과 인도의 사탸
그라하Sa-tagraha운동에 영향을 주는 등 20세기 약소민족의 독립운동에
영향을 주게 되었다. 그리고 국내에서는 일제에게 무력으로 한민족
을 굴복시킬 수는 없다는 인식을 줌으로써 무력일변도의 식민통치
방법을 변경하도록 하였다.[54]

2. 임시정부와 광복전쟁

3·1운동 이후 1919년 4월에 중국 상해에서 대한민국 임시정부
가 수립되었다. 수립 시 신헌법이 제정, 공포되었고 대통령으로 이
승만이 추대되었다. 그리고 기관지로 독립신문이 발행되었는데 이와
함께 김규식을 전권대사로 파리강화회의에 파견하게 된다. 그리고
미국에 구미위원부를 설치하여 국제연맹이나 각종 국제회의에서 한
국의 독립문제를 다루도록 노력하였다.[55]

1937년이 되어 중일전쟁이 발발하였고 일제는 중국침략을 본격
화하였다. 이에 임시정부는 몇 차례에 걸쳐 위치를 이동하다가 1940
년에는 중경에 정착하게 되었다. 임시정부는 1941년에 각지의 무장
독립군을 모아 지청천을 총사령으로 하고 이범석을 참모장으로 하여
광복군을 창설하였다.[56] 광복군의 구성은 만주와 연해주에서 활약하
던 독립군과 일본군에서 탈출한 군인들, 각지의 독립운동청년들로

---

54 이기백, 「韓國史新論」(서울: 一潮閣, 1993), pp.326-328.
55 유기서(1993), "大韓民國 臨時政府 形成에 關한 史的 研究," 명지대학교 대학원
　　박사학위논문, p.34.
56 김병기(1995), "西間島 光復軍司令部의 成立과 活動," 단국대학교 대학원 석사학
　　위논문, p.49.

이루어졌다. 그리하여 광복군은 1941년에 임시정부가 대일, 대독 선전포고를 하면서 연합군과 함께 대일전쟁에 참여하게 된다. 그리하여 일부는 버마－인도전선에 파견되어 영국군과 연합작전을 전개하였다. 광복군은 국내 진격전을 위한 특수부대를 설치하여 미국군에 위탁교육을 받고 국내침투를 준비하게 된다.[57] 하지만 이 과정에서 갑작스럽게 광복을 맞음으로써 그 기회를 얻지 못하게 되었다. 해방 이후 우리정부의 법통은 임시정부를 통해 이어지게 되었으며, 해방 후 창군과정에서 광복군은 그 이념적 기반이 되었고 오늘날 국군의 정통성을 지지해주고 있다.

---

57 유준기(2005), "한국광복군의 창설과 그 활동,"「한국보훈논총」4(2), pp.169－191.

제 5 장

자랑스러운 대한민국

제1절 위대한 유산 대한민국

1. 경제원조 주는 나라

1) 세계 자본주의의 전개

한국의 경제는 1963년부터 고도성장의 과정을 시작하였다. 이것
은 같은 시기의 다른 나라들과 비교할 때에도 가장 빠른 성장이었으
나 1950년대 당시만 해도 미국을 포함한 세계의 대부분의 경제학자
들은 우리나라의 경제에 대해 비관적인 전망 일색이었다. 그 이유는
무엇보다 천연자원도 부족하고, 자본축적도 거의 이루어지지 못한데
다가 일제의 식민지 지배 하에서 수십년간 수탈을 당하였고, 이어서
6·25 전쟁이라는 고난을 겪은 지 얼마되지 않았기 때문이다. 뿐만

아니라 정치와 사회는 부정부패와 분열이 만연하여 어느 모로 보나
한국경제의 미래를 낙관한다는 것은 거의 불가능한 일이었다. 그렇
다면 이러한 상황에서 한국경제는 어떻게 세계 10위의 경제대국으
로 우뚝 설 수 있었는가? 그 원인은 무엇보다 우리 민족의 강인한
인내와 우수한 인적 자원들 그리고 국가독점자본의 형성기 하에 박
정희라는 인물의 지도력과 함께 5·16 이후 상명하달과 '불가능은 없
다'라는 군대시스템과 군대정신의 사회도입의 영향을 부인할 수 없다.[1]
군대시스템이 시민사회와 배타적 관계임은 이미 앞서 설명한 바 있다.
따라서 군대시스템의 사회로의 적용은 사회문화 전반에 다양한 문제를
낳은 것이 사실이다. 하지만 이와 함께 우리나라의 급속한 경제발전
에 명령과 복종의 군대정신이 중요한 역할을 한 것 또한 사실이다.[2]

하지만 한국의 내적인 이유와 함께 우리나라 경제의 놀라운 속
도의 빠른 발전의 원인분석에서 또 한 가지 간과할 수 없는 것은 당
시 제2차 세계대전 이후 급속히 변화하였던 세계적인 환경이다. 이
것에 대한 이해가 없이는 정확한 우리나라의 발전원인의 이해는 불
가능하다. 따라서 세계에서 가장 가난한 나라에서 이제 외국에 원조
를 주는 나라로의 발전을 이해하는 데 있어 세계경제환경의 변화를
먼저 다루고자 한다.

1962년 우리나라의 경제성장률은 2.1%에 불과하였다. 그런데

---

1 황성희(1993), "韓國 獨占資本 形成期의 國家의 役割," 이화여자대학교 대학원 석
사학위논문, p.51.
2 최광승(2010), "박정희는 어떻게 경부고속도로를 건설하였는가," 「정신문화연구」
33(4), pp.175－202. "경부고속도로 건설 과정에는 박정희의 업무추진 방식이 잘
나타나 있다. 박정희는 새로운 목표를 세워놓고 목표를 달성하는 것에 집중하였다.
특히 경제개발과 관련해서는 단계별 실행 목표를 설정하고, 실무적인 부분까지 직
접 기획, 추진하는 목표지향적인 리더십을 보이고 있다. 또한 그는 현장을 중시하
는 인물로, 주어진 목표를 기한 내에 달성하도록 '밀어붙이기(Big Push) 전략'을
구사하는 등 군인적 리더십의 특징도 잘 보여주고 있다."

이듬해인 1963년에는 갑자기 9.1%로 상승한 후에 1979년 박정희 대통령이 서거하기까지 연평균 9.2%의 성장을 보이게 된다. 1인당 국민소득에서도 1962년에는 단지 82달러에 불과하였는데 1987년에는 3,218달러로 증가하였다. 이것은 환율변동을 고려하고도 무려 6배나 실질소득이 증가한 것으로 세계에서 가장 빠른 발전속도였다.

그렇다면 이 시기에 세계경제는 어떠하였는가? 세계경제의 실질 총소득은 1962년에 9조 1,397억 달러에서 1987년에는 24조 6,865달러로 2.7배 증가하였다. 이 시기를 제2차 세계대전 이후부터인 1950년에서 2000년 사이로 비교해보면 세계경제는 무려 6.8배의 성장을 이룬 것으로 추산된다. 이것은 세계의 역사상 유례가 없는 일로서 단적인 예로 그전인 1900년에서 1950년까지의 동일한 기간에 세계경제의 실질성장은 2.7배에 불과하였다. 그렇다면 여기서 역사상 전례가 없는 세계경제의 급속한 발전의 원인에 대한 물음이 제기된다. 연구가들은 그 근본원인을 제3의 물결로 불리는 급속한 기술혁신에 돌린다. 즉, 새로운 소재와, 새로운 산업, 새로운 문명의 기기들이 속속 개발되면서, 특히 컴퓨터의 급속한 발달로 인하여 과거에는 상상도 못할 변혁들이 계속 이루어지고 있다. 기계화, 자동화, 정보화의 축은 대량생산과 함께 기업의 이윤을 증가시키고, 이어서 노동자들의 임금도 급속히 높아져갔다. 이로 인하여 자본주의 경제 체제를 위협하던 계급투쟁 이데올로기는 급속히 사그러들게 된다.

세계경제의 발달을 이룬 두번째 원인은 자유무역이다. 1950년에서 2000년 사이에 세계경제가 6.8배의 실질성장을 이룬 것에 비하여 같은 기간에 세계무역량은 이보다 훨씬 많은 20배가 증가하게 된다. 이것은 세계무역의 증가가 세계경제의 성장에 중요한 동력으로 작용하였음을 반증한다. 이러한 세계무역량의 급증의 기저에는 제2차 세계대전후 미국이 주축이 되어 진행한 자유무역체제가 있다.[3] 미국에서는 20세기 전반에 두 차례의 세계대전과 한 차례의 대공황의 원인을 세계경제 시스템의 불안정에서 찾았다. 이와 같은 반성에 근거하여 미국은 세계대전이 끝나자 국제통화기금IMF를 창설하였다.[4] IMF는 각국의 출자금으로 조성하여 공동기금을 마련하였고, 국제수지의 적자로 위기에 몰린 국가에게 국제통화를 융자해 주었다. 이어서 세계은행IBRD도 창설되어서 후진국에 경제개발 자금을 제공하였다.[5] 이와 함께 미국은 세계 23개국을 모아 1947년에 "관세 및 무역에 관한 일반협정GATT"이라는 국제협약을 성사시켰다.[6] 이것은 협약을 맺은 나라 사이에서는 상호간에 관세율을 인하하고, 무역에서 차별하지 않고, 수출입의 제한을 두지 않는 등 자유무역의 일반원칙이 그 핵심이었다. GATT초기에는 제2차 세계대전이 끝난 지 얼마되지 않았고 따라서 영국, 프랑스, 서독, 일본 등 주요국가들의 경제는 아직 성숙되기 전이었다. 세계대전으로 많은 피해가 복구되지 못한 상태였기 때문이다. 이 때문에 전쟁의 상흔이 본토에 없었던 미국은 이때 세계공업생산의 절반 이상을 차지하고 있었다. 재정에서도 미국 연방은행은 세계 각국 정부가 보유한 금의 무려 70%를 보유하고 있었다. 따라서 미국은 다른 나라들이 자국의 경제를 보호하고 국제수지를 맞추기 위해 수입허가제를 실시하고 달러사용을 제한하는 것과 같은 무역제한정책을 용인하였다. 뿐만 아니라 미국은 세계 각국에 총액 640억 달러의 원조를 제공하면서 각국이 자국의

---

3 허정애(1994), "A Study of the Shifting Patterns of U.S. Trade Policy in Relation to the WTO Regime," 경희대학교 대학원 석사학위논문, p.29.
4 이영구(1980), "國際通貨制度의 變遷과 改革에 관한 硏究," 한양대학교 대학원 석사학위논문, p.54.
5 국제경제연구원(1977), "世界銀行(IBRD) 그룹의 槪觀," 國際經濟硏究院, p.68.
6 윤지희(2007), "GATT/WTO체제가 세계무역에 미친 영향에 관한 연구," 숙명여자대학교 대학원 석사학위논문, p.67.

경제를 건설할 수 있도록 도왔다. 1958년까지 미국의 이러한 대외정
책은 지속되었다. 그러면서 세계각국은 전쟁의 피해를 복구하고 미
국과 자유무역을 할 수 있는 상태가 되었다. 그리하여 각국은 무역
제한정책을 폐지하게 되었다. 이와 함께 미국의 대외원조액도 크게
감소하게 된다. 1958년에는 서유럽의 6개 국가들이 모여서 유럽경
제공동체EEC를 창설하게 된다.[7] 이에 미국은 세계경제에 대한 패권을
유지할 목적으로 자유무역체제를 더욱 확대하게 된다. 그리하여
1964년에는 미국 케네디 대통령의 주도로 GATT 제7라운드인 다자
간협상이 시작되었다. 이 결과로 주요국가의 관세율은 이전보다 50%
이상 인하되게 되었고 동시에 세계무역은 더욱 급속한 성장세를 보
이게 되었다. 예를 들어 1952~1963년 기간동안 세계무역의 연평균
성장률은 7.4%였는데, GATT 제7차라운드 이후인 1964~1972년 기
간에는 11.6%로 높아졌다.

　　세계무역에서 주목할 만한 또 한 가지는 수출입내역과 교역구
조의 변화이다. 이전에는 세계무역에서 중요한 비중은 주로 농산물,
광산물, 연료였다. 선진국과 후진국으로 중심으로 한 무역체계는 선
진국의 후진국 지배의 관점이었다. 하지만 1960년대 이후로는 선진
국과 선진국 사이의 공산품무역이 큰 비중을 차지하게 된다. 이것
은 급속한 기술혁신에 의한 것이었다.[8] 이와 함께 과거 천연자원을
수출하던 후진국들은 세계무역량에서 점점 비중이 줄어들고 소외되
었다. 그러면서 선진국과 후진국 간의 경제규모는 점점 사이가 벌
어지기 시작하였다.

　　이와 함께 다른 한편으로 선진국이 후진국의 공산품을 수입하는

---

7 황차돌(2013), "'유럽'과 '영연방' 사이," 전북대학교 대학원 석사학위논문, p.45..
8 정혜진(2000), "슘페터 체계에서의 기술혁신론에 관한 연구," 연세대학교 경영대
　학원 석사학위논문, p.74.

현상이 나타나기 시작하였다. 그 이유는 선진국의 산업구조가 기술 발달과 함께 고도화되면서 노동집약적인 공산품 생산에 채산성이 맞지 않게된 것이었다. 이로 인하여 단순 노동집약적인 공산품의 공급을 후진국에 위임하게 되었다. 이러한 미국의 경제시스템의 전환으로 인한 수혜의 첫 대상은 1950년대의 일본이었다. 그러나 곧 일본도 1960년대에 들어서면서 산업구조가 고도화되면서 다른 후진국에 단순 노동집약적인 공산품의 생산을 개방하게 된다. 즉, 이 시기의 세계경제 발달과정에서 후진국이라 할지라도 의지와 능력이 있다면 그리고 자국의 풍부한 노동력을 이용할 수 있었다면 선진국에 공산품을 수출할 수 있었고, 이 조건을 최대한 활용하였던 나라가 바로 우리나라였다. 하지만 이러한 상황을 인지하기까지 박정희정부는 1961년 5월 출범 이후 3년간 시행착오를 겪어야 했다.

2) 경제기획원의 설립과 경제개발계획의 추진

박정희의 군사정부는 집권 두 달만인 1961년 7월 강력한 권한을 가진 경제기획원을 설립하였다.[9] "기아선상의 민생고를 해결하기 위해 자주적 국가경제재건에 전력을 집중"하겠다는 혁명공약처럼 군사정부는 경제개발 의지가 확고하였다. 경제기획원 장관은 부총리로 정부 내의 모든 경제부처를 통괄하였다. 경제기획원은 개발계획의 수립뿐만 아니라 정부예산의 편성권을 가졌고, 외자와 기술도입을 핵심기능에 포함시켰다. 뿐만 아니라 통계국을 내무부에서 분리하여 경제기획원 산하에 두었는데, 이것은 효율적인 개발계획을 수립하기 위해서는 정확한 통계작성이 필요조건이었기 때문이다. 그리고 경제기획원은 이외의 정책집행이나 인허가 등의 현업에서 일체분리됨으

---

9 정시구(2014), "박정희 대통령의 1960년대 경제개발에 대한 연구,"「한국지방자치 연구」16(3), pp.71-94.

로써 기업, 은행, 협회 등의 이해관계에서 자유롭게 되었다. 즉, 국가경제건설을 위한 장기적이고 종합적인 관점의 추구만이 할당된 것이었다. 1962년 1월 1일 경제기획원은 제1차 경제개발 5개년 계획을 발표하게 된다.[10] 이때 1966년까지 목표로 한 경제성장률은 7.1%였고 이를 위해 필요한 금액은 3,205억원이었다. 군사정부는 전력, 석탄, 농업, 정유, 시멘트, 비료, 종합제철, 조선, 종합기계, 화학섬유에 투자하여 자립경제를 달성하자는 청사진을 제시하였다. 이러한 목표는 일본의 10년 이내 국민소득을 2배로 올리겠다는 것에 자극을 받은 것이었다. 우리나라도 똑같이 10년 이내에 국민소득을 2배로 올리는 목표를 두고 경제성장률과 필요한 비용을 역산한 것이었다. 따라서 그 자금을 어떻게 조달할 것인지는 전혀 계획에 포함되지 못하였다. 군사정부의 1차개발계획서를 두고 당시 미국 전문가는 가난한 사람의 쇼핑리스트라고 비꼬았다. 군사정부는 투자자금을 마련하기 위한 일환으로 1962년 통화개혁을 실시하였으나 소득이 없었다. 이어 7월에는 민간기업이 외국차관을 도입할 때 정부가 지불보증을 해 주겠다는 차관에 대한 지불보증 법률을 제정하였다. 하지만 이것도 별 소득이 없었다. 목표로 한 5천만 달러의 차관 중 실제 성사된 것은 단지 600만 달러에 불과하였다. 그 전해인 1961년에 한국경제의 수출은 4,100만 달러였던 반면 수입은 3억1,600만 달러였고 차액은 미국의 원조로 충당하는 현실이었다. 따라서 한국에 가능성을 보고 차관을 빌려줄 나라는 찾기 어려웠던 것이다. 투자자금을 만들 한 가지 남은 방법은 수출을 통해 달러를 벌어들이는 것이었다.

---

10 성정(2013), "제1차 경제개발 5개년계획(1962-1966)의 수립과 추진," 건국대학교 대학원 석사학위논문, p.66.

3) 경공업에서 가능성이 보이다

군사정부의 1962년 수출계획은 6,090만 달러였으나 달성은 5,480
만 달러였다. 그런데 그 이듬해인 1963년에는 수출계획이 7,170만
달러였는데 실적치는 8,680만 달러가 되었다. 전해에 비해 1.6배가
증가한 양이었다. 그 주역은 공산품이었다. 한국의 전통적인 수출품
은 후진국의 전형적인 농수산물과 광산물의 1차 산업생산품이었다.
1962년의 수출액 중 이 둘이 전체수출액의 73%를 차지하였고 공산
품은 전체 수출액 7,170만 달러 중 단지 640만 달러로 10%에 미치
지도 못하였다.[11] 그런데 1963년의 공산품 수출은 처음 계획보다
4.4배나 많은 2,810만 달러나 되었던 것이다. 당시 공산품 수출의
주역은 철강재, 합판, 면포였다. 여기서 철강재는 아연도철판으로 양
철이었는데 주로 지붕이나 담장, 가재도구용이었다. 이것은 1950년
대 이승만 정부 하에서 재정투융자로 성장한 공업들이었다. 이러한
변화는 앞서 설명한 바와 같이 당시 세계경제가 새로운 시대로 진입
하면서 선진국에서 노동집약적인 공산품을 후진국으로 이전할 때였
고 한국은 기회를 포착한 것이었다. 특히 일본은 1964년에 도쿄올림
픽을 앞둔 상황에서 연간 10%의 고도성장 과정에 있었다. 그리하여
노동력이 부족해지고 임금수준이 올라가면서 노동집약적 경공업에서
자본, 기술집약적인 중화학공업제품으로 변화 중이었다. 일본의 경
공업은 해외로 이동하였다. 그리하여 1960~1970년의 10년동안 일
본수출액에서 경공업제품은 비중이 41%에서 21%로 감소하였다. 이
시기에 한국은 경공업제품이 32%에서 70%로 증가하게 된다.[12] 한일

---

11 박경미(1996), "한국의 제1차 경제개발5개년계획 수정과정에서 정부—기업 관계에
   관한 연구," 이화여자대학교 대학원 석사학위논문, pp.31 – 33.
12 정재영(1992), "韓國 産業化過程에 있어서 國家能力에 關한 硏究," 한양대학교 대
   학원 석사학위논문, p.58.

국교수립 전인 1963년에 이미 한국경제인협회는 산업조사단을 일본
에 파견하고 한국으로 이전할 경공업을 섭외하고 있었다. 그리고 재
일교포 기업가들도 징검다리가 되어 일본의 자본은 한국으로 들어오
게 되었다.

4) 기업가의 등장

1950년대 이승만은 독립국가의 위신을 중히 여겼는데, 경제적으
로도 미국의 간섭을 받지 않기 위해서 초긴축정책을 취하였다. 하지
만 4·19이후에 정권을 맡은 장면은 경제제일주의를 내걸고 시장논
리에 따라 경제정책을 집행할 것으로 표명하였다. 실제로 1961년 3
월 장면 총리의 집무실에는 총리와 주요 각료 그리고 주요 기업가들
이 모여서 비공식회동을 늦은 시간까지 진행하였다. 5·16 이후 기
업인과 정치인의 협력은 더욱 긴밀해졌다. 군사혁명에 의해 부정축
재로 처벌받은 기업인들이 모여서 한국경제인협회를 만들고 군사정
부의 경제개발과정에 협력하였다. 박정희정권은 주요경제정책을 경
제인과 함께 논의하였다. 기업가들은 군인출신 정치가들에게 무역의
중요성을 가르쳤다.

1963년 삼성의 이병철은 한국일보에 5회에 걸쳐 "우리가 잘사
는 길"이라는 글을 연재하였는데, 그 내용은 자연자원과 자본축적이
부족한 한국이 200년 전 영국의 과정을 동일하게 쫓아갈 수는 없다
는 것이었다. 대신 외국차관을 도입하여 대기업을 우선 육성한 후에
그 성과를 토대로 하여 중소기업과 농업을 발전시키는 하향식 경로
를 주장하였다. 그의 계산에 의하면 10년간 미국, 일본, 서유럽에서
21~23억 달러를 도입하여 1,000개 공장을 세우면, 50만명의 종업
원을 고용할 수 있고, 이것은 관련된 250만명의 가족을 부양하는 결

과를 낳는다. 이리하여 당시 1,500만이던 농촌인구의 3분의 1을 도시로 흡수함으로써 농업생산성도 높아지게 되어 10년 이내에 1인당 국민소득은 두 배가 될 수 있다. 이것은 국내외 누구도 제시한 바 없는 독창적인 것이었으나 당시의 우리나라 실정에서 현실성이 없다고 폄하될 수 있었다.

이병철은 동시에 정신문화의 변혁이 중요함을 역설하였다. 당시의 빈곤은 정치적 지도력과 인재가 부족하기 때문이며, 근원은 조선왕조 이래 사대주의, 쇄국주의 사색당쟁, 정신의 퇴영에 있다. 가난을 청렴으로 혼동하면서 명분만 중시하고, 부정부패와 시기모략이 만연하게 되었다는 것이다.[13]

5) 한일 국교정상화

세계적인 경제환경의 급변 속에서 일본의 경공업이 다른 후진국으로 이전되고 있는 시기에 한국의 기업가들은 일본과의 국교정상화가 시급함을 전달하였다. 서독의 뤼프케 대통령은 박정희 대통령을 만나 멀리 서독까지 와서 원조를 청하기보다는 가까이에 있는 일본과 협력하는 것이 좋다고 충고하였다. 1962년 11월 박정희는 김종필 중앙정보부 부장을 일본에 파견하여 일본 외상 오히라와 비밀협상을 진행시켰다.[14] 그리하여 청구권은 일본이 10년에 걸쳐 한국에 무상원조 3억달러와 공공차관 2억 달러를 제공하는 것으로 일괄타협하였다. 이와 함께 일본은 3억 달러의 상업차관을 주선하도록 하였다. 그리고 1952년에 그어진 이승만 라인은 철폐된다. 야당과 대학가는 1964년 이를 굴욕외교라고 하면서 반발하였고, 서울에서는

13 김진홍(2006), "湖巖 李秉喆의 人材觀 硏究," 고려대학교 대학원 박사학위논문, p.42.
14 김양숙(1989), "韓·日 國交正常化 成立에 關한 硏究," 이화여자대학교 대학원 석사학위논문, p.78.

4·19 이후 최대의 군중시위가 발생한다. 이에 박정희정권은 계엄령을 내려 진압하였다. 그리고 1965년 6월에 일본과 국교정상화를 위한 한일협정이 조인되고 8월에는 국회비준을 얻었다.

2. 발전 국가체제의 가동

박정희 정부는 미국정부의 요청 하에 베트남 파병을 결정하였다. 그리하여 1964년 9월 의무반 140명을 기점으로 1965년 3월에는 공병, 수송 등 비전투요원 2천명, 10월에는 육군과 해병대 1만명이 베트남으로 파병되었다. 1973년 철수할 때까지 약 5만명이 베트남에 상주하였다. 베트남 파병은 크게 두 가지 목적을 가지고 있었다. 첫 번째는 주한미군의 철수명분을 사전차단하려는 것이었고 두 번째는 경제적 목적에 있었다. 즉, 한국군의 모든 파병비용은 미국에서 부담하였으며, 미국은 베트남에서 시행하는 모든 건설, 구호물자와 용역을 한국에서 구매하기로 하였다. 이를 통해 한국은 1965년에서 1973년까지 베트남무역으로 약 2억 8,300만달러를 벌었으며, 베트남 파견 군인과 노무자의 임금과 기업의 수익은 7억 5천만 달러에 달하였다.[15]

1965년을 기점으로 하여 베트남파병과 한일협정조약은 한국의 수출주도형 개발전략에 우호적 상황이었다. 즉, 한국경제는 일본에서 원료와 중간재를 가져와 국내에서 가공하여 완제품으로 만들어 미국으로 수출하였다. 그리하여 제1차 개발계획은 연평균 7.8%로 목표초과 달성하였고 박정희 대통령은 1967년 무난하게 대통령으로 재선되었다. 박정희 대통령을 정점으로 하는 한국의 발전 국가체제

15 Hoang Nga, T.T(2014), "한·일 협정 및 베트남 파병이 한국의 산업화에 미친 영향," 한국외국어대학교 국제지역대학원 석사학위논문, p.81.

는 다음의 몇 가지 특징으로 요약될 수 있다. 첫째, 정부가 조성한 후 경제성장에 필요한 투자 자금을 전략적으로 배분하였다. 둘째, 자금배분의 기준으로 사후실적을 이용하여 낭비와 비효율을 최소화하였다. 셋째, 선진기술과 고급인력이 국가주도 하에 공급되었다. 넷째, 한국정부는 개발계획을 세우고 집행하는 데 탁월한 능력을 보였다. 여섯째, 박정희정부는 민, 관, 학이 모두 참여하는 정례회의를 열어서 정보를 공유하고 이를 경제발전에 최대한 효율적으로 활용하였다.

1) 기간산업의 확충

수출주도형 개발과 함께 정유, 비료, 석유화학, 제철과 같은 기간산업도 확충되었다. 그리하여 수출공업에 들어가는 원자재와 중간재를 국내산업에서 충당함으로써 부가가치를 극대화할 수 있었다. 1962년 박정희정부는 대한석유공사를 설립한 후 울산에 하루 3만 5천 배럴을 생산할 수 있는 정유공장을 세웠다. 그리고 이승만 시절의 제1, 2비료공장에 이어서 1963년에는 제3비료울산와 제4비료진해공장이 추가로 세워졌다. 1970년에는 석유화학공업육성법을 제정하여 외국산 제품의 수입을 금지하는 한편으로 투자자금을 지원하였다. 정부의 국내산업을 보호하기 위한 정책으로 1967년 60%에 달했던 무역자유화율은 1970년대 중반까지 오히려 낮아지게 되었다. 그리고 울산 석유화학공업단지는 1972년에 준공하여 에틸렌, 프로필렌 등의 기초제품에서부터 최종제품까지 일관생산할 수 있게 되었다. 이것은 당시 제1의 수출품이었던 의류의 원재료를 공급하기 위한 목적이 포함된 것이었다.[16]

1964년 서독을 방문한 박정희 대통령은 서독의 경제부흥과 그

---

16 박민혁(2000), "1960년대에서 1980년대까지의 한국의 경제발전전략 변화 연구," 연세대학교 대학원 석사학위논문, p.57.

것을 이끈 기간산업으로서 고속도로에 깊은 감명을 받았다. 그리하여 국내로 돌아와서 제2차 경제개발계획에 경부고속도로 건설을 포함시 켰다.[17] 건설비는 1969년 정부예산의 13%나 되는 429억원으로 추산 되었는데 야당의 유력 정치인은 경부고속도로가 한국경제를 일본에 예속시킬 뿐이라고 주장하였으며, IBRD에서도 경제적 타당성을 문 제제기하였다. 이런 반대에도 불구하고 경부고속도로는 1968년 2월 에 착공되어 1970년 7월에 완공되었다. 이리하여 전국 단일시장권 이 형성되면서 경부고속도로는 10여년간 화물수송이 16배나 급증하 였다.

한편 종합제철소의 필요성도 꾸준히 제기되었다. 고도성장에 따 라 그 수요가 증가하였으나 대부분을 일본에서 수입하고 있었기 때 문이다. 그러함에도 그간 투자자금이 없어서 진행을 하지 못하다가 1868년 4월 포항제철주식회사를 설립하고 포항에 공장부지를 정비 하게 되었다. 그리고 한일협정에 따라 도입될 청구권자금 일부를 종 합제철소의 건설자금으로 투입하려 일본정부에 동의를 구하였다. 일 본정부는 이에 동의하고 가술자문까지 제공하였다. 그리하여 1973년 6월에는 제선능력 103만 톤의 포항제철이 완공된다.[18] 이후 1981년 까지 850만 톤으로 제선능력이 확장되었고, 985년에는 전남광양에 또 하나의 제철소가 건립되어 1992년까지 1,140만 톤의 생산능력을 갖추게 되었다.

| 17 노용보(2012), "경부고속도로의 탄생," 전북대학교 대학원 석사학위논문, p.37.
| 18 정대훈(2011), "대일청구권자금의 도입과 포항제철의 건설," 한양대학교 대학원
    석자학위논문, p.59.

3. 중화학공업화와 국토 사회의 개발

1) 중화학공업화의 모험

1972년 10월 박정희는 10월유신이라는 정변을 감행하였고, 이어서 1973년 1월에는 '중화학공업화 선언'을 하였다. 10월유신의 배경에는 정치적인, 그리고 경제적인 배경의 두 가지가 있었다.[19] 정치적으로는 1969년 닉슨 대통령이 닉슨독트린을 발표하여 한국안보에 대해 위기의식이 온 것이며, 경제적으로는 1972년을 전후하여 노동집약적 경공업만으로 수출의 고도성장이 제한됨을 알게 된 것이다. 그 당시 우리나라의 주력수출품은 의류, 합판, 양철, 전기제품, 신발, 가발, 완구 등이었고 대부분 보세가공으로 중간재와 부품을 수입하여 가공한 후 곧 수출하는 것이었다. 이러한 저수익 노동집약적 제품으로 한국은 1971년에 10억 달러 고지를 넘었으나 새로운 동력이 불분명하였다. 1972년 박정희 대통령은 수출진흥확대회의 후 청와대 집무실에서 오원철 비서관에게 100억 달러 달성방안을 물었다. 오원철은 일본의 예를 들며 1956년부터 중화학공업화로 발전을 이루었다고 답하였다. 박정희는 그에 관한 계획서를 작성, 보고하도록 하고 이로부터 중화학공업화가 출발하게 된다. 하지만 야당은 해외수출이 아니라 농업과 중소기업을 발전시키고 국내시장을 무대로 하는 대중경제론을 주장하였다. 이러한 야당의 방향은 자주국방과 100억 달러 고지를 구상하던 박정희에게는 무책임하게만 보였다. 만약 정권이 교체되면 개발정책기조가 근본적으로 달라지고 지난 10년간 힘들게 이룬 고도성장의 구조가 해체될 수도 있었다. 이에 박정희는

19 오승철(2015), "박정희의 시대인식 변화와 개발정책: 「국가와 혁명과 나」, 「민족의 저력」, 「민족중흥의 길」 비교·분석을 중심으로," 동아대학교 대학원 석사학위 논문, p.60.

10월유신 정변을 감행하고 1973년 6월에 철강, 비철금속, 기계, 조
선, 전자, 화학공업을 6대 전략업종으로 선정한 후 88억 달러의 자
금을 차후 8년간 투자하겠다고 제시한다. 그럼으로써 1981년까지
전체 공업에서 중화학공업의 비중을 51%까지 높이게 되며 동시에 1
인당 국민소득은 1,000달러, 그리고 수출은 100억 달러를 달성하겠
다는 것이었다.

　　IMF, IBRD 그리고 경제기획원조차 처음에는 이 계획이 무모하
다고 생각하였다. 하지만 당시의 경제는 단기분석에 익숙한 경제학
자들에게는 예측이 불가능하게 급격히 변화하던 시기였다. 그 근본
동력은 급격한 기술혁신이었는데, 이로 인하여 선진국이라 할지라도
철강, 조선 등의 전통공업에서조차 비교우위를 절대적으로 담보할
수는 없었다. 이러한 상황에서 박정희의 중화학공업화는 비교우위가
기술발전으로 인하여 지극히 유동적이던 시기에 과감하게 뛰어든 결
과를 낳았다. 그리하여 그 모험적인 투자는 결국 성공하게 된다. 역
사적으로 기술발전이 급격하게 진전되면서 몇 년 사이에 선진국과
후진국 사이에는 급격한 간격이 벌어지게 되는데, 만약 한국이 몇
년만 늦었더라면 후진국의 나락으로 떨어질 수도 있었던 것이었다.
즉, 박정희는 세계경제의 열차에 마지막 칸에 한국인을 올려 태웠
다. 중화학공업화는 우수 민간기업을 중심으로 진행되었고, 필요한
양질의 인적 자원을 공급하기 위해서 정부는 1972년에서 1981년까
지 100만 명의 기능공을 양성하였다.[20][21] 19개 학교를 기계공고로
지정하고 학생들의 50% 이상을 학비가 면제되도록 하였다. 그리고
재학 중 정밀기공사 2급 자격을 취득하면 연간 10만원의 장학금을

20 강기원(2000), "한국의 중화학공업화 박정희의 제2혁명," 「경영연구」 9(1), pp.
　31－56.
21 문상석(2015), "1970년대 중화학공업화 정책 수립을 통해본 국가와 관료의 성장
　과 한계," 「사회과학연구」 28(1), pp.63－96.

지급하였고, 생활이 어려운 학생들에게는 기숙사가 제공되었다. 그리고 졸업 후 이들은 중화학공업을 담당한 대기업에 선발되었다.

2) 고도성장의 지속과 중동건설의 붐

중화학공업화는 조기에 성공의 열매를 보였다. 1973년 현대조선공업이 설립되었다.[22] 정주영은 런던 금융시장에 가서 영국자본을 유치하여 조선소를 지었다. 처음에는 영국 조선공업의 설계도와 숙련공을 영입하였으나 철판을 하나씩 용접하는 낡은 기술로 경쟁력이 상실되어 있음을 간파하고 이어 덴마크로부터 도크에서 블록을 조립하는 건조방식을 도입하였다. 그리하여 현대조선의 초대 사장은 덴마크인이 되었는데 설계도와 건조기술이 어긋나 문제가 발생하게 되었다. 현대조선은 일본의 가와사키 중공업에 도움을 요청하였는데 가와사키 측은 당시 일본 조선공업이 세계 최고로 주문을 감당할 수 없어서 하청공장을 염두에 두고 한국의 현대조선을 지원하였다. 현대조선의 경영자와 기술자는 이 기회를 살려서 자신만의 설계도와 건조능력을 개발하여 1975년 홍콩유조선의 건조가 끝날 무렵에는 현대조선 고유의 모델로 조선능력을 확보하게 된다. 이것은 불과 3년만의 일로 이것은 '현대정신,' '뛰어난 국제감각과 임기응변을 토대로 한 실행력 있는 경영,' '인재조달력'의 세 가지가 중요한 동력이었다. 그러나 이와 같은 상황은 동시대 중화학공업화에 참여한 대기업들에서 공통적인 모습이었다. 박정희 대통령이 구축한 발전국가체제의 각 부서를 대기업의 최고경영자들이 하나씩 맡았던 것이다. 이들은 '조국근대화'라는 이념과 개발정책을 공유하였고, 이것은 최고경영자에게 근면, 의지, 능력의 미덕을 발휘하게 하였다. 수많은 기

---

22 최영진(2015), "한국 중화학 공업화의 지리─정치경제학적 연구: 현대조선과 창원 공단을 사례로," 서울대학교 대학원 박사학위논문, p.50.

술자와 숙련공은 외국의 선진기술을 도입하고 학습하고 개량하는 데 최선을 다하였다. 중화학공업화로 연간 경제성장률은 오일쇼크가 발생한 1975년과 1975년을 제외하고 1978년까지 10.1~12.6%의 높은 수준을 유지하였다. 그리하여 1973~1978년 기간동안 제조업의 성장률은 20%에 육박하게 된다. 단적인 예로 1979년 공산품 수출액 중 중화학제품의 비율은 48%였으며, 전체 공산품 중에서 중화학제품은 54%에 달하였다. 그리고 수출 100억 달러도 원래 계획보다 4년 앞당겨 1977년에 달성하였고, 1인당 국민소득도 같은 해에 1,011달러였다.

1973년 오일쇼크가 일어나면서 국제 석유가격이 4배 이상 급등하게 되는데, 이것은 중화학공업화를 시작하던 한국경제에 위기를 가져다 준다. 하지만 이때 중동에 오일머니가 쌓이면서 건설붐이 일어나게 되었다.[23] 이에 베트남에 진출해 있던 한국의 건설회사들은 베트남전 종식과 함께 중동으로 무대를 옮기게 된다. 놀라운 근면성과 인내력을 가진 한국의 경영자와 노동자들은 뜨거운 열사의 고된 노동을 이겨내고 '조국근대화'의 이념을 공유하였다. 그리하여 1975~1979년 중동건설을 통해 한국경제는 총 205억 달러의 외환을 벌어들이게 되었다.[24] 이것은 같은 시기의 총 수출액의 40%에 달하는 금액이었다.

3) 대기업 집단의 성장

정부의 지원을 배경으로 하여 주요 대기업은 고도성장이라는 유리한 환경 속에서 급속히 성장하게 되었다. 1950~1960년대 재벌은 정부 귀속재산과 원조물자를 민간에 불하하는 과정에서 특혜를 받아

---

23 박강식(2009), "한국 해외건설의 성장과 발전," 「국제지역연구」 13(2), pp.325-344.
24 남춘일(1978), "韓國의 對中東建設輸出에 關한 研究," 성균관대학교 대학원 석사학위논문, p.46.

성장하였으나, 이후 시장과 산업환경의 변화와 함께 대부분 도태되었다. 그리하여 1960년대 10대 재벌 중 1972년까지 유지된 재벌은 단지 4개에 불과하였다. 한국의 대기업은 재벌로 불리며, 그 정의는 "외형적으로는 독립해 있으나 실질적으로는 1인 또는 그 가족에 의해 자본, 인사, 경영전략 등이 지배되는 다수 독과점 기업들의 집단"으로 요약될 수 있다. 기업집단의 성립과정에는 시장불완전설과 자원, 능력공유설의 두 가지가 대표적이다. 시장불완전설이란 시장이 투자자금과 고급인력의 공급을 충분히 하지 못할 때 이를 보완하는 조직으로 기업집단이 발생한다는 것이다. 특히 후진국에서는 자본축적이 빈약하여 자본투자가 쉽지 않은데 기업집단은 상호출자를 활용하여 자본을 극대로 활용하는 금융기법을 구사하게 된다.[25] 그리고 고급인력이 공급되지 못할 때 기업 내에서 우수한 실적을 보이는 사원이 발탁되어 새로운 과제나 사업을 맡게 된다.

자원, 능력공유설은 기업은 혁신을 행하는 인적 조직으로서 다양한 무형의 자원을 가지게 된다. 1970년대 현대건설의 조선사업부에서 1973년 현대조선이 출발하게 된다. 토목공사에서 훈련을 받은 경험많은 인재들이 조선이라는 상이한 영역에서도 능력을 발휘할 수 있었다. 대기업의 사업다각화과정은 이러한 인적 자원들이 대기업에 내포되어 있기 때문에 가능한 것이다. 1980년대까지 대기업집단의 다각화전략은 수익성을 제고하였다. 그리하여 1990년대에 이르러 대기업은 무분별한 사업확장을 진행함으로써 수익성이 낮아지고, 1997년의 경제위기를 초래하게 되었다는 주장이 있다.[26] 1990년대 이후 박정희의 발전국가체제는 서서히 해체되어 갔다. 그리하여 시장경제

25 곽의재(1998), "한국 기업의 자율성 변화 연구," 연세대학교 대학원 석사학위논문, p.27.
26 어운선(1999), "한국경제발전모형의 위기와 재벌체제," 연세대학교 대학원 박사학위논문, p.81.

의 수준이 미숙한 상황에서 대기업집단의 문제가 심각해져갔다.[27][28]

4) 국토의 개발

해방과 6·25 전쟁 후 북한으로부터 석탄의 공급이 끊기면서 남한의 산림은 급속히 황폐화되었다. 5·16 이후 군사정부는 도벌을 5대 사회악의 하나로 규정하고 엄격한 단속을 시작하였다. 관련 법률이 1961년 제정되어 임산물 단속에 근거하여 벌채하거나 반출한 자를 3년 징역에 처하게 되었다. 이와 함께 제1차, 제2차 치산녹화사업과 함께 인공조림과 산림녹화를 주요 정책에 포함하였다.

1960년대 녹화사업은 모래가 흘러내리는 것을 방지하는 사방砂防과 땔감으로 사용할 수 있는 연료림 조성에 중심을 두었다. 1960년대에 50만ha의 황폐지에서 사방사업이 진행되었고 조성된 연료림은 80만ha였다. 1973년 이후 두 차례에 걸친 치산녹화계획을 통해 본격적인 산림녹화가 이루어졌다.[29][30] 제1차 치산녹화 10개년계획은 1982년까지 100만ha에서 조림을 목표로 하였고, 주무관청인 산림청은 농림부의 외청에서 내무부 산하로 이관되었다. 이유는 내무부가 새마을운동의 주무관청이었기 때문이었다. 국민의 적극적인 참여로 제1차 치산녹화는 원래 계획보다 4년을 앞당겨서 목표를 완수하였다. 그리하여 1979년에 제2차 치산녹화가 시작되었고 이도 1987년에 성공적으로 완수되었다. 이와 함께 전국의 헐벗은 산은 급속도로 푸르러갔다. 치산녹화와 함께 국토종합개발계획이 수립되었다. 1972~1981년의

---

27 이지형(1994), "한국 재벌과 경제력집중 문제점과 완화 방안," 단국대학교 경영대학원 석사학위논문, p.50.
28 허은하(2001), "재벌정책과 재벌행태," 전남대학교 대학원 석사학위논문, p.67.
29 박용구(2010), "산림녹화와 박정희(朴正熙) 전 대통령,"「숲과 문화」 19(3), pp.37－40.
30 문만용(2010), "이중의 녹색혁명,"「전북사학」 36(－), pp.155－184.

이 기간 동안 전국의 하천을 체계적으로 관리하여 수자원을 안정적으로 확보하는 것이었다. 그리하여 국토면적의 64%, 경지면적으로 54%를 차지하였던 한강, 낙동강, 금강, 영산강의 4대강 유역은 산림녹화, 다목적댐, 하구언건설, 관개시설개선 등을 통해 그동안 매년 반복되던 가뭄과 홍수의 피해를 근본적으로 제거하게 된다. 이것은 곧 식량의 증산과 생활용수, 공업용수 확보도 가능하게 하였다.

5) 새마을운동의 전개

과거 한국의 농촌은 조선시대의 신분제의 잔재와 씨족 간의 갈등으로 인하여 외면적인 통념과 달리 잘 단합이 되지 않았다. 그리하여 같은 마을의 협동질서는 농번기 품앗이 정도로 매우 낮은 수준에 머물러 있었다. 1972년 정부에서 조사한 전국 3만 4,665개 마을 중 리더십과 공유재산을 보유한 자립마을은 단지 6.7%인 2,307개에 불과하였다. 1971년 박정희 대통령은 새마을운동의 추진을 천명하고 전국 3만 3,267개 마을에 시멘트 335부대씩을 보냈다.[31] 그리고 그 용도로 10개 사업을 예시하고 그 사용은 마을의 자율에 맡겼다. 그 결과 마을마다 사용이 달라서 긴요한 공동시설이나 마을 개천다리를 건설하는 곳이 있었던가 하면, 방치한 채 시멘트가 굳어버린 경우도 있었다. 정부는 이해 실적이 나쁜 절반을 제외하고 양호하였던 1만 6,600개 마을을 선별하여 시멘트 500부대와 철근 1톤을 내려보내어 마을의 환경구조개선에 쓰도록 하였다. 정부의 차별적 지원은 사회적으로 마을 위신을 차별함으로써 주민들의 단결을 분발시켰다. 그리하여 마을마다 개발위원회가 조직되어 새마을운동을 추진하게 되었다. 정부는 1973년 일정한 기준을 설정한 후 마을에 등급을 매겨

---

31 Tsatsralt, A.(2011), "박정희 정권과 농민의 연계성," 성균관대학교 일반대학원 석사학위논문, p.63.

서 자발적인 경쟁체제를 만들었다. 예를 들어 자립마을이 되기 위해서는 간선도로가 마을에 닦여 있어야 하고, 80% 이상의 지붕과 담장이 개량되어 있어야 하며, 농경지 수리율은 85% 이상이어야 했다. 그리고 회관, 창고, 작업장 등 공동기설을 2건 이상 구비, 마을기금은 100만원 이상 조성, 농외소득사업을 통해 호당 소득이 140만원 이상이어야 했다. 등급부여와 승급기준의 제시로 새마을운동은 전국 각지로 불길처럼 일어나게 되었다. 한국인들이 명예, 사회적 지위나 정치적 위신이 얼마나 한국인을 단결시킬 수 있는지를 명확히 보여주었다. 그리하여 1970년에 전체 마을의 단지 20%만이 전기가 들어왔는데 1978년에는 98%가 되었다. 그리고 1971년 도시근로자소득의 단지 79%에 머물렀던 농가소득은 1982년에 오히려 103%로 도시근로자 소득을 상회하게 되었다.

4. 중진경제로의 진입

1) 구조조정과 산업연관의 심화

1979년 10월 박정희 대통령의 서거 후, 정치적 혼란과 함께 경제는 심각한 불황에 빠지게 되어 1980년 경제성장률은 처음으로 마이너스를 기록하였다. 1981년 전두환정부가 들어서면서 중화학공업화 추진기획위원회를 해체하면서 시장경제 논리에 따른 경제자율화를 추진하였다. 중복되어 수익성이 낮아진 중화학공업은 기업합병과 흡수를 하도록 하였다. 사양사업은 퇴출하도록 하고 유망산업은 첨단기술개발과 지원을 강화하였다. 이 과정에서 정부주도의 금융배분 비중은 1970년의 44% 수준에서 1985년에는 71%로 증가하게 된다. 그리하여 1981년에는 현대, 기아, 대우, 삼성 등 자동차관련 회사

간에 전문화가 이루어지고, 1985년에는 연간 30만대의 현대자동차 공장이 완공되었고, 1986년에는 현대자동차가 미국에 포니엑셀을 처음 수출하게 된다.

1982년 전두환정부는 중소기업기본법을 제정하여 금융기관이 일정 비율을 의무적으로 중소기업에 대해 금융지원을 하도록 하였다. 그리고 계열화촉진법을 만들어 대기업과 중소기업 간 계열, 하청관계를 장려하였다. 이 과정에서 종업원 300명 미만의 중소제조업체가 크게 발전하게 된다.[32] 1979년 중소제조업체의 수는 2만8천개였으나 1987년에는 4만8천개, 1995년에는 7만8천개로 증가하였다. 그리고 대기업과 계열관계를 맺은 중소기업비율은 1979년 25%, 1987년 48%, 1995년 57%가 되었다. 이 과정에서 한국경제 구조는 국내에서 중간재와 부품을 생산하여 조달할 수 있는 자립구조로 전환된다. 그리고 노동집약적 경공업의 수출가공업 중심이던 대기업은 자본, 기술 집약적 중공업의 대기업으로 변환하게 된다. 이것은 대기업과 중소기업의 생산, 부품, 기술, 디자인의 상호의존에 근거한 산업연관의 심화를 의미하였다. 그리하여 1980년 후반에 가서는 대기업은 중화학공업을, 중소기업군이 그 계열과 하청의 상호협력구조가 완성되었다.

2) 무역수지의 흑자로의 전환

한국의 경제는 정부의 구조조정과 합리화 정책에 힘을 얻어 1980년의 마이너스 성장에서 1981~1982년에 6~8%의 성장률을 회복하며 1986년부터 1988년까지 대호황을 누렸다. 이러한 호황은 국제시장에서 저달러, 저유가, 저금리의 3저현상이 호재로 작용했기 때문이다. 엔화의 시세가 낮아짐으로 인해 국제 시장에서 일본제품

32 박진근(2009), "한국 역대정권의 주요 경제정책,"「한국경제연구원 정책연구」 2009(6), pp.1-501.

과 경쟁하던 한국제품에 경쟁력이 생겼다. 그리고 유가의 하락으로 인해 석유의 수입대금이 절약되고, 석유를 중간재로 투입하는 공업제품의 경쟁력이 높아졌다. 국제 금리가 낮아짐으로 인해 거액의 외채가 있던 한국의 원리금 상환 부담이 줄어들었다.

1876년 조선의 개항 이후 110년간 한국경제는 무역수지의 적자가 지속되었다. 그리고 국내의 저축률도 낮아 투자를 하기 위한 돈도 부족하였다. 이러한 이유로 원조, 차관, 직접투자의 형태로 외국자본을 유치할 수밖에 없었다. 그런데 3저 호황으로 1986~1988년 한국의 무역수지가 흑자로 돌아섰으며 투자자금의 자급을 보게 되었다. 즉, 한국경제는 자립경제를 성취하였으며 국제적으로 신흥공업국으로 불리는 중진국의 대열에 합류하였다.

이 같은 경제적 성취에는 정치적 희생이 따랐다. 전두환정부 시절 노동운동은 경제안정이라는 명분 아래에 탄압되었다. 노동자의 파업은 강제 해산되었으며, 노동조합의 지도자들은 불법으로 연행되었다. 이렇게 노동운동이 정부에 의해 탄압을 받자 기업의 노사관계는 기업가가 노동자 위에 군림하는 후진적 형태에 머물렀다.

3) 삶의 질의 개선과 중산층의 성립

한국인의 삶의 질은 한 세대에 걸친 고도성장으로 인해 크게 개선되었다. 1961~1987년 전체 인구가 2,576만 명에서 4,162만 명으로 급증하였다. 그럼에도 지속적인 고도성장 덕분에 1인당 국민소득은 1961년의 82달러에서 1987년 3,218달러로 증가하였다. 1인당 1일 섭취 열량은 1962년의 1,943kcal에서 1987년의 2,810kcal로 늘었다. 그 결과 17세 고등학생의 평균신장이 1965년 163.7cm에서 1987년 169.5cm로 커졌다. 국민의 건강상태가 좋아지자 평균수명도

1960년 52.4세에서 1987년 70세로 길어졌다. 이로써 한국인은 기아와 질병의 굴레에서 해방되었다.

주택용 전화는 1962년만 해도 일부 상류층에만 보급이 되었으나 1987년에는 거의 대부분의 가정에 설치되었다. 그리고 1960년대 초반만 해도 냉장고 · 피아노 · 자가용은 최상류층의 상징으로, 카메라 · 전축 · 텔레비전은 중산층의 자랑으로 여겨졌지만, 점차 전 계층의 내구소비재로 일반화하였다.

산업화의 물결에 따라 다수의 인구가 농촌에서 도시로 이동하였다. 도시인구는 증가하였으며 급속한 인구이동과 경제개발 속에서 가족형태가 바뀌었다. 우선 가족의 평균 규모가 감소하였고, 독신이나 부부만으로 이루어진 1세대 가족이 증가하였으며 3세대가 동거하는 대가족의 비중은 떨어졌다. 그리고 한국인의 표준 가족형태는 부부와 1쌍의 자식부부로 이루어진 직계가족 형태에서 부부와 그 자녀로 이루어진 핵가족 형태로 바뀌었다.

핵가족으로의 변화는 부자 관계를 중심으로 하는 가부장제 가족과 친족으로부터 개인 및 여성을 해방시켰다. 그리고 핵가족의 발달로 개인주의 정신문화가 발전하였으며 가족은 부부가 사랑의 감정으로 평등한 관계를 이루는 생활공동체로 변하였다. 남성 중심의 친족생활에서 여성의 발언권이 신장되었으며 여성의 사회진출이 크게 늘었다.

급속한 산업화로 사회 계층구조는 근대적인 형태로 재편되었다. 한국사회는 1950년대까지 농민이 인구의 다수를 차지하는 전통 농업사회였으나 1990년까지 신구 중산층이 사회의 계층구조에서 다수를 차지하는 사회로 변모하였다. 이러한 중산층의 성립은 1980년 후반에 그때까지 존속해 온 권위주의 정치체제를 민주주의 정치체제로 바꾸는 근본적인 힘으로 작용하였다.

제2절   대한민국과 국군

1. 군의 발전상

1) 현재까지의 군의 발전상

국군은 건군 이후 군대문화를 발전시키기 위한 노력을 계속해왔다. 국군은 독립군·광복군의 정신을 계승하고, 민주국가의 기본 질서와 가치에 부응하여 반공·민주, 자주·독립, 직업주의, 국민주의를 건군 이념으로 추구함으로써 상위문화를 정립했다. 하지만 하위문화인 행동규범과 생활양식 그리고 사고방식은 일제의 군대문화가 잔존하는 가운데 미국의 군대문화가 유입되어 한국군 군대문화의 정체성에 혼란이 생겼다.

이러한 혼란을 해결하기 위해 우리 군은 5·16군사혁명 이후 우리만의 고유한 군대문화를 정립시키려고 노력하였다. 군인복무규율이 제정되고, 우리 고유의 복식과 병과마크 등을 새롭게 제정하는 등 각종 외적 상징 체계를 차별화시키고자 노력을 기울였다.[33]

1970년대에 이르러 한국적 민주주의를 정당화시키기 위해 민족주체성을 표방한 유신체제는 자주국방과 자립경제를 강조하였다. 이후 자주국방은 '국방의 자주화'라는 개념으로 발전되어 국방력의 지속적인 건설을 통해 독자적인 대북 우위의 대응전력을 확보함으로써 자주적인 국방태세를 완성시켜 나가고자 하였다.

문민정부가 들어서면서 군의 각종 부정비리 사건이 폭로되고 군 관련 사건들이 재평가되면서 군에 대한 국민의 불신은 증폭되고 이

| 33 이재전(1967), 「軍人服務規律」.

에 따라 건군의 국민주의 이념은 시련을 겪게 되었다. 그러나 건전한 민군관계를 발전시킴으로써 국민과 호흡을 같이하고 국민의 사랑을 받는 군대상을 재정립하려 한 것이나, 국민과 동떨어진 군은 존재가치가 없으며, 국민 속의 군대만이 진정한 군대로서의 힘을 발휘할 수 있다고 인식한 것 등은 건군의 국민주의 이념을 계승하여 발전시키고자 노력한 것으로 볼 수 있다.

2) 미래의 군대 발전상

우리군은 무기와 장비 등의 하드웨어 부분에서는 뛰어난 업적을 이룸으로써 군의 선진화를 이루었지만 군대문화와 같은 소프트웨어 분야에는 아직까지 남아있는 구시대적인 요소가 많은 실정이다. 따라서 군대문화를 선진화함에 있어서 우선적으로 해결해야 할 것은 우리 군에 남아있는 구시대적이고 비민주적인 관행과 제도 그리고 장병들의 의식구조를 청산하는 일이다.

한국군 군대문화에 존재하고 있는 구시대적이고 비민주적인 관행들은 리더십보다는 강압에 의존하는 풍토, 엄벌주의와 피동적 복종, 권위주의와 맹종, 광범위한 통제와 규제, 잘못된 계급질서 의식, 고참병 횡포, 각종 구타와 가혹행위, 인권의식 부족과 인명 경시풍조, "하면 된다"라는 구호 하에 자행되는 수단과 방법을 무시한 밀어붙이기식 업무추진, 형식과 외면의 강조, 경직된 병영생활 분위기, 단기 업적주의와 반복된 시행착오 등을 들 수 있다.

이런 관행들은 우리 사회의 잘못된 의식구조로 인해 발생한 점도 있지만 대부분 일제 군대문화의 잔재가 깨끗이 해결되지 않고 남아 있는 것들이라고 볼 수 있다. 이런 관행을 고치기 위해서는 군대문화 재조형 작업을 통해서 장병들의 가치관과 의식구조를 전환시키는 노력이 이루어져야 할 것이다.

또한 앞으로의 전쟁양상이 과거와는 다르게 급변함에 기인하여 지금까지 경험한 것과는 전혀 다른 새로운 군대문화를 조형해야 하기 때문에 우리 군은 군대문화의 선진화에서만 머무를 수는 없으며 급변하는 상황에 맞추어 여러 가지 요인들을 고려해야 한다.

역사상 그 어느 때도 전쟁에서 지식이 중요시되지 않았던 시기가 없었겠지만 지금은 여러 가지 형태의 지식을 군사력의 핵심에 위치시키는 혁명이 일어나고 있다. 현대에 컴퓨터를 이용한 작업이 전쟁수행에서 차지하는 중요성이 커지고 있듯이 전쟁에서 지식요소는 점차 증가하고 있다.

미래에는 병력과 무기의 숫자 등 계수가 용이한 요소들 보다 주도권 장악, 정보통신의 발전, 군사훈련의 개선과 동기부여의 강화 등 무형적 가치에 의해서 군사력의 우열이 가려질 것이다. 또한 미래에는 화력의 양 대신 정보에 바탕을 둔 명중률이 높은 무기체계가 중요하게 될 것이다.

경제가 발전함에 따라 직접노동에 비해 간접노동의 비율이 크게 증가했는데, 군사부문에서도 비슷한 현상이 발생하고 있다. 그래서 걸프전에서 미군은 50만 명의 군대를 파견했고 그 밖의 지원부대도 20~30만 명이나 되었다. 그러나 전쟁에 이긴 것은 불과 2,000명의 군인들에 의해서였다.[34]

또한 군대의 규모도 함께 변하고 있다. 많은 나라들이 예산 삭감으로 인해서 병력을 줄이지 않을 수 없게 되었으며, 이에 따라 부대의 편성은 화력은 크고 취급병력은 줄어드는 무기체계와 규모가 적고 융통성 있는 방향으로 규모가 줄고 있다. 군부대의 조직구조도

---

34 이진성(2004), "걸프전과 미국의 군사변화," 서울대학교 대학원 석사학위논문, p.39.

권한을 하향 이양하는 방식으로 변하고 있으며, 의사결정 권한이 최대한 낮은 수준으로 옮겨가고 있다.

군대의 복잡성이 커짐에 따라서 "통합"이라는 개념의 중요성도 커지고 있다. 걸프전에서는 막대하고 복잡한 병참과 수송문제만 해도 컴퓨터와 인공위성을 통해 체계적으로 관리되어 통합될 수 있었기 때문에 가능했던 것이다.

현대군대는 개개인의 군인의 완력에 의존한 근접전, 대량파괴를 특징으로 하는 형식의 기존의 전쟁에 대비하면서도 앞서 말한 유형들의 전쟁에도 대비해야 한다. 이 밖에도 대 테러전 등 '전쟁 이외의 작전활동'이라고 부르는 제반 활동에도 대비해야 한다.

현대군대가 눈앞에 직면하고 있는 이런 모든 상황들은 직업군인 장교들에게 그들의 의식구조와 사고방식, 전기전술과 교육훈련 교리는 물론 부대관리와 지휘통솔 방식에 있어서 획기적으로 발상을 전환할 것을 요구한다. 즉, 군대문화의 패러다임을 바꾸어야 한다.

2. 강군육성

강군육성에 앞서서 장병들의 올바른 정신 자세와 가치관, 윤리의식을 갖추도록 해야 한다. 올바른 가치관이 정립되고 나서야 그것을 중심으로 행동의 문제를 결정할 수 있기 때문이다.

군인의 가치관은 군인으로서 가지는 세상 문물에 대한 평가와 보는 방법이다. 이 중에서 가장 밀접하고 중요한 것은 '국가관'과 '직업관' 그리고 '사생관'이다. 국가는 군대의 존재이유면서 목적과도 같은 것이다. 또한 군인은 군인이라는 직업을 스스로 선택한 것이고, 자신이 선택한 직업에 대해서 어떠한 평가를 내리고 의의를 부여하는지는 매우 중요한 문제이다. 그리고 군인은 임무수행에 있어서 생명을 담보로 하는 특성이 있다. 따라서 군인의 가치관을 정립하고 윤리의식을 함양하여 강군을 육성한다는 것은, 실로 '국가관', '직업관', '사생관'을 직업군인의 정체성에 부합되도록 설정하고 그것을 행동으로 옮기는 실천력을 구비하는 것이다.

이러한 가치덕목들을 조망하여, 교육을 통해 이를 신념화하고 생활화해야 한다. 그리고 그렇게 함으로써 건전한 병영문화를 정착시키고, 그것을 통해 강군을 육성할 수 있다.

3. 자랑스럽고 보람 있는 군 복무 여건 조성

과거에는 "군 복무를 마치고 오면 사람이 된다"는 말처럼 군대가 삶에 도움이 되는 곳으로 인식하였다. 산업화시대에는 군이 사회에서 필요로 하는 인력을 양성하는 데 도움이 되었다는 평가를 받아왔다. 많은 기업에서 군필자를 우대하는 문화가 존재하였고, 특히 공무원 선발시험에서 군 복무자에게 가산점을 부여하는 등의 혜택이 부여되기도 하였다.

최근에는 군에 대한 인식과 요구가 예전과 많이 달라지고 있다. 군 복무가 인생에 도움이 되는 곳이 아닌, 능력개발과 취업을 준비해야 하는 중요한 시기에 커다란 공백기라는 인식이 팽배해진 것이다. 따라서 이에 대한 대응이 필요한 상황이다. 공백기라는 군 복무에 대한 인식을 자랑스럽고 보람 있는 기간으로 바꾸고, 군복무가 개인의 삶과 국가의 발전에 도움이 된다는 것을 알리기 위해서는 우선적으로 개선된 군복무여건의 조성이 필요하다. 이러한 여건의 조성은 다음과 같다.

첫 번째로는 군 복무 중에도 중단 없이 학습할 수 있는 여건을 조성하는 것이다. 이를 위해서 부대 내에서의 학습이 원활하게 이루어질 수 있도록 학습구역의 설정, 학습시간 지정, 부대별 학습지도관을 지정하여 학습하는 신 병영문화를 정립해야 한다.

두 번째로는 군 복무를 하는 생활여건이 개선되어야 한다. 식당, 목욕탕, 화장실, 급수시설 등 장병 편의시설을 개선하고 세탁기, 건조기 등을 확대 보급하여야 한다.

세 번째로는 정보화시대에 맞는 지식기반형 학습인프라를 구축해야 한다. 이를 위해서 사이버지식정보방을 군대 내에 설치하고, 자기계발 이러닝 콘텐츠가 개발 및 보급되어야 할 것이다.

네 번째로는 군복무 중 자격취득의 기회를 확대해야 한다. 군복무 중의 경험과 특수 분야의 교육·훈련 결과를 자격으로 인정하도록 하는 것이다.

다섯 번째로는 군 인적자원관리체제를 개선해야 한다. 현재 지역단위로 입영관리가 되고 있어서 시도별 편차가 심하며 사회에서의 특기가 군복무에 반영되지 않고 있는 등의 문제가 있다. 이를 해결하기 위해 전국단위 입영관리 시스템을 구축하고, 군 인사정보시스템을 구축하여야 한다.

이러한 여건 조성을 통해서 군사력 재고뿐만 아니라, 군 복무 중인 장병들의 사기와 긍지를 높이고, 가족들을 포함하여 국민의 군에 대한 인식을 바꾸는 계기가 될 수 있다. 장병들에게도 군 복무가 인생의 발전기이자 도약기로 인식되고, 나라도 지키고 나도 발전할 수 있는 곳이라는 긍지와 자부심 및 사명감을 높일 수 있을 것이다.

제 **3** 부

군대윤리의 기초

제3부에서는 군대윤리의 지향점이 핵심이다. 군의 사기(morale)의 어원이 도덕(moral)에 근거하듯이 윤리는 폭력을 합법적으로 관리하는 군의 정당성 논의의 중요한 요소라 할 수 있다. 군 전문직의 특수성이 정당화되기 위해서는 언제나 윤리적 보편성의 지평 위에서 논의될 필요가 있듯이 군의 정신전력의 논의 역시 군의 특수성을 반영하고 있기는 하지만 보편적 윤리의 기초 위에서 논의될 필요가 있다. 군인도 군인이기 이전에 인간이기 때문에, 군인에게 요구되는 윤리는 일반 시민에게 요구되는 것과 무관하지 않다. 공자는 『논어』에서 이상적인 인간상으로 묘사되고 있는 군자가 지녀야 할 덕목으로 지, 인, 용 세 가지를 들고 있다. 즉, 군자에게는 시비와 선악, 의와 불의를 판별하여 미혹되지 않을 지혜, 사적인 욕구를 극복하여 타인을 배려할 줄 아는 사람의 마음, 그리고 항상 도의와 짝하여 이를 실천할 수 있는 강한 기운이 있어야 한다는 것이다. 군인도 인간이므로 지, 인, 용 세 가지 덕목을 갖추어야 한다. 그리고 여기에 군의 특수성으로 인해 추가적인 덕이 요구된다. 제6장은 인간과 윤리, 군대윤리의 이론적 토대를 정립했다.

제7장에서 다루고 있는 직업의 본질과 의식, 직업군인으로서의 군대윤리는 세 가지 관점, 즉 생업, 천직, 전문직의 윤리를 요구한다고 할 수 있다. 군대조직의 간부단은 전쟁의 수행, 부대의 운용, 장비의 관리, 안보영역에 관한 전문지식과 기술을 가지고 있으므로 전문성을 충족시킨다. 또 군대 간부단은 국가의 안전보장에 대한 사회적 책임과 소명의식을 가지고 있으므로 책임성을 충족시킨다. 군대조직은 제복착용과 계급표시 등으로 타 집단과 외면적으로도 구분되며, 소속감과 동료의식을 가지고 있으며, 단체적 이익을 위해 공제회 등을 운영하고 가입할 수 있다. 이러한 측면은 군대조직이 단체성도 충족함을 의미한다. 즉, 직업군으로서의 직업은 군 조직자체가 갖는 전문성과 사회적 책임, 그리고 단체적 이익의 세 가지 요소를 충족시킴으로써 전문가 집단으로 요건을 갖추고 있다고 하겠다. 군대조직의 전문성과 함께 소명의식은 매우 중요하다. 이것이 본 장의 핵심이다.

제 6 장

군대윤리란 무엇인가?

제1절 인간과 윤리

1. 인간의 자기이해

과학자들의 연구에 의하면 인간은 생물학적으로 다른 동물과 크게 다르지 않다. 인간의 유전자는 2만5천여 개로 초파리의 1만5천개에 비해 두배도 채 되지 않는다.[1] 소와는 97%가 챔팬지와는 99%의 유전자가 동일하다고 알려져 있다. 그러함에도 인간은 다른 동물들과 차별화되는 독특한 특성을 가지고 있다. 대표적인 예들로 언어, 도구, 이성, 사회, 직립 등이 포함된다. 물론 다른 동물들도 인간과 동일하지는 않지만 음성을 통해 의사표현을 교환하고, 간단한 도구

---

1 Hirth, F.(2010), "Drosophila melanogaster in the Study of Human Neuro-degeneration," CNS & Neurological Disorders Drug Targets 9(4), pp.504 – 523.

를 활용하여 먹이를 잡고, 사람과 같이 합리적인 판단을 하지만 인
간처럼 고도화되어 있지 않은 것은 사실이다. 비록 꿀벌이 8자 운동
을 하면서 꿀이 있는 방향을 동료에게 알린다고 하지만, 인간의 언
어, 통신과는 비교하기 어려우며, 침팬지가 나뭇가지로 먹이를 잡아
내지만 인간이 만들어내고 활용하는 도구와 장비들에 비하기는 어려
운 것이다. 그러나 이러한 다른 동물들과 다른 독특한 특성과 함께
인간고유의 특성으로 자유의지가 있다.[2]

　　다른 동물들이 환경에 맞추어 그들의 행동을 취한다면, 인간은
보다 확대된 시간과 공간 그리고 인과관계들에 대한 추론능력, 다양
한 정보를 수집하고, 통합하고 판단을 내리는 능력들에 근거하여,
환경에 무조건적으로 반응하지 않고, 의지에 따라 행동을 하게 된
다. 즉, 비록 당장의 환경에서 불이익이 있을지라도 인간은 보다 미
래의 또는 보다 큰 보상에 근거하여 현재의 고통과 어려움을 감내할
수 있다. 인간은 스스로 옳다고 믿는 바에 근거하여 행동할 수 있
다. 이것은 도덕적 주체로서의 가능성에 근거가 된다. 즉, 인간은 자
유의지를 지닌 존재이며, 또한 도덕적 존재이다. 인간을 다른 동물
과 차별화할 수 있는 또 하나의 근거는 윤리적 존재라는 점이다.

2. 윤리와 윤리학

1) 윤리의 정의

　　한자로 윤리의 어원은 윤의 무리, 또래, 질서와 리의 이치, 이
법, 또는 도리가 결합하여 질서의 이치, 또는 질서의 도리가 된다.
즉, 물리가 사물의 이치인 것에 대비하여 윤리는 인간관계의 질서라

2 Tancredi, L.R.(2007), "The neuroscience of free will," Behav Sci Law 25(2), pp.295-308.

해석할 수 있겠다. 대표적인 것은 유교에서 말하는 오륜과 오상이다. 부자유친父子有親, 군신유의君臣有義, 부부유별夫婦有別, 장유유서長幼有序, 붕우유신朋友有信이라는 다섯 가지는 인간의 기본적인 윤리라 할 수 있다.[3] 이것은 존재의 이법이기보다는 당위의 이법으로서 인간의 자유의지自由意志에 의해 실현된다.

　서양의 경우에 윤리는 아리스토텔레스의 『니코마코스 윤리학EthicaNichomacheia』이 서구윤리학의 기원이라 할 수 있다.[4] 여기서 에티카는 에토스에서 파생되었는데 그 뜻은 습관이다. 그리스어 에티케ethike는 '도덕적'·'윤리적'이라는 뜻을 가지는데 동시에 사회적 풍습, 개인의 관습, 품성을 의미한다. 에티케는 에토스ethos에서 유래한 것으로 그 뜻은 동물들이 사는 곳, 우리, 집이라는 뜻이다. 그리스어의 에토스는 라틴어로는 'mores', 독일어로는 'Sitte'인데 모두 '습속'이라는 의미를 가진다. 따라서 서구에서 윤리는 그 구성원들과 집단으로 살아가면서 이루어진 삶의 방식, 습속, 생활양식, 생활관습과 관련된다. 이것은 한 집단의 구성원들이 공동의 원리를 통하여 집단을 형성 유지할 수 있게 하는 질서 또는 규범이 된다. 이것은 도덕, 윤리, 규범, 법의 공통된 근원을 암시한다. 시대가 발달하고 사회가 복잡하고 분화되어 감에 따라 개인적 내제규제로 도덕이 발달하게 되었고, 반면 외적인 규제로 법이 성립하면서 계급사회가 성립되었다. 그리고 정치지배의 수단으로서 법과 도덕은 유용하게 활용되기 시작한다.

　윤리와 도덕은 모두 인간이 지켜야 할 도리 또는 바람직한 행동기준으로 정의된다. 하지만 윤리가 인륜도덕의 원리로 규정되는 경

---

3 이현창(2002), "五常의 道德敎育的 性格 硏究," 서울대학교 대학원 석사학위논문, p.40.
4 김태준(2012), "아리스토텔레스의 행복(eudaimonia)에 관한 고찰," 고려대학교 교육대학원 석사학위논문, p.52.

우가 있기에 도덕보다 더욱 사유적이고 근원적이라는 관점이 있다. 여기서 윤리는 세 가지 의미를 가진다. 첫째, 윤리는 규범적인 인간 행위의 원리이다. 여기서 규범이란 당위성의 의미이다. 즉, 규범은 자연의 법칙이기보다는 마땅히 해야만 하는 당위적인 행위로 인간의 의지를 전제한다.[5] 동양에서 도덕이 도의 체득을 의미하는 것이라면 윤리는 보편적 이성에 근거하여 당위적인 명령으로 수용되어야 하는 것이다. 윤리는 생명체의 보호본능이라는 원초적 감정이 도덕감이라는 의지에 근거한 호혜적 행위로 드러난 것으로도 해석할 수 있다.

　둘째, 윤리는 선악의 판단기준으로 선한 행위를 선택하는 과정을 포함하는 개념이다. 셋째, 윤리는 공동생활의 원리로서, 사회공동체의 규범을 자신의 행동규준으로 삼는 행위원리이다. 따라서 윤리는 사회공동체를 전제로 한다. 즉, 사회공동체가 없이 혼자 살아간다면 윤리는 필요하지 않고, 존재하기 어렵다.

　도덕과 윤리에 관한 이론적 성찰은 윤리학을 만들어낸다. 윤리학은 도덕과 윤리에 대한 철학적 탐구라고 할 수 있는데 여기에는 도덕적 판단, 표준, 규칙이 포함된다. 서양윤리학은 인격에 관한 학문으로 인간행위의 궁극목적인 최고선을 밝히는 것인데, 크게 법칙윤리학과 목적윤리학의 두 가지 관점으로 발전해왔다.[6]

2) 윤리, 도덕, 규범, 법의 관계

　윤리, 도덕, 법의 공통점과 차이점을 이해하는 것은 윤리에 대한 이해를 더욱 분명하게 해줄 수 있다. 이 세 가지의 공통점 중 가장 첫 번째는 사회공동체를 전제로 한다는 것이다. 즉, 혼자 살아가는

---

5 김일(1994), "公職倫理의 本質과 그 效用性에 관한 硏究," 단국대학교 대학원 박사학위논문, p.73.
6 Ricken F. 저, 김용해 역, 「일반윤리학」(경기: 서광사, 2008), p.75.

사람에게서 이 세 가지는 필요하지 않고, 적용되기도 어렵다. 사회적 인간관계에서 인격이라는 것이 생겨나게 된다. 인격의 실현은 자율적인 것과 타율적인 것의 두 가지 방향에서 제시된다. 자율적인 것의 대표가 윤리와 도덕이며, 타율적인 것의 대표적인 형식은 규범과 법이다.

규범은 준거하도록 강요되는 행동양식이다. 따라서 규범은 관례에서 법까지 다양한 스펙트럼을 가진다. 즉, 사회적 규범은 그 강제의 세기에 따라 관습, 도덕적 관습, 법이라는 세 가지로 나뉠 수 있다. 첫째, 관습은 사회생활의 관행에 근거하여 사람들의 생활과 행동을 규제하는 것인데, 만약 위반할 경우에는 따돌림이나 비웃음을 당하게 된다. 둘째, 도덕적 관습은 성문화되어 있지는 않지만 일상생활에서 강력한 규제력을 가진다. 이것은 문화권에 따라 사람의 행동을 타의적으로 규제할 수 있다. 셋째 단계는 법으로서 제제의 주체가 공적인 성격을 띠고 권력을 가지고 있다. 법을 위반한 때에는 재판을 통해 공적으로 제재가 가해진다. 강제의 세기에 기준하기 보다는 규범이 개인에게 내재화 되는 정도에 따라서 구분할 수도 있는데, 전통, 관례, 제도 등이 그 예이다. 규범은 무조건적으로 강제된다는 의미만 있는 것이 아니다. 즉, 규범은 공동체가 원활히 유지될 수 있도록 사회생활의 일정한 형식으로 기능을 한다. 즉, 각 공동체 사회의 문화, 종교, 이념 등은 문화, 민족, 사회, 계급의 권력, 이데올로기 등과 결합하여 일상적인 규범의 형식을 만들어낸다. 그리하여 사회의 통제적 기능이 확대됨으로써 때로 일상생활의 욕구충족이나 자유의지와 충돌되고 대립하기도 한다.

규범에 비해 도덕은 행위의 내면적 성격이 더욱 강하게 된다. 도덕은 자율성에 근거하기에 강제력은 약하다. 하지만 도덕 중에서 중요한 사항들은 법으로 강제되고 국가가 그 기능을 담당하게 된다. 따라서 법은 '최소한의 도덕' 또는 '최소한의 윤리'로 이해할 수도 있다. 강제성이 있는 규범과 법은 강제성이 없는 도덕과 조화를 이루어서 하나의 사회공동체의 윤리체계를 완성하게 된다. 즉, 윤리는 인격의 원초적인 원리이며, 사회공동체를 유지 발전시키는 데 일익을 담당한다.

3) 중간적 존재로서 인간과 윤리학의 성립

서구윤리학의 기원은 고대 그리스로 거슬러 올라간다. 소크라테스Sokrates, B.C. 469~399와 그의 직접적 후계자인 플라톤, 아리스토텔레스, 그리스 시대의 철학자들을 이해할 필요가 있는 것이다. 그리스 이후로 헬레니즘시대, 로마시대, 중세시대를 거쳐서 현대에까지 윤리학은 연속적인 흐름 속에 발전해왔다. 따라서 소크라스테스의 철학 속에서 윤리학의 태동을 알아보는 것은 의미가 있다. 그것은 완전자와 불완전자의 중간자로서의 인간이라는 철학적 전제로부터 시작한다.

고대 그리스 철학계에는 크게 자연철학자 그룹과 소피스트 그룹의 두 가지 흐름이 있었다.[7] 자연철학자 그룹은 자연의 문제에 몰두한 반면, 소피스트 그룹은 인간문제의 중요성을 다루었다. 자연철학자의 가장 큰 주제 중 하나는 만물의 근원이 무엇인가였다. 탈레스는 물, 헤라클레이토스는 불, 데모크리토스는 원자, 피타고라스는 수라고 하였지만 이것은 현대의 과학과 같이 증거에 기반한 것이기 보다는 논리적 사변에 의한 것이었다. 따라서 이들의 주장들은 결코 진위를 증명할 수 없었고 일면 공허한 주장으로 보였다. 이러한 상황에서 프로타고라스는 "인간이 만물의 척도"라고 주장하면서 인간정신의 중요성을 부각시켰다.[8] 당시 선대 철학자들은 운동문제를 해

---

7 김요한, 「서양 고대 그리스와 철학」(경기: 서광사, 2012), pp.49-52.
8 편상범(2005), "프로타고라스의 인간척도설," 「哲學」 84(-), pp.33-62.

결하는 방법으로 누우스^{Nous, 정신}라는 가상의 개념을 도입하였는데, 이
것은 정신과 물질의 이원화로 진행되었다. 자연스럽게 정신과 물질
의 관계는 무엇인가라는 물음이 이어졌다. 아낙사고라스는 정신은
질료로서 물질을 분리하거나 결합하는 힘이며, 따라서 물질은 정신
에 의해 지배된다.[9] 이것은 자연에 대한 인간우위, 그리고 인간주의
를 의미한다. 소크라테스는 아낙사고라스의 만물의 운동이 가능하게
하는 근원으로서 정신을 인정하였으나, 정신과 물질의 관계가 기계
적인 것은 아니라고 생각하였다.

당시 그리스사회는 직접민주주의 하에서 당파적 감정이 성장하
고, 개인의 이익을 우선시하면서 탐욕, 이기심, 야심, 횡령 등이 만
연하였고, 그리스의 다신론적 종교가 쇠퇴하고 있었다. 그것은 종교
자체의 비도덕성과 함께 크세노파네스를 중심으로 한 종교의 무근거
성이 제시되었기 때문이다. 이러한 상황은 자연스럽게 인간주의와
회의주의의 성장을 이끌었다. 무비판적으로 받아들여졌던 사회공동
체의 도덕과 관습, 권위가 무시되고 부정되었다. 그리고 얼마나 자
신의 주장을 설득적으로 하는가가 중요하게 되었다. 윤리적 회의주
의로 나아간 인간주의에 대해 소크라테스는 반대하고, 이성의 인도
를 받아 인간은 이기심을 극복하고 개인의 이익을 도모하면서도 공
공선을 이룩할 수 있다고 믿었다. 즉, 소피스트들의 인간주의와 함
께, 자연철학의 합리주의를 결합함으로써 소크라테스는 윤리학의 씨
앗을 뿌리게 되었다.

소크라테스는 30대 중반에 델포이 신탁사건을 경험하였다.[10] 그
의 친구였던 카이레폰은 델포이 신탁에 가서 세상에서 가장 지혜로

9 J. Hirschberger 저, 강성위 역, 「서양 철학사」(대구: 以文出版社, 1992), p.82.
10 강철웅(2006), "플라톤의 『변명』에 나오는 소크라테스의 무지주장의 문제," 「철학
논집」 12(一), pp.63-98.

운 자가 누구인가를 물었는데, 신탁의 무녀는 소크라테스라고 답했던 것이다. 스스로를 무지하다고 생각하고 있었던 소크라테스는 이 소식을 듣고 그 이유를 알고자 지혜롭다는 사람들을 찾아다니게 되었다. 무지한 자신의 질문에 답하는 지혜로운 이를 발견함으로써 신에게 자신보다 지혜로운 이가 있음에도 그렇게 말한 이유를 묻기 위해서였다. 그러던 과정 속에서 소크라테스는 신의 말과 자신의 생각이 모두 옳다는 결론을 얻게 된다. 즉, 다른 소피스트 철학자들은 소크라테스보다 더 무지한데, 그 이유는 그들은 무엇을 모르고 있다는 사실조차 알지 못하고 있기 때문이었다. 반면 소크라테스는 무엇을 모르고 있다는 사실은 알고 있었다. 이것은 "너 자신을 알라"는 명언으로 요약된다.

소크라테스에 의하면 이미 지혜를 가지고 있는 자나 또는 무지한 자는 지혜를 추구하지 않는다. 단지 양자의 중간에 있는 자만이 지혜를 추구하게 된다. 왜냐하면 신과 같이 모든 지혜를 가진 자는 지혜를 필요로 하지 않으며, 동물과 같이 자신의 무지를 자각할 수 없는 존재는 지혜를 바랄 수 없기 때문이다. 오직 신과 동물의 중간에 있는 인간만이 모른다는 것을 알고 있기에 지혜를 바라고 추구하게 된다. 즉, 무한한 존재자와 유한한 존재자의 상호모순되는 두 가지 원리에 인간은 지배받는다. 지혜를 사랑하고 갈망하는 자로서의 에로스적 인간관은 다음의 세 가지로 정리될 수 있다.[11][12] 첫째, 에로스는 자기 자신이 가지고 있지 못한 것들인 진, 선, 미, 영원, 부활에 대한 사랑이요, 열망이고 추구가 된다. 둘째, 에로스는 본질적으로 그것을 소유할 때에만 만족할 수 있고 그것을 소유하고 있지

---

11 박주희(2007), "『심포시온』에 나타난 에로스의 역동성," 전남대학교 대학원 석사학위논문, p.64.

12 박기홍(2014), "에로스와 교사," 서울교육대학교 교육전문대학원 석사학위논문, p.49.

| 표 6-1 | 윤리적 존재로서 인간 |

구 분	신	인 간	동 물
인 식	인식초월	인식적	인식이전
고 뇌	고뇌초월	고뇌	고뇌이전
지 식	전지	지혜를 사랑함	무지
윤 리	초윤리적	윤리적	전윤리적

못하기에 결핍의 존재가 된다. 셋째, 에로스는 무한과 유한의 중간이며 이 두 가지가 결합한 존재이므로 모순적인 존재가 된다. 왜냐하면 형식논리학적으로 유한과 무한은 상호 모순적이고 따라서 결합할 수 없는데 인간은 결합되어 있기 때문이다.

그렇다면 왜 중간적 존재자로서 인간만이 윤리적인가? 그것은 인간이 자신의 유한성을 인식함으로써, 즉 반성적인 존재임으로써 어떻게 살 것인가에 대한 물음을 던지기 때문이다.[13] 오직 유한자이면서 반성적 존재자만이 어떻게 살 것인가에 대한 물음을 던질 수 있다. 무지의 자각은 곧 유한성의 자각이며, 어떻게 살 것인가라는 도덕적 삶을 묻는다.

4) 소크라테스의 윤리론의 세 가지 핵심

소크라테스의 윤리설은 세 가지로 요약될 수 있다. 첫째 덕은 곧 지식이다. 둘째, 악행은 무지에 기인한다. 셋째, 행복의 최우선적인 조건은 영혼을 돌보는 것이다.

첫째, '덕이 곧 지식이다'라는 명제를 이해하기 위해서는 우선 덕의 어원을 살펴보는 것이 도움이 된다. 영어로 덕인 'virtue'는 희

13 송영진, 「도덕 현상과 윤리의 변증법」(대전: 충남대학교 출판부, 2009), p.73.

랍어 아레테^{arete}에서 유래한다. 아레테의 의미는 어떤 기술이나 기능의 탁월성을 의미하였는데, 소크라테스가 이것을 덕과 유사하게 사용함으로써 현대에는 덕으로 쓰인다. 따라서 그 어원에 의해 덕은 자라는 것이라는 것에 대한 의미를 이해할 수 있다. 만약 덕이 지식의 한 형태인 이상, 덕은 가르쳐질 수 있다. 소크라테스에 의하면 어떤 사람이 유덕하게 되기 위해서는 지식이 있으면 된다.[14][15] 즉, 그에 의하면 용기란 덕은 두려워할 것과 두려워하지 않아도 되는 것을 구별할 수 있는 지식이다. 조련사가 호랑이를 두려워하지 않듯이 앎과 용기는 밀접한 관련을 가지게 된다. 이러한 논리에 의해서 용기뿐만 아니라 덕의 다른 종류들, 즉 우정, 친절, 절제, 침착 등의 다양한 덕의 항목들은 지식에 의해 키워질 수 있다. 이러한 논리의 문제는 덕이 있는 이가 덕을 가르쳐야 하지만, 정작 덕이 무엇인지 알고 있는 사람은 존재하지 않는다는 것이다.

둘째, '악행은 무지에 기인한다.' 어느 누구도 알면서, 자발적으로 그릇된 행위를 하지는 않으며 그릇된 행위는 무지의 결과라는 주장 또한 여기서의 지식을 실천적인 지식으로 해석함으로써 역설에서 벗어날 수 있다. 즉 모든 사람은 자신에게 유익한 행위를 하려고 노력하므로 그릇된 행위를 하는 것은 무엇이 자신에게 진정으로 유익한지를 모르기 때문에 등장하는 것이라 할 수 있다. 그렇다면 범죄자들이 자신의 사악한 행위가 다른 사람들에게 나쁜 결과를 나으며 해를 입힌다는 사실을 잘 알면서도 그 행위가 자신에게 이익이 된다고 생각하고 그 행위를 하는 경우를 어떻게 설명할 수 있는가? 이때 그 범죄자는 자신의 행위가 눈앞의 단편적인 이익에 도움이 된다고

---

14 김수정(1993), "소크라테스의 지행합일설 연구," 이화여자대학교 대학원 석사학위 논문, p.56.

15 이승미(2001), "지식교육에서 요구되는 교사의 역할 고찰," 이화여자대학교 교육대학원 석사학위논문, p.38.

그런 행위를 행하지만 이 또한 자신의 장기적이고 포괄적인 유익함에 대한 무지로부터 생겨난다고 말할 수 있다. 즉 범죄 행위를 통하여 일시적이고 단편적인 이익을 추구할 수 있을지는 모르지만 그 행위 때문에 자신이 받을 처벌이나 양심의 가책 등에 대한 장기적인 전망이 부족하기 때문에, 장기적인 전망에 대한 무지 때문에 그런 행위를 행하는 것이다. 예를 들어 히틀러의 경우도 마찬가지이다. 그는 나름대로의 이념적 확신을 가지고 이른바 '더욱 상위의 선'을 산출하려는 '고귀한 목적'에 따라서 수많은 사악한 행위를 자행하였다. 하지만 그는 자신의 이념이 잘못된 것이라는 점을 전혀 몰랐으며 자신의 행위가 자기 자신과 다른 사람들에게 얼마나 큰 해악을 낳을지도 알지 못하였다. 따라서 그의 행위들 또한 무지의 결과라고 해석할 수 있다.

셋째, 덕이 있는 사람은 항상 행복하며 덕이 없다면 결코 행복할 수 없다는 주장에 있어서도 행복의 의미를 재해석함으로써 역설로부터 벗어날 수 있다. 여기서 소크라테스가 말하는 행복은 일반적인 행복, 즉 부와 명예, 장수와 건강, 쾌락 등으로 구성되는 것이 아니라 덕이라는 진정한 도덕적 가치에 도달하였다는 자부심과 당당함을 느끼는 상태로서의 행복이라 할 수 있다. 소크라테스는 단 한 번도 자신이 사형을 당하게 되어 스스로 불행하다고 생각하지 않았다. 그는 오히려 죽음의 순간에서도 행복하고 당당하게 죽음을 맞이하였다. '덕이 있는 사람은 오직 덕이 있다는 그 사실만으로도 행복하다. 어떤 적의 화살이나 운명적인 재앙도 그의 행복을 빼앗을 수 없다'라는 그의 언급이 이를 잘 보여준다. 이런 주장은 일상적인 행복의 차원과는 다른 도덕적인 덕과 행복의 일치라는 새로운 세계를 제시한 것이라 할 수 있다. 소크라테스는 오직 덕이라는 진정한 도덕적 가치에 도달할 경우에만 인간은 탁월하게 잘 사는 삶을 살 수 있으며 그 결과 행복한 삶을 영위할 수 있다는 주장을 펴면서 심지어 부당한 방법을 통해서까지도 세속적인 행복을 추구하려는 많은 사람들에게 일종의 경고를 하고 있는 것이다.

3. 현대사회와 윤리

1) 현대사회의 구조적 특징

지난 2백여 년 동안, 과학기술이 비약적 발전을 거듭하여 인간에게 물질적 풍요와 편리함을 제공하고 많은 혜택을 가져다 주었다. 우리는 동일한 노동시간으로 전보다 많은 재화를 생산하고, 그에 따라 여가를 즐기면서 살게 되었다. 또, 우리는 의식주를 마련하기 위한 활동에만 얽매여 있지 않고, 다양한 문화 활동을 통하여 자아를 실현하면서 자기의 욕구를 만족시킬 수 있게 되었다.

과학기술의 발달은 우리의 의식주 생활뿐만 아니라, 전반적인 사회구조와 인간관계, 그리고 가치관에도 엄청난 변화를 가져왔다. 현대사회에서 과학기술은 어떤 사상보다도 큰 영향력을 행사하고 있으며, 사람들은 앞으로도 계속하여 과학기술이 모든 사람들에게 물질적 풍요 및 건강과 행복을 증진시켜 줄 것으로 기대하고 있다.

현대사회는 복잡하고 거대한 조직체를 효율적으로 관리, 운영하기 위하여 관료제가 나타나게 되었다. 관료제는 처음에 국가의 행정조직을 합리적으로 운영하기 위하여 개발된 것인데, 나중에는 대기업과 대규모 단체들도 이를 채용하게 되었다.

관료제는 다음과 같은 특징을 가지고 있다.[16] 첫째, 조직을 구성

| 16 윤재풍(1964), "韓國 官僚制의 特徵," 서울대학교 행정대학원 석사학위논문, p.40.

하고 있는 각 개인은 일정한 역할과 지위를 가지고 있으며, 그는 자기가 맡은 일에 대해서만 책임과 권한이 있다. 둘째, 모든 일은 세분화되고 전문화되어 있다. 셋째, 명령과 복종의 지휘계통이 엄격하고, 피라미드형으로 구성되어 있다. 넷째, 사무처리가 문서에 의하여 간접적이고 객관적인 방식으로 이루어진다. 다섯째, 공사公私의 구분이 엄격하고, 직무수행에서 개인적 감정이 배제되며 매우 기계적이다.

이러한 특징을 지닌 관료제는 근대화 과정에서 매우 중요한 역할을 해 왔다. 그런데 최근에 관료주의가 약화되는 조짐을 보이고 있다. 국가나 문화권에 따라서 어느 정도의 차이는 있지만, 현재 세계 여러 나라는 거대하고 복잡한 행정과 기업의 관료조직을 가지고 있다. 관료제는 내부적인 구조의 취약점 때문에, 혁신을 요구하는 격변의 상황 아래에서는 성공적으로 적응하기 어렵다. 따라서, 관료제는 새로운 반反관료주의적 형태로 변신하고 있는 것이다.

2) 현대사회의 윤리적 문제

현대사회에는 여러 가지 윤리적 문제가 있겠으나, 여기에는 먼저 과학기술의 발달에 따르는 문제와 대량 생산 체제의 윤리적 역기능을 살펴보고, 마지막으로 전통과의 단절에서 초래되는 문제에 대하여 논의할 것이다.

먼저, 과학기술의 발달에서 오는 문제를 살펴보면 다음과 같다.[17]

첫째, 과학기술의 발전은 대량생산과 소비를 가져와 지구의 한정된 자원을 급격하게 소모시키고 있다. 오늘날, 식량, 연료 등 자원의 고갈은 기하급수적으로 팽창하는 인구문제와 더불어 심각한 위기의식을 던져 주고 있다.

---

17 문윤정(1995), "과학기술시대의 양면적 병존의 현실과 윤리적 책임의 모색," 이화여자대학교 대학원 석사학위논문, p.72.

둘째, 과학기술의 발전은 도시화와 공업화로 자연환경을 파괴하고 오염시키며, 생태계의 위기를 초래하고 있다. 자연은 원래 모든 생물이 공존하도록 되어 있으며, 일시적으로 한 부분의 균형이 깨어지면 곧바로 자체의 조절기능에 의해서 원래 모습으로 회복되어, 전체적으로 평형상태가 유지된다. 따라서, 자연의 균형, 즉 평형 상태는 생물이 생존하기 위한 기본조건이 되는데, 오늘날에는 이러한 균형이 깨어지고 있는 것이다.

셋째로, 과학기술의 발전은 전쟁기술과 무기의 발달을 가져왔다.[18] 오늘날에는 핵무기와 화학무기, 레이저 광선에 대한 군비의 경쟁력 개발이 다소 완화되고 있는 추세이다. 그러나 온 인류는 아직도, 언제 일어날지 예측할 수 없는 핵전쟁의 두려움 속에 살고 있다.

다음으로는 신속화, 기계화, 자동화, 물량화, 규격화, 대중화의 여섯 가지를 특징으로 하는 대량생산 체제의 발달에서 비롯된 현대사회의 윤리적 역기능에 대해 알아보고자 한다.

첫째, 신속화는 사람들이 자기반성을 할 시간적 여유를 가지지 못하게 한다. 급하게 서두르다 보면 자기 자신에 대해서도 심사숙고하지 못하고, 그저 그때그때의 충동에 따라서 무책임하게 행동하기 쉽다. 모든 일을 신속하게 처리해야 한다는 강박관념은 엄청난 긴장감을 불러일으킬 뿐 아니라, 때로는 정신질환을 유발하는 원인이 되기도 한다.

둘째, 기계화는 인간도 기계의 부속품처럼 되어 버리는 것이 아닌가 하는 의구심과 함께 불안감을 가지게 한다. 즉, 산업은 원래 인간의 편익을 위해서 개발되었으나, 오늘날에는 도리어 인간이 산업체제를 위해서 존재하는 것처럼 느껴지게 되었다. 고도로 조직화

18 이민수, 「전쟁과 윤리」(서울: 철학과현실사, 1998), pp.39-43.

된 산업 체제 속에서 인간은 자기의 개성을 상실하고, 그가 수행하는 기능에 의해서만 평가를 받게 된 것이다.

셋째, 자동화는 인간을 특정한 자극에 대해서 자동적으로 반응하게 함으로써, 생각하지 않는 사람으로 만들기 쉽다. 그래서 인간은 자기 일에 책임을 덜 느끼게 되고, 비판능력도 잃게 된다. 그리고 어떤 일을 성취해 나가는 과정을 통해서 얻을 수 있는 기쁨이나 보람도 느끼지 못하게 된다.

넷째, 물량화는 인간에게 모든 사물을 교환가치로 가늠하는 의식을 심어 준다. 그 결과, 인간도 필요에 따라서 물건처럼 대치시킬 수 있다는 비정한 생각을 가지게 만들며, 이러한 사고방식은 인간의 존엄성을 약화시키게 된다.

다섯째, 규격화는, 사람이 원료를 어떤 특정한 모형에 집어넣고 제품을 찍어내거나 만들어 내듯이, 인간도 필요에 따라서 어떤 틀 속에 집어넣거나 주조鑄造할 수 있다는 생각을 가지게 할 우려가 있다.

여섯째, 대중화는 개인의 창의성이나 개성을 살리기보다 남에게 의존하고 무비판적으로 살게 만든다. 대중화 현상 속에서 인간은 유행에 민감하고, 될 수 있는 한 남들처럼 살려고 한다. 그러한 결과, 인간은 타인 지향형이 되고, 익명성匿名性 속에 자기 자신을 숨긴 채 무책임하게 행동하게 되기 쉽다.

지금까지 우리는 과학기술의 급격한 발전에 따른 문제점과 대량생산 체제에 따른 윤리적 역기능逆機能에 대하여 알아보았다. 이를 통하여 우리 현대인들은 인간성의 상실 속에서 소외의식과 불안감을 지닌 채 살아가고 있다는 사실도 알게 되었다. 그럼에도 불구하고, 많은 사람들은 아직도 자신들이 어떤 상황 속에서 살아가고 있는지 모르거나, 또는 이러한 사회 현실로부터 단순히 도피하려고 한다.

그렇지 않으면 구체적인 대안을 제시하지도 못하면서 맹목적으로 기존 사회 체제에 대해 반항하고 있다.

　과학기술 문명에 대해서 낙관적 기대를 가지고 무조건 추종하려는 의도도 문제가 있지만, 역기능이 있다고 해서 그것을 증오하고 거부하려는 태도도 바람직하다고 할 수 없다. 그것은 마치, 불을 잘못 사용하게 되면 화재가 발생하므로 아예 불이 없었던 원시시대로 되돌아가자고 말하는 것과도 같은 것이다. 오늘날은 이미 불 없이는 살 수 없는 세상이 되었다. 어차피 불을 사용해야 한다면, 그 성질을 제대로 파악하고 선*한 목적을 위해서 사용해야겠다. 그렇다면 우리가 과학기술에 대하여 가져야 할 자세를 생각해 보기로 한다.

　과학기술은 불완전하지만, 그것이 자아혁신과 세계변혁에서 차지하는 비중을 과소평가해서는 안 된다. 우리 사회에는 과학의 합리적 전통이 약한 실정이다. 현대를 슬기롭게 살아가면서 밝은 미래를 바라보려면, 과학과 기술에 의한 물질적 생산뿐만 아니라, 가학 정신과 합리적 사고방식도 함께 받아들이고 체질화하지 않으면 안 된다. 그리고 예부터 겸손하게 자연과의 조화를 이루며 살아갈 것을 강조했던 전통적 동양사상의 가르침에도 귀를 기울여야 한다. 왜냐하면, 자연의 정복을 통해서 삶의 물질적 풍요를 도모했던 근대 서구인들은 자연과 인간, 그리고 내면세계와의 균형과 조화를 이루지 못하여 어려움을 겪고 있기 때문이다.

　다음으로, 전통과의 단절에서 오는 문제에 대해서 살펴보면 다음과 같다. 우리들은, 이제까지 공동생활의 근간이었던 전통에서 멀어짐에 따라서 우리가 살아 왔던 삶의 방식이 안정을 잃게 되었다는 것을 알게 되었다. 좀 더 자세히 말하면, 전통이란 때로는 수정되어야 할 내용도 있지만, 대체로 오랜 기간동안에 인간의 지혜가 축적

되고 연마되어 이루어진 아주 소중한 문화유산이다. 그런데 사회의 변화가 빠르고, 도시화에 따른 인구의 급격한 이동 때문에, 기성 사회의 전통이 후대에 전달되지 못하고 사람들은 삶의 기준을 제대로 마련하지 못하여 혼란에 빠지게 되었다는 것이다.

이와 같이 전통이나 문화의 단절에서 파생되는 문제는 윤리적 문제와 직결된다. 우리는 문화의 내용을 기술·물질 문명 중심의 인지적 경험문화, 예술 중심의 심미적 표출과 감상문화, 그리고 윤리·도덕 중심의 평가적 규범문화 등으로 나눌 수 있다. 산업화를 수반하는 문화 접변 과정에서 보면, 규범 문화의 서구화 경향에 따라 전통적 요소와의 갈등이나 윤리적 혼란상을 나타내고 있다.

전통윤리와 서구적 시민윤리 사이에 불균형이 나타나고 있는 사회적 여건에서, 우리가 슬기롭게 살아가려면 양자 간의 조화를 추구하지 않으면 안 된다. 우리 민족의 사상적 흐름 속에는 인간의 존귀함과 평등함을 제시하고 화和의 실현을 추구한 화쟁론和諍論이 있고, 인간의 본성이나 사물의 특성을 규명하는 과정에서 이理와 기氣를 합한 유학의 이통기국론理通氣局論이 있다. 우리도 조상들의 이러한 지혜를 본받아 현대사회에 맞는 윤리적 체계를 수립하여야 할 것이다.

4. 한국과 윤리

현대사회의 이러한 변화 속에서 한국사회는 어떤 모습을 하고 있는 것일까? 우리 사회는 1960년대 초까지만 해도 전통적인 농업사회였다. 그러나 그 이후에 급속한 경제성장을 거듭하여 산업사회로 전환되었고, 1980년대 이후부터는 컴퓨터와 새로운 매체가 매우 빠르게 확산되어 이미 후기산업사회後期産業社會의 특징들이 부분적으로 나타났다. 1990년대 초에 우리나라를 방문하였던 세계적인 미래학자 벨Bell, D.이나 토플러Toffler, A.도 우리 사회가 이미 후기산업사회에 들어가기 시작했음을 지적한 바 있다.[19]

이렇듯 우리는 불과 30여 년 사이에 농업사회, 산업사회, 후기산업사회를 거치면서 세 가지 문명을 한꺼번에 경험하였고, 21세기에는 선진국의 대열에 들어서야 하는 과제를 안고 있다. 이처럼, 짧은 시간에 너무 많은 변화를 겪은 한국사회에는 전통사회와 산업사회의 문제들이 서로 복잡하게 얽혀 있으며, 이제 후기산업사회의 문제까지 등장하기 시작하였다. 한 사회의 문제도 해결하기 전에 다음 사회의 문제가 중첩되면서 우리나라의 사회문제는 심각성을 더해 가고 있다.

따라서 우리 사회는, 급속한 변화를 경험하는 사회가 모두 그러하듯이, 다양한 가치관의 혼란과 그에 따른 윤리적 문제에 직면해 있다. 우리의 전통윤리와 서구의 시민윤리 사이의 갈등도 존재하고 있고, 세대 간이나 지역 간, 그리고 사회 계층 간의 가치 갈등 및 그와 관련되는 윤리적 혼란도 존재하고 있는 것이다. 최근에 나타나고 있는 사회병리현상들도 이와 무관하지 않을 것이다.

1) 개인윤리적 문제

개인윤리는 인간의 삶에 있어 발생하는 윤리적 문제가 궁극적으로 개인의 양심 및 도덕적 행위과 관련이 있다고 보는 입장이다. 이런 관점에서 사회의 도덕적 부패와 타락은 사회를 구성하고 있는 구성원들의 양심이나 규범의 준수에 문제가 있어서 발생하는 것으로 여겨지며, 따라서 사회의 윤리성 회복은 개인의 도덕적 이성과 실천

---

19 Toffler A. 저, 김서기 역, 「제3의 물결」(서울: 自眉社, 1980), p.89.

적 합리성 완성을 통해서 가능하다고 본다. 전통적으로 윤리의 문제는 이러한 개인윤리적 입장에서 논의되어 왔다고 볼 수 있다.

개인윤리적 관점에서 봤을 때 한국사회의 도덕적 문제는 우리 사회가 겪어 온 역사발전 과정을 돌이켜보면서 지적할 수 있다.

우리의 역사발전은 일본 제국주의의 침략으로 심각한 굴절을 경험했다. 일제의 침략으로 자주적이고 민주적인 가치와 이것에 토대를 둔 국가건설의 노력이 무산되었고, 우리의 고귀한 정신문화와 생활양식의 흐름에 단절을 가져왔다. 그리고 35년의 일제침략기를 거쳐 광복을 맞이하면서 우리 사회는 급속히 서구화를 맞이하였다. 전통적 가치체제의 사고방식과 생활양식을 토대로 서구문화를 주체적으로 수용하여 합리적 발전과정을 거치지 못했고, 표층문화가 서구적 가치와 생활방식에 지배되었다. 즉, 의식과 행위 사이의 가치관의 이중성으로 심각한 괴리가 싹트기 시작하였다.

여기에 더하여 광복 이후의 사회적 혼란, 6·25전쟁으로 인한 경제적 궁핍으로 인해 권력과 재물의 획득이 사회적 성공과 자기실현의 가장 확실한 길로 생각되었다. 한 개인의 성공 여부는 과업지향적 가치에 의하기보다는, 지위지향적 가치에 의해 평가되었다.

그 후 1960년대에 이르러 정신문화의 발전과 물질적 풍요를 새로운 차원에서 시도하려는 움직임이 일어났다. 하지만 이러한 시도는 관 주도 하의 위로부터의 개혁이라는 성격을 지녔으며, 새로운 정신과 가치의 창조는 경제적 부의 창출에 비해 덜 강조되었다. 즉, 사회발전에 있어서 수단적 합리성에 치우쳐서 삶의 물적 조건과 인격가치를 실현하는 진정한 의미의 삶의 질 향상을 지향하는 것은 아니었다. 따라서 그 발전은 물질적 번영주의라는 일면성에 치우치고 말았다.

이렇듯 사회의 발전에서 목적가치에 대한 판단과 윤리성을 소홀히

한 결과는 발전의 비윤리성을 가져왔다. 그리하여 구성원들의 사고 속에는 공동체 의식과 사회윤리 의식이 제대로 자리잡지 못했다. 따라서 우리 사회에는 정신적 가치보다 물질적 가치가 우선되고, 재물을 위해서라면 사람의 생명까지도 경시하는 풍토가 만연하게 되었다.

또한 사회구성원들 사이에는 이기주의가 팽배해 있고 시민정신 역시 허약한 상태에 있다. 건전한 근로정신 대신 적당주의와 한탕주의 경향이 두드러지게 나타나고 있으며, 맡은 일에 책임을 다하고 서로 협력하는 자세도 미흡한 것으로 나타나고 있다. 이 모든 현상의 밑바닥에는 부의 획득과 물질적·육체적 쾌락을 우선시하는 돈의 문화와 물신주의가 자리하고 있다.

2) 사회윤리적 문제

사회윤리는 사회의 윤리적 문제가 단순히 개인의 도덕적 양심이나 행위에만 관련되는 것이 아니라 사회적 구조나 제도와 밀접한 관계를 맺고 있어 그 문제의 발생과 해결이 고유한 논리 위에서 이루어진다고 보는 입장이다. 따라서 사회윤리적 관점은 사회문제의 근본적 원인을 사회제도 또는 정책의 문제에서 찾고 있으며, 문제의 해결도 이러한 사회적 제도, 구조, 정책 등의 합리화와 정당성을 통해 이루고자 하는 것이다.

우리나라의 정치는 지금까지 부도덕의 실체로서 기능해 왔다. 정치는 권력으로 국민을 억압하고 반대파를 무력으로 탄압하고, 정치범의 인권을 제한하였다. 민주화를 지향한다는 정부가 민주적 인사들로 구성된 것이 아니고, 민주화를 외치면서 비민주적 행동을 하는 구정치인들과 낙후된 정치문화를 개선하지 못한 채 법과 제도만 바꾸어 비도덕성의 온상이 될 수밖에 없었다.

한국사회의 고질적인 정치적 부패와 불건전성은 올바른 사회윤리의 형성에도 역기능적인 영향을 미쳤다. 구체적으로는 공공정책 영역에 나타난 문제점들을 예로 들 수 있다. 그 동안의 우리나라에서는 정책기조의 논리가 국가개발, 경제성장, 국가안보 등 소수의 단순하고 명백한 가치에 치우쳐 가치논쟁과 이상가치지향적 윤리분석을 억제해왔으며, 공공정책의 결정 역시 정권의 압력에 의해 분석을 왜곡하여 합리적인 정책결정을 제대로 수행하지 못해 왔다.

우리 사회 경제구조의 비도덕성과 부조리 문제 역시 생각해 보아야 한다. 정경유착과 재벌의 비정상적 확대는 사회정의와 건전한 시장경제의 성숙을 제한하는 요인으로 작용했다. 그 결과 시장경제의 영역은 축소되고 자유경쟁 체제가 위협받게 되었다. 결국 우리 사회의 갈등 중에서 빈부격차로 인한 계층 간의 갈등이라는 가장 심각한 갈등과 여기서 파생되는 상대적 박탈감 및 좌절감을 초래하였다.

무엇보다 가장 큰 문제는 이러한 경제구조상의 문제에 대해 그 경제구조를 지배하고 있는 경제인들의 윤리성과 도덕성의 결여이다. 그들의 과소비의 조장, 불필요한 외국상품의 도입, 극심한 이기적 욕구의 추구 등으로 인해 국민들의 불신과 금전만능의 사회적 분위기가 조장되었다.

마지막으로 도덕성 상실의 원인을 교육분야에서 찾아볼 수 있다. 핵가족화와 부모의 맞벌이로 인한 가정교육의 부재로 가정교육의 내용에서도 윤리적 지체현상이 나타나고 있다. 학교교육에서도 입시위주의 교육으로 인해 인간교육, 도덕교육, 정서교육은 불가능해졌다. 게다가 심한 경쟁상황 때문에 불안에 가득 찬 인성을 양산하고 있다. 그리고 도덕교육의 내용이나 방법의 문제도 있지만, 교육제도 자체에도 문제가 있다.

이상 제시된 정치건과 경제인들 및 재벌들의 구조적 비도덕성의 문제는 도덕성 상실의 원인이지만, 이는 어디까지나 필요조건이며 충분조건은 아니다. 가족의 와해와 가정교육의 부재, 가정 내의 윤리적 지체현상이 비도덕적 사회 분위기를 만드는 충분조건으로 작용하고 있는 것이다.

제 2 절   군대윤리의 이론적 토대

1. 윤리학의 개관

윤리학은 moral philosophy 라고도 하며, 개인적으로는 좋은 에토스의 실현을, 사회적으로는 인간관계를 규정하는 규범과 원리의 확립을 목적으로 하는 학문이다. 즉, 윤리학은 도덕의 본질과 근거에 관한 철학적 탐구로 정의할 수 있다. 윤리라는 말은 일찍이 『예기禮記』 악기편樂記篇에서 사용한 말로 여기서는 인간이 한 동아리로 서로 의존해 지켜야 할 질서를 뜻했다.

윤리ethics란 '인간이 인간으로 마땅히 해야 할 도리 내지 규범'을 말한다. 이것은 고대 그리스어인 ethikos관습, 습관에 부수된에서 유래하였다. 도덕morality은 라틴어의 moralitas관습, 습관에서 유래하였으며 두 용어의 철학적 뜻은 서로 같다. 그러나 굳이 용어 사용상의 차이를 말한다면 도덕은 행위에 대한 도덕적 판단, 표준 그리고 규칙을 가리키는 일반적인 이름으로 사용된다.

흔히 윤리학의 성격을 구분할 때, 전통적으로 사용되는 구분은 다음과 같다.

기술 윤리학descriptive ethics은 가치중립적 사회과학의 일종으로 인간의 사회와 행위를 사진을 찍듯이 묘사·기술·설명하는 윤리학의 분과이다. 이 분과에는 엄밀히 말해서 심리학, 사회학, 인류학 등이 포함된다.

규범 윤리학normative ethics은 '우리 인간은 어떻게 행위 해야 하는가?'를 연구하는 윤리학이다. 이것은 다시 좋음과 나쁨의 문제를 어떻게 정의하느냐에 따라 형이상적 윤리학, 직관주의 윤리학, 자연주의 윤리학으로 나뉘는데, 각각을 대변하는 중요한 사상가 및 사상은 각각 플라톤, 칸트, 공리주의·실용주의 등이다.

메타 윤리학 혹은 분석 윤리학meta-ethics or analytic ethics은 '윤리학 자체의 성과가 정당한가' 혹은 '윤리학이 연구하는 기본적 언어적 용례들은 정당한가?'를 연구하는 윤리학이다.

2. 군대윤리의 성립

군대윤리라는 과목의 현대적 기원은 1970년대 중반의 두 가지 사건에 근거한다. 첫 번째는 1970년대 중반 웨스트포인트 미 육사에서 시험부정사건이 발생한 것에서 기원한다. 일반 대학교에서의 흔히 일어나던 시험부정사건에 대한 반응과 달리 육사생도들의 시험부정행위는 뉴스의 관심을 받게 된다. 언론매체들은 경쟁적으로 보도를 하였고, 결국 미 의회는 조사단까지 파견하여 청문회를 열었고 그 결과 미 육사교장과 생도대장이 파면되었다. 이어서 육사 교과과정에 대한 변화가 진행되었다. 이전의 리더십 중심의 미 육사 교육은 이후 군대윤리를 정식과목으로 포함시키고 생도들의 도덕성 교육이 중요내용으로 되었다.

두 번째 계기는 베트남전 이후 미국의 패전에 대한 원인분석을 통해서 이루어졌다. 세계 최강의 장비와 풍부한 자원을 바탕으로 하고도 전쟁에 진 이유는 도덕적으로 부패한, 비윤리적인 군대로 인하여 군기가 문란해졌고 사기가 저하되면서 패전을 하게 되었다는 것이다. 대표적인 예가 베트남전에 파견되었던 미군병사의 28%가 마약을 하고 있었으며, 탈영, 전투거부, 공격명령 불복종, 허위보고 등이 만연하였다. 장교와 하사관을 합하여 1,016명이 적이 아니라 부하에게 사살되었다는 것은 당시 군부대의 윤리와, 분위기를 극명하게 드러낸다. 윤리적 타락이 주요 원인이 되었던 베트남전의 패배는 이어서 자신감의 위기, 적응성의 위기, 양심의 위기라는 세 가지 위기를 불러왔다. 첫째, 자신감의 위기는 장교와 지휘관의 무능과 비겁에서 비롯되었다. 리더십이 부재하였고, 일반 사회조직에서나 통용될 경영주의와 관료주의가 만연하여 폐해가 심했다. 둘째, 적응성의 위기는 새로운 전쟁상황에 적응하지 못하였다는 점이다. 특히 1960년대에는 지원병제도가 도입되면서 전투수당과 개인의 이익을 중시하는 병사의 비율이 증가하게 되었다. 이것은 곧 군대조직에 상업주의와 개인주의가 만연하게 되는 원인이 되었다. 셋째, 양심의 위기는 무고한 양민들에 대한 무차별 대학살과 이어서 사건의 은폐와 축소가 포함된다. 그리고 PX에서 물품을 부정유출하고 각종 전쟁범죄와 부정부패가 일어났다.

이러한 군대의 부패와 부정, 타락의 만연에 비해, 사회적으로 도덕성에 대한 기대는 컸다. 1976년에 진행되었던 U.S. News and World Report지의 리더십의 도덕적 특성에 관한 설문은 사회적 열망을 극명히 보여준다. 1,400명의 응답자를 분석하였을때, 리더에게 필요한 세 가지 특성에 대해 도덕적 진실성moral integrity이라고 대답한 사람은 76.1%나 되었다. 그리고 용기courage라고 답한 사람은 55.2%, 상식common sense이라고 답한 사람은 52.9%였다.

군대의 실상과 군대에 대한 사회의 기대 사이의 큰 괴리에서 위기의식을 느낀 미군은 사관학교, 사립사관학교, 일반대학의 ROTC과정 등을 포함한 장교양성기관들에서 정규과목으로 윤리과목을 채택하도록 하였다. 하지만 군대윤리는 그 중요성의 인식차이에 따라 다양한 내용과 비중으로 구성되었다. 이로 인하여 군대윤리는 군대관습이나 군대정신, 군대방식 등으로도 불리고 있으며, 전쟁도덕, 전쟁과 평화의 윤리도 군대윤리의 범주에 포함되게 되었다.

3. 군대윤리의 범주와 지향

1) 군대윤리의 범주

군대윤리의 범주의 구분에는 크게 군이라는 직업윤리 일반과 관련된 것과 군 고유의 특성과 관련된 것으로 나눌 수 있다.

군대윤리의 범주에는 일반적인 직업윤리로서 '공과 사의 구분', '직접적인 업무관련 태도', '사회적 책임성'의 3가지 요인이 있으며, 군 고유의 윤리로서 '책임성', '전문성', '단체성', '군인정신'의 4가지 요인이 있다.

2) 군대윤리의 지향점

군의 사기morale의 어원이 도덕moral에 근거하듯이 윤리는 폭력을 합법적으로 관리하는 군의 정당성 논의의 중요한 요소라 할 수 있다. 군 전문직의 특수성이 정당화되기 위해서는 언제나 윤리적 보편성의 지평 위에서 논의될 필요가 있듯이 군의 정신전력의 논의 역시 군의 특수성을 반영하고 있기는 하지만 보편적 윤리의 기초 위에서 논의될 필요가 있다.

　군인도 군인이기 이전에 인간이기 때문에, 군인에게 요구되는 윤리는 일반 시민에게 요구되는 것과 무관하지 않다. 공자는 『논어』에서 이상적인 인간상으로 묘사되고 있는 군자가 지녀야 할 덕목으로 지, 인, 용 세 가지를 들고 있다. 즉, 군자에게는 시비와 선악, 의와 불의를 판별하여 미혹되지 않을 지혜, 사적인 욕구를 극복하여 타인을 배려할 줄 아는 사람의 마음, 그리고 항상 도의와 짝하여 이를 실천할 수 있는 강한 기운이 있어야 한다는 것이다. 군인도 인간이므로 지, 인, 용 세 가지 덕목을 갖추어야 한다. 그리고 여기에 군의 특수성으로 인해 추가적인 덕이 요구된다.

　손무가 제시한 장수의 덕목에도 공자가 제시한 이상적인 인간의 덕목이 내포되어 있다. 『손자』에서 손무는 지, 신, 인, 용, 엄을 장수의 자질로 들고 있다. 여기서 지, 인, 용은 공자가 제시한 군자의 본질과 중첩되며, 군의 특수성으로서 신상필벌에 대한 신뢰성과 엄정한 군기가 추가되어 있다. 즉, 군에서 쓰이는 윤리는 민간 영역과 달리 특수성이 지배적일 것으로 오해할 수 있지만 윤리적 보편성의 토대 위에서 군대윤리의 특수성은 그 정당성을 확보할 수 있다.

　토너Christopher Toner는 군대윤리를 다루는 방식으로 '칼의 접근sword approach'과 '방패의 접근shield approach'을 든다. 칼의 접근이 전쟁에서의 승리를 위한 군의 기능을 강조한다면, 방패의 접근은 사회의 기관으로서 군에 소속된 군인의 덕성을 강조한다. 즉, 칼의 접근은 군대윤리의 특수성을 나타내며 군인은 군의 효율성을 달성하기 위한 도구로 간주된다. 이에 반해 방패의 접근은 군대윤리의 보편성을 나타내며 전투에서 승리 및 생존의 문제가 걸려있어도 군인의 명예와 인간성 등의 '도덕적 방패'는 버려서는 안 된다고 본다. 그런데 이 두 접근은 긴밀하게 통합될 필요가 있으며, 군대윤리의 보편성은 결코 저버려서는 안 되는 도덕적 방패라는 점을 명심해야 한다.

4. 군대윤리의 개념과 특성

윤리학은 도덕과 규범을 연구하는 도덕철학의 한 분야라 할 수 있다. 윤리는 사회생활 속에서 실천을 전제로 인간의 행동기준과 행동규범을 연구한다. 이에 의하면 군대윤리는 군인의 행위와 규범을 다루는 윤리학의 한 분야가 된다. 즉, 군대윤리는 군 조직에서 복무하는 모든 사람들이 마땅히 지켜야 하는 가치, 태도, 행동의 규범체계라고 할 수 있다. 그리고 군대윤리 교육은 군인이 지녀야 하는 가치, 태도, 행동의 규범을 교육하는 것이다. 군대윤리 교육의 주요 대상은 장차 장교로 임관될 사관생도가 된다.

군대윤리 교육의 두 가지 중요 목적은 실천과 분별이다. 첫째, 군에 종사하는 사람들은 자신의 현재 직위에 맞는 가치, 신념, 규범을 이해함으로써 실천해야 하는 규범을 실천하게 된다. 둘째는 군대윤리의 다양한 상황들을 이해하고, 윤리적 갈등의 상황에서 규범의 우선순위를 정할 수 있는 분별작용을 학습한다. 추론하고 판단하는 도덕적 추론능력은 장교가 모범자로서 성장하기 위해서도 필요하지만, 부하들의 윤리의식에 기반하여 부하들의 능력을 임무수행에 효율적으로 활용하기 위해서도 필요하게 된다. 왜냐하면 군대에서 팀워크는 부하들의 존경과 신뢰 속에서 가능하며, 부하들의 존경과 신뢰는 리더의 고결한 품성과 탁월한 업무수행에서 얻어지기 때문이다. 즉, 도덕적인 고결함과 전문성을 함유한 상관은 자연스럽게 부하들의 충성스러운 복종을 가능하게 한다.

1) 응용윤리로서 군대윤리

군대윤리는 응용윤리이자 상황윤리situational ethics라 할 수 있다. 응용윤리는 법률가, 기업가, 교육자, 의료종사자등 전문직업에서 성립하는 직업윤리가 포함된다. 그러나 군대윤리를 여타의 직업윤리와 차별화되는 몇 가지 특징을 가지고 있다.[20]

첫 번째는 도덕성의 문제이다. 군대윤리는 다른 윤리분야에서는 모두 비난받을 내용인 고의적인 인마살상과, 공공건물의 파괴 등을 다루게 된다. 이로 인해서 평화주의자들pacifists은 군대윤리의 성립자체에 대해 회의적인 입장을 가지게 된다. 하지만 현실주의자들realists은 현실적으로 전쟁은 존재하며 할 수밖에 없는 상황이 있기에 전쟁을 도덕적으로 이끌 윤리가 있어야 한다고 인정한다.

두 번째는 군대윤리가 개인이기보다는 제도에 관한 윤리라는 것이다. 즉, 의료윤리는 의사와 환자 사이의 개인적인 문제를 다루게 되지만, 군대윤리는 군대라는 조직과 제도 속에서 개인의 행위를 결정하게 된다. 이런 측면에서 군대조직에서 개인은 기계의 작은 부속품 역할을 하게 된다. 군대제도와 조직은 군인이라는 개인의 행동을 결정하며, 비인격적으로 취급한다는 점에서 다른 응용윤리와 구별된다. 뿐만 아니라 군대윤리가 제도의 윤리이기에 군대를 통제할 다른 사회적 제도나 권위가 존재할 수 없다. 군대조직과 제도를 통제할 수 있는 유일한 기관은 정부이지만 국제관계에서 국가 간 분쟁을 통제하거나 조정할 규제는 현실적으로 없다는 점에서 군대윤리는 한계를 가지게 된다.

| 20 박두복·김영로, 「軍과 國家」(서울: 탐구당, 1990), pp.92−96.

셋째, 일반적인 직업윤리는 개인들의 도덕적 문제를 해결할 수 있지만, 군대윤리는 그렇지 못하다. 왜냐하면 군대윤리는 고의적으로 인명을 살상하는 현실을 다루게 되기 때문이다. 그리고 다른 직업 종사자들은 자율적 존재로 판단하고 행위할 수 있으나 군대윤리는 전투상황에서 명령에 따른 복종으로 도덕판단을 내리기는 쉽지 않다.

넷째, 다른 응용윤리들에 비해 군대윤리는 도덕적 행위자와 범위가 매우 다양하다. 군대윤리의 규범체계의 적용대상은 병사에서부터 고급지휘관, 군사정책결정자, 그리고 국군통수권자에 이르기까지 다양하다. 따라서 그 행동범위와 책임의 한계가 다르고 따라서 적용되는 군대윤리의 내용과 범위가 달라질 수밖에 없다. 예를 들어 병사를 대상으로 한 군대윤리는 건물을 향해 사격을 하기 전에 민간인의 출현을 확인해야 하는 것이 포함되겠지만, 장교에게는 경제봉쇄와 같은 전략문제가 군대윤리의 주제가 된다. 그리고 군사정책 담당자에게는 화생방무기에 대한 비축여부 등이 군대윤리의 범주에 포함될 것이다. 이처럼 보다 상위의 단계로 갈수록 보다 추상적이고 보다 영향의 범위가 커지며, 따라서 그 판단과 실행은 보다 복잡하고 신중해질 수 있다.

2) 직업윤리로서 군대윤리

전문직업주의와 직업윤리의 문제를 규명하기에 앞서 직업의 의미와 직업과 전문직업의 차이를 밝혀야 한다. 왜냐하면 현대의 군 간부단은 하나의 전문직업집단이고, 일종의 전문직업인이라는 전제 하에서 군대윤리가 성립되기 때문이다.

직업이란 휴식과 놀이, 여가 활동을 제외한 모든 생산적 활동으로 정상적인 일을 의미한다. 그러나 모든 일이 다 직업은 아니며,

대체로 직업은 생업, 천직, 전문직의 개념으로 구분된다. 그리고 이 중에서 생업으로서의 직업이 가장 일반적이고 포괄적인 의미의 직업이다.

생업은 일에 대한 경제적 보상으로 자신과 자신의 가족의 생계를 유지하는 개념의 직업이다. 이러한 생업에 관한 봉건주의적 견해의 기본정신은 노동 천시 내지 직업의 귀천의식에 뿌리를 두고 있었다. 봉건사회에서의 직업은 상민이나 천민들에게나 해당하는 것이었다고 볼 수 있다.

귀족이 아닌 일반 상민이나 노예, 천민들은 그야말로 생계를 위해 힘든 노동을 도맡아서 하지 않으면 안 되었다. 따라서 경제적 소득을 목적으로 하는 생산 활동에 종사하는 것은 사회적으로 낮게 평가되었으며 이런 배경에서 노동 천시의 사상이 생겨났다.

종교개혁과 산업혁명이 일어나면서 이러한 노동관과 생업관 및 직업관에 변화가 일었다. 종교개혁 이후 프로테스탄트의 윤리는 모든 직업적 활동을 하나님의 소명이라 해석한다. 따라서 사람들은 자신의 직업활동에 최선을 다하여 하나님의 영광을 드러내야 한다고 생각하게 되었다. 산업혁명은 더 이상 귀족이나 지주들이 일하지 않고도 소작료만 받아 호화롭게 살아갈 수 없도록 경제구조를 바꾸었다. 이로 인해 현대 산업사회에서는 더 이상 신분제도가 존속하지 않을 뿐만 아니라, 누구나 일을 통해서 얻는 소득으로 살아가야 한다는 새로운 가치관이 대두하였다.

전문직은 전문화된 교육을 통해 일정 자격을 획득함으로써 독점적으로 전문적 지식과 기술을 사용할 수 있는 직업이다. 이러한 전문직업주의가 나타난 시대적 배경은 산업혁명의 여파로 노동 분화 및 기능적 전문화가 중요시 되는 사회의 산업화 과정에 있었다. 이

러한 전문직은 의사, 변호사, 교수, 목사 등과 같은 직업을 주로 일
컬어 왔으나, 오늘날에는 공인회계사, 세무사, 약사, 엔지니어, 전문
경영인과 같이 특정한 사무지식과 기술을 독점적으로 사용하는 직업
들로 확대되고 있다.

　물론 군대의 간부직도 전문직업으로 분류되고 있다.[21] 군 간부직
은 전문직업주의의 중요한 기준에 부합하는 직업이며 헌팅턴이 제시
하는 전문직의 이상적 특성을 지니고 있다. 그 특성은 전문성·책임
성·단체성으로, 전문성이란 장기간의 교육과 경험을 통해 얻은 특
정 분야의 전문지식과 기술을 의미한다. 책임성이란 전문가가 전문
적 지식과 기술을 활용하여 자신이 속한 사회의 존속과 발전을 위해
헌신할 사회적 책임을 의미한다. 마지막으로 단체성이란 전문직 종
사자들이 공유하는 연대의식 내지 집단적 일체감을 의미한다.

　이러한 전문직의 일반적 특성을 군대조직에 적용해 보면, 간부
단이 보유한 전문성은 전쟁의 수행, 부대의 운용 및 장비 관리를 포
함한 안보영역 전반에 관한 전문지식과 기술이다. 간부단의 책임성
은 그들이 속한 국가의 안전보장에 대한 사회적 책임과 소명의식이
며, 간부단이 가지는 단체적 성격은 소속감과 동료의식, 타 집단과
구분되는 제복착용과 계급표시 등에서 찾아볼 수 있다.

　바람직한 군 전문직업주의를 확립하기 위해서 군 간부직은 생업
의 원칙 위에 직업주의와 천직주의를 구현해야 한다. 이를 위해 직
업군인을 양성하는 교육기관에서 군 전문직업윤리를 필수과목으로
하고 집중적으로 교육을 해야 한다. 왜냐하면 전문지식과 기술의 독
점과 횡포는 그 분야의 비전문가인 사람들에게 위협적인 것이 될 수
있으며, 그들은 전문가의 부도덕성과 반직업윤리를 알 수도 없고 통

---

21 황보식(1998), "한국군 장교직의 전문성 확립방안에 관한 연구," 공주대학교 대학
　원 석사학위논문, p.58.

제할 수도 없기 때문이다.

군인은 직업윤리 교육을 통해서 상업주의와 개인적 이익을 추구하는 직업관을 지양하고 국민의 생명과 재산을 보호한다는 소명의식과 천직주의에 바탕을 둔 전문직업주의에 충실해야 한다. 또한 군인은 군 전문직에 대한 올바른 이해를 통해 직분의식, 가업의식, 장인정신을 발휘해야 하고, 여기서 나아가 군사전문성을 극대화하여 자기가 하는 일에서 보람을 찾을 수 있어야 한다.

5. 전쟁도덕으로서 군대윤리

1) 전쟁도덕의 성격

군대윤리는 직업군인의 군사적 기능수행과 관련된 규범을 가진다. 이런 군사적 기능이 가장 잘 발휘되는 상황이 전쟁상황이다. 전쟁상황에서는 도덕적으로 정당화될 수 없는 행위와 사건들이 발생하기 마련이며, 이런 이유로 전투 중에 군인이 하는 행위가 어떻게 도덕적으로 정당화될 수 있는가, 과연 전쟁 그 자체는 선인가 악인가 하는 문제가 발생한다.

이런 문제를 윤리학적으로 논하기 위해서 우리는 인간의 행위와 태도를 정당화하는 기준을 검토해야 한다. 사람마다 인간의 행위에 대한 도덕적 평가의 기준은 다르며, 이러한 차이는 행위의 도덕성에 대한 평가를 다르게 한다.

의무론적 윤리설의 도덕적 평가기준에서는 어떤 행위가 그 결과가 나에게 이익이 되는지 손해가 되는지에 따라 정당화 되는 것이 아니라, 오직 옳기 때문에 하지 않을 수밖에 없는 행위가 있다고 본다. 이에 반해 목적론적 윤리설의 도덕적 평가기준에서는 주어진 목적을 실현하는 수단으로서 취한 행위가 옳은 행위라는 관점에서 도덕적 평가의 기준을 제시한다. 즉, 사회나 시대의 공동선을 구현하는 수단이 있으며 그 자체의 옳고 그름을 떠나서 정당화된다는 것이다.

전쟁상황에서 전투원의 행위는 도덕적 문제를 유발한다. 그러므로 전쟁 중의 행위는 무엇이든지 정당화되어서는 안 되며 도덕적 평가의 기준에 따라 정당성을 가져야 한다. 전쟁에 관한 도덕적 반성은 얼마든지 가능하며, 전쟁도덕과 관련된 군대윤리는 어디까지나 목적론적 윤리설에서 성립되고 그 의미가 살아난다. 그리고 전쟁에 관한 도덕적 반성은 일반적으로 '전쟁의 도덕'morality of war과 '전쟁에 있어서의 도덕'morality in war으로 나누어 생각할 수 있다.[22 23]

2) 전쟁의 도덕(morality of war)

전쟁의 도덕은 정당한 전쟁과 부당한 전쟁을 구분하는 도덕적 기준을 문제삼는다. 즉, 전쟁을 하는 그 자체가 옳은 일인가 옳지 못한 일인가를 따지는 것이다. 전쟁은 의무론적 윤리설의 관점에서 보면 옳지 못한 행위들에 의해 수행된다. 이런 이유로 칸트와 같은 도덕적 이상주의자는 전쟁을 절대악으로 보았으며, 유학의 왕도정치론도 병자흉기兵者凶器의 개념으로 군대나 전쟁을 필요악으로 간주했다.

비록 폭력과 살상이 악으로 간주된다고 해도 폭력과 살상보다 더 큰 악이 발생한다면 이를 제거하기 위한 수단으로서 작은 악을 사용하는 것이 정당화된다는 논리에서 전쟁도덕은 시작된다. 그리고 이러한 맥락에서 방어전쟁이 정당화된다.

그리고 전쟁을 먼저 일으키는 것이 어떤 경우에도 반드시 정당

22 이민수, 전게서, p.48.
23 김상수(2012), "군인의 전시 행동에 관한 도덕적 책임 연구," 연세대학교 대학원 석사학위논문, p.36.

화될 수 없다고 단정하기는 어렵다. 왜냐하면 도저히 묵과할 수 없는 도덕적 악과 불의를 응징하기 위해 일으킨 전쟁을 부당한 전쟁이라고 평가할 수 없기 때문이다. 그러나 보복이나 세력확장을 시도하고 종족이나 주민을 살육하려는 군사행동은 도덕적으로 정당화될 수 없다. 그렇다면 정당한 전쟁과 부당한 전쟁을 구분하는 기준은 무엇일까? 전쟁이 정당한 전쟁이기 위한 첫 번째 원칙은 정당한 명분이다. 무고한 인명·인권의 보호, 현실적이고 확실한 위험에 직면한 경우, 침해된 주권회복과 같은 명분이 있어야 전쟁 개입의 정당성이 있다고 본다.

두 번째 원칙은 합법적 권위의 원칙이다. 국가의 통치권을 위임받고 있는 합법적인 당사자에 의해 전쟁의 선포가 이루어져야 하고 정규군에 의해 전쟁이 수행되어야 한다.

세 번째 원칙은 비례적 정의의 원칙이다. 살상과 파괴, 굶주림과 죽음을 수반하는 무력사용의 결과가 악보다는 선이, 불의보다는 정의가 더 많이 발생해야 한다.

네 번째 원칙은 정당한 의도이다. 전쟁 개입의 대의명분 뒤에 숨겨진 의도가 무엇인지 분명해야 하고 또한 정당해야 한다.

다섯 번째 원칙은 최후의 수단이다. 전쟁에 호소하는 길 외에 다른 대안이 없어야 한다. 정치적, 외교적 노력 등 문제해결의 방안을 모색했으나 전혀 대안이 없을 경우에 한해서 최후의 수단으로 전쟁에 호소하는 것이 정당화된다. 마지막으로 정당한 전쟁의 원칙은 균형성이다. 전쟁에서 입은 손해와 비용이 무력사용을 통해 얻는 이익과 조화를 이루어야 한다. 비록 전투에서 승리할 가능성이 높아도 전쟁의 결과가 민족의 전멸, 국가재원의 탕진 등을 초래한다면 전쟁에 호소하는 것이 올바른 선택이 되지 못한다.

결국 전쟁의 도덕이 추구하는 것은 호전성이 아니며 가급적 전쟁을 억제하고 문제를 평화적으로 해결하려는 자세이다. 그러나 군인은 위에서 검토한 정당한 전쟁의 모든 원칙에 의거해서 내려진 정책 결정자의 전투명령에 절대복종하고 신속하고 정확하게 임무를 수행하고 전투를 승리로 이끌어야 한다.

3) 전쟁에 있어서의 도덕(morality in war)

전쟁의 도덕이 전쟁 자체의 정당성과 관련된 문제라면 전쟁에 있어서의 도덕은 전투 중에 있는 군인의 행위, 전쟁의 수단, 전술 등의 도덕성과 관련된 문제라고 볼 수 있다. 군대윤리는 목적론적 관점에서 타당한 응용윤리이기 때문에 전투 중의 군인의 행위는 비례적 정당성을 가진다. 그럼에도 불구하고 큰 정의나 선을 실현하기 위한 필요악으로서의 무력사용이 불가피하더라도 군인은 인도주의와 공정한 신사도 정신을 지켜야 하는 것이 전쟁에서의 도덕의 핵심이다. 이러한 정신은 1984년 8월 12일 제정된 전쟁희생자 보호에 관한 제네바 협약에서 잘 드러난다. "전쟁 중에도 자비를 베풀어야 한다"는 제네바 협약의 인도주의 정신은 4개의 협약과 2개의 추가 의정서에 담겨 있다.[24] 국제인도법의 기본원칙은 다음과 같다.

첫째, 전투능력 상실자와 적대행위에 직접 가담하지 않는 자는 그들의 생명과 육체적, 정신적 보존에 대하여 존중받을 권리가 있다. 그들은 모든 상황에서 보호되고 인도적으로 대우받아야 한다. 둘째, 투항하거나 또는 전투능력을 상실한 적군을 살상하는 것은 금지되어야 한다. 셋째, 부상자와 환자는 적대행위에 있었던 충돌 당사자에 의하여 수용되고 진료되어야 한다. 넷째, 포로가 된 전투원

24 정세종(2015), "국제인도법상 '인도주의 원칙'" 한국외국어대학교 대학원 석사학위 논문, p.65.

과 적대국의 지배 하에 있는 민간인들은 그들의 생명, 존엄성, 인권 및 신념에 대하여 존중받을 권리가 있다. 그리고 그들은 폭력 및 보복행위로부터 보호된다. 그들을 자기의 가족과 서신을 교환하고 구호품을 받을 권리가 있다. 다섯째, 모든 사람은 기본적인 사법상의 보장을 받을 권리가 있다. 누구나 육체적·정신적 고문과 체벌 또는 품위를 손상하는 잔혹한 대우를 받아서는 안 된다. 여섯째, 충돌당사자와 그 군대의 구성원은 전쟁의 방법 및 수단을 무제한적으로 선택할 수는 없다. 불필요한 손실이나 과도한 고통을 유발하는 무기나 전쟁방법의 사용을 금지한다. 마지막으로, 충돌 당사자는 어떠한 경우에도 민간인과 그들의 재산을 보호하기 위해 민간주민과 전투원을 구별하여야 한다. 민간인이나 개인이 공격목표가 되어서는 안 되며 공격 대상은 오직 군사적 목표물에 국한되어야 한다.

이상의 제네바 협약 7대 원칙은 전쟁에 있어서의 도덕성의 근간이 된다.

제 7 장

군인의 직업윤리

제1절 직업의 본질, 의식

1. 직업이란

직업은 인간관계에서 경제적 그리고 사회적으로 두 가지 중요한 의의를 가진다.

첫째, 직업의 경제적 의의는 인간이 생계를 유지하기 위한 수단으로, 의식주를 직업을 통해 해결한다. 특히 현대사회는 산업화와 문명화로 인하여 고도로 직업이 분화되고 복잡하다. 따라서 직업 없이는 생존이 어렵다.

둘째, 직업의 사회적 의의란, 직업을 근거로 하여 인간이 사회적 역할을 얻게 되고, 이로써 사회의 성원으로서 사명과 기여를 한다는 것이다. 영어로 직업은 vocation 또는 calling으로 쓰이는데 이것의 어원은 라틴어 vocare이며 그 뜻은 '부른다'이다. 즉, 종교적으로 직업은 신이나 하느님의 부름에 응답하는 것이 된다.[1] 따라서 직업은 단순히 경제적 생계의 수단이기보다는 여기에서 더 나아가 하늘이 맡긴 소명으로서 직업소명관 또는 고차원적인 직업윤리의식을 내포하게 된다. 자기의 직업에 대해 귀한 사명적 의식을 갖고 신념과 책임 속에서 열정과 정성을 쏟으면 이 과정에서 자아를 발견하고 사회에 헌신할 수 있게 된다. 따라서 인간은 자신의 이상과 기질에 적합한 직업을 찾는 것이 바람직하다. 이 속에서 사람들은 경제적 안정뿐만 아니라 인생의 의미와 행복감을 느낄 수 있다. 현대는 다양한 직업이 있고, 다양한 성격을 가진 사람들은 제각기 다른 직업에 대한 가치를 부여할 것이다. 동일한 직업을 가지고 있다 하더라도 서로 다른 의미를 부여하고 만족도도 달라지게 된다. 즉, 직장의 구성원으로서 사람들마다 그 역할이 다르고 직업적 행동양식이 다르다. 따라서 직업과 관련되어 올바른 직업관을 확립하는 것은 개인의 자아완성과 생애의 의미부여에서 중요한 영향을 주게 된다. 즉, 개인들은 자신의 개성과 능력, 그리고 기질을 잘 파악하여 어릴적부터 적절한 직업적 내용들을 탐색하고, 장래 건전한 시민으로 직업적 만족과 소명의식을 부여받을 수 있도록 해야 한다. 그럼으로써 한 개인의 행복과 국가사회의 발전이 가능해진다.

2. 직업의 필요성

직업은 일반적으로 매일의 생활을 영위하고 의식주를 해결하는

---

1 김대성(2010), "칼빈의 소명론을 통해서 본 그리스도인의 직업 선택을 위한 윤리적 접근," 장로회신학대학교 대학원 석사학위논문, p.67.

역할을 한다. 날마다 일에 종사하므로 계속적인 활동이 되며, 그것
의 주요 목적은 생계를 유지하는 것이다. 즉, 직업이란 생활을 유지
하는 목적으로 종사하는 계속적인 활동이라 정의할 수 있다. 여기서
일차적으로는 직업을 통해 물적인 보수를 얻지만, 이차적으로는 여
러가지 다양한 정신적 보상과 만족감을 제공하며, 자신의 직업과 관
련된 사람들의 사회적 지위도 결정하게 된다. 개인에게는 보수와 만
족을 주지만 이 활동은 사회시스템이 가능하도록 하는 동력이기도
하다. 즉, 직업활동을 통해 사람들은 사회적 활동을 수행하며, 이로
써 사회에 공헌한다. 따라서 직업은 일정한 사회적 역할의 계속적
수행이라고 정의할 수 있다.

현대사회에서 직업은 어느 정도 일의 전문화가 발달한 사회를
전제로 한다. 가족의 구성원들은 제각기 전문적인 일에 관여하고 그
성과를 교환하여 상응하는 생활을 할 때 비로소 고유한 의미의 직업
이 성립된다. 그리고 사람은 직업을 통하여 상호의존의 상태가 촉진
된다. 즉, 사람들은 각자의 직업을 통해서 사회적 역할과 사명을 수
행한다.[2]

3. 직업관의 내용

직업관이란 개인이 종사하는 직업에 대해 부여하는 가치 또는
관점이라 할 수 있다. 직업관은 보수지향적, 기여지향적, 자아실현적
직업관의 세 가지 직업관이 있으며 이들이 서로 상호작용하면서 한
인격의 직업관을 형성하게 된다.[3]

2 이주영(2000), "현대사회의 직업윤리에 관한 연구," 동아대학교 교육대학원 석사
  학위논문, p.35.
3 고익환(2002), "삶과 직업관," 「人文科學硏究」 23(一), pp.139-157.

첫째, 보수지향적 직업관은 직업을 생계유지를 위한 활동으로 보는 직업관이다. 이것은 활동과 출세의 수단으로 직업을 보는 것이 포함된다. 이 직업관은 가장 통속적이며 근원적인 직업관으로서 이에 의한다면 인간의 활동은 단지 자기자신이나 가족만을 위한 이기적 속성을 띠고 있다. 만약 어떤 이가 보수지향적 직업관만을 가지고 있다면 그는 사회기여를 기대할 수 없다. 이웃에 대한 봉사활동 또는 사회기여는 자신의 이익을 넘어설 때 가능하다.

둘째는 기여지향적 직업관이다. 이것은 직업을 자신의 필요나 가족의 이익 추구보다는 자신이 속해있는 사회나 국가를 위하여 봉사하는 것으로 보는 입장이다. 이 직업관에서는 직업을 각자에게 주어진 역할로 보고, 맡은 바 의무와 책임을 다할 것을 강조하고 있다.

셋째는 자아실현 직업관이다. 이 직업관은 직업을 자신이 갖고 있는 개성과 능력을 최대한 발휘하여 자아실현을 이루는 과정으로 보는 입장이다. 직업을 무엇으로 얻기 위한 수단으로서가 아니라, 자신의 잠재적 역량을 발휘하고 그 자체를 즐기기 위하여 선택하게 된다.[4]

이상의 세 가지 직업관 중에서 개인은 각자 어느 측면을 중요시하느냐에 따라서 저마다의 직업관을 가지게 된다. 그러나 세 가지 직업관 가운데 어느 한 가지만을 강조하여 직업을 선택하고 직업활동을 수행하게 될 때는 개인이나 사회 모두 불행한 사태가 발생할 수 있다.

4. 전통사상과 직업의식

직업은 크게 생업occupation, 천직calling, 전문직profession의 세 가지 개

4 고익환, 상계논문, pp.139-157.

념을 포함하고 있다.

생업生業은 일반적으로 쓰이는 직업의 개념을 가지고 있다. 일을 통한 소득으로 가족과 자신의 생계를 유지한다는 의미를 담고 있다. 즉, 일에 대한 경제적 보상으로서의 생업은 그 기원이 봉건주의적 관점에서 노동의 천시 또는 직업의 귀천이라는 개념에 근거한다. 즉, 귀족과 농노로 나뉘어 있던 봉건사회구조에서 노동은 귀족이기 보다는 농부나 노예 등 천민들이 생존을 위해서 해야만 하는 것이었 다. 따라서 생업으로서의 직업은 사회적으로도 낮은 평가를 받았고 노동천시의 의미가 저변에 있다. 이러한 관점은 기독교에서 원죄라 는 개념과도 맞물려 있었다. 즉, 기독교적 관점에서 인간은 원래 에 덴동산에서 노동이 없이 살도록 창조되었다. 하지만 아담과 이브가 신의 명령을 따르지 않음으로써 죄를 범하게 되었고 낙원에서 쫓겨 나게 된다. 동시에 생존을 위해서는 노동을 하면서 평생을 살아가야 만 하게 되었다.[5]

천시와 원죄의 직업관은 종교개혁과 산업혁명의 시기를 기점으 로 하여 변화하기 시작하였다. 종교개혁 이후 프로테스탄트는 모든 직업활동을 신의 소명이라고 새롭게 해석하였다. 즉, 모든 사람은 하나님의 부름에 따라 재능을 부여 받았고, 그 재능에 따라 일을 한 다. 따라서 자신의 직업에 최선을 다하는 것은 곧 하나님의 영광을 드러내는 일이 된다. 프로테스탄트 윤리의 등장과 함께 진행된 산업 혁명은 기존의 봉건주의 시스템을 와해시키게 된다.[6] 즉, 귀족과 농 도로 구성되었던 신분제가 철폐되고 누구든 일을 하지 않고서는 소 득을 얻지 못하는 사회가 진행되면서 노동과 직업에 대한 새로운 가

5 정세근(2013), "노동과 치유," 「大同哲學」 65(一), pp.1-23.
6 박진석(1996), "기독교 노동관의 변천사에 대한 연구," 장로회신학대학교 대학원 석사학위논문, p.45.

치관이 필요해졌다. 이러한 상황에서 천직주의 직업관이 힘을 얻게 된다. 천직주의는 곧 소명적 직업관으로서 직업집단의 사회적 책임을 강조하게 된다. 생업의 직업관이 물질적 가치^{welfare value}에 근거한다면, 소명의 직업관은 충성, 희생, 봉사 등 공익과 함께 명예가치^{honor value}를 중시하게 되었다.

직업관의 세 번째 물결은 전문직으로서의 직업관이다. 전문직이란 전문화된 교육과정을 통하여 전문화된 지식이나 기술을 습득하고, 일정한 자격이나 면허를 취득함으로써 독점적인 지식과 기술의 사용이 허가된 직업이다. 전문직으로서의 직업관은 산업혁명 이후 노동이 점점 분화되고 기능이 전문화되어 간 것과 관련된다. 그리고 정치사회적으로도 산업화와 함께 민주화가 진행되면서 다양한 전문직종들이 요구되고 등장하게 되었다. 전문직의 기준은 크게 전문성, 책임성, 단체성의 3가지로 나눌 수 있다. 전문성이란 특정분야의 전문지식이나 기술을 장기간의 교육과 경험을 통해서 얻게 된다는 의미이다. 책임성이란 자신이 속한 사회의 존속과 발전을 위해 전문가의 전문적 지식과 기술을 활용하는 것을 의미한다. 단체성은 전문가 집단의 일체감 내지 연대의식을 의미하는데, 이를 통하여 전문가들은 단체적 이익을 추구하고 다른 전문집단과의 차별성을 얻게 된다.

전문직 관점에서 직업의 가치는 개성추구와 자아실현이라 할 수 있다. 특히 현대 산업사회에서는 소정의 교육과 훈련과정을 거치면 대부분의 자격을 획득할 수 있다. 전문직은 개인의 재능을 발휘할 수 있는 기회를 제공하며 보수적으로도 비교적 높은 편이어서 일하는 긍지와 함께 보람을 느끼게 된다. 현대사회에서 대표적인 전문직종으로는 엔지니어, 의사, 약사, 변호사, 교수, 세무사, 공인회계사

등이 있으며 여기에 군대의 간부직도 포함된다.[7]

5. 현대사회와 바람직한 직업의식

현대사회에서 바람직한 직업의식은 앞서 살펴보았던 생업, 천직, 전문직이라는 세 가지가 적절히 결합된 것이라 할 수 있다. 즉, 생업이 추구하는 개인의 복지지향적 가치와 보수, 진급, 신분보장은 생물학적 존재로서의 인간이라는 측면에서 직업의 핵심적 요소 중 하나가 될 수밖에 없다. 그러나 생업적 직업의식만으로는 충분하지 않다. 소명의식이 부여된 천직이라는 개념은 사회와 국가에 대한 봉사와 희생을 가능하게 한다. 그리고 공익추구와 같은 명예가치는 될 수 있다. 개인의 자아실현과 성취욕구는 지속적으로 발전하는 인간이라는 관점의 직업관에서 중요한 요소가 될 수 있다.

제 2 절   직업군인

1. 직업군인의 역사

직업군인의 사전적 정의는 "하나의 직업으로서 군대에 복무하는 사람으로 일반적으로 군인을 평생직업으로 선택한 장교 및 부사관을 지칭"하며, 우리나라의 경우 전체 장교 중에서 약 60%, 전체 부사관 중에서 약 30%가 직업군인이라고 할 수 있다.[8]

---

7 강용관(2013), "전문직업적 정체성을 매개로 육군 전문인력의 조직몰입에 영향을 미치는 요인에 관한 연구," 서울대학교 대학원 박사학위논문, p.63.
8 이채현(2010), "직업군인의 직업관이 이직성향에 미치는 영향에 관한 연구," 조선대학교 정책대학원 석사학위논문, p.59.

현대군대를 전문직업군이라고 하지만 처음부터 지금과 같은 현태의 군대로 시작한 것은 아니었다. 17~18세기까지만 해도 군의 장교들은 귀족이나 용병 출신이었으며, 이들은 현대적 의미의 전문직 종사자라기보다 대체로 가문과 재산 정도 등의 기준에 기초한 사회적 신분을 나타내는 것이었다.

최초의 직업군인은 14세기경에 이탈리아에서 출현한 용병대라고 보는 설이 있으나, 현대적인 직업군인의 발생과정과 그 연대는 나라에 따라 다르다.[9] 중세기에 기사와 같은 특수한 직업적인 군인이 있었으나, 그것은 직업군인이라기 보다는 오히려 계급적 신분의 성격을 띠고 있었으며, 직업군인 조직은 19세기 초 프러시아에서 발생하여 나폴레옹전쟁과 보불전쟁을 거치면서 유럽 각국으로 전파되었으며, 산업 혁명에 의한 과학기술의 발달과 민주주의 사상의 발전에 영향을 받아 오늘날과 같은 전문직업주의 군대로 발전되어 왔다.

오늘날의 직업군인은 일반적으로 전문 군사교육기관 등에서 일정한 교육을 받고, 일정한 연령에 달해서 퇴역할 때까지 군대에 복무하는 군인을 가리키며, 법률에 의해서 일정 기간만 복무하는 의무병과는 구분이 된다.

2. 직업군인의 사회적 시각

직업군인은 '군에서 복무하는 것을 보람 있는 생애라고 생각하는 군인'을 의미한다. 단순히 군인으로서 봉사하는 것과는 차이가 있으며 경제적 목적을 위해 고용되는 용병제도와도 다르다. 생활보장을 위해 보수는 지급되지만 몸과 마음을 바쳐 국가에 충성해야 하

| 9 조용만(2007), "군사혁신의 문명사적 고찰," 경기대학교 대학원 박사학위논문, p.38.

는, 우리나라처럼 특수한 몇몇 나라에서 채택하고 있는 제도다.

그렇기 때문에 직업군인들은 벽지·오지에서의 근무와 함께 빈번한 이동으로 자녀 교육, 내집 마련 등 여러 가지 어려움을 감수해야 한다. 유사시에는 국가를 위해 목숨을 바쳐야 하는 막중한 책임감도 짊어진다. 직업군인은 특수한 군 계급구조 때문에 일반 공무원에 비해 평균 12년 정도 조기 퇴직을 하게 된다. 그리고 지출시기인 40~50대에 실직이 가장 많다는 점도 특징이다. 실제로 해마다 6,000여 명의 직업군인이 군을 떠나 일반 사회인의 삶을 살아간다.[10]

그런데 직업군인들의 사회복귀에는 많은 어려움이 따른다. 보통 일반인들은 전직轉職을 하게 되면 같은 분야에서 직업을 바꾸거나 똑같은 직업을 유지하면서 분야를 바꾼다. 하지만 직업군인의 경우 직업과 분야를 모두 바꿔야 한다. 더불어 군 조직에서 사회라는 이질적인 조직에 적응해야 하는 불리한 조건도 가지고 있다. 무엇보다 직업군인들의 사회 복귀에 있어 가장 큰 걸림돌은 사회 전반에 만연해 있는 부정적 시각이다. 열악한 근무환경 등 군 복무의 특수성을 도외시한 채 군인을 특권층으로 보려는 경향이 있고 투철한 국가관 등의 역량을 과소평가하려 한다.

현재 국가보훈처에서는 직업군인들이 전역한 이후 제2의 인생을 설계할 수 있도록 제대군인지원센터를 운영하며 취업·창업 상담, 직업훈련비 등을 지원하고 있다.[11] 그러나 사회 일각에서는 이러한 지원제도조차 곱지 않은 시선으로 바라본다. '자신이 선택한 직업인데 왜 도와주어야 하나', '청년실업, 노인문제 등 우리 사회가 해결해야 할 문제가 산적해 있는 상황에서 연금까지 받는 제대군인에 대

10 곽상민(2003), "職業軍人 轉役시 生活安定 方案에 관한 硏究," 전남대학교 행정대학원 석사학위논문, p.64.
11 고광준(2007), "전역직업군인 취업률 향상방안 연구," 경원대학교 경영대학원 석사학위논문, p.29.

한 지원이 뭐 그리 시급한가'라고 되묻는다. 젊음을 바쳐 국가의 안
보를 위해 애쓴 제대군인들을 우리 사회가 외면하고 있는 것이다.

직업군인은 부하를 인솔하고 작전을 수행하면서 리더십·추진력·
통솔력 등을 체득했을 뿐 아니라 일터에서 바로 활용될 수 있는 직
무능력도 갖춘 인재이다. 즉, 군 생활을 통해 습득한 리더십능력 외
에도 실무와 곧바로 연결되는 전문성 등의 월등한 역량을 지니고 있
는 국가 인적자원이다.

국가의 총체적인 인력활용 및 국가안보 차원에서 보더라도 직업
군인들이 전역 이후를 걱정하지 않고 군 생활을 열심히 할 수 있도
록 하는 것이 유용하다. 제대군인의 취업률이 낮아질수록 군 사기
저하는 뻔한 결과이며 이는 국가안보를 위태롭게 할 수도 있기 때문
이다. 그리고 더불어 군이라는 폐쇄된 곳에서 생활하는 직업군인들
에 대한 배려와 따스한 시선이 필요하다.

3. 직업분류상 군인의 의미, 특수성

장교나 부사관 등 군인도 하나의 직업이지만 다른 직업과 비교
시 기본적으로 추구하는 가치 및 임무의 특수성과 목숨까지도 담보로
임무를 완수해야 한다는 강력한 책임성의 측면에서 큰 차이를 보인다.

1) 합법적 무력관리 집단의 구성원

우리 군은 본연의 임무인 국가안보 및 국민의 생명과 재산을 보
호하기 위한 합법적인 무력관리집단이라는 특징을 가진다. 역사는
군이 본연의 임무수행을 소홀히 할 때 자국민은 물론 세계인에게도
불행을 안겨줄 수 있음을 수없이 보여주었다. 호전성과 세계정복 야

욕으로 제2차 세계대전을 일으켰던 독일이나 일본을 생각해보면 이
는 명백해진다.[12]

2) 유사시 목숨까지 담보하는 강한 책임감

군 본연의 임무수행과정에서는 무엇과도 바꿀 수 없는 절체절명
의 순간이 존재한다. 이런 순간에서도 군인이 자신의 목숨을 담보로
임무를 수행하여야 하는 것은 당연하다. 그래서 다른 직업과는 확연
히 구별되며, 이에 걸맞은 대우와 예우를 받고 있는 것이다. 국민개
병제도와 국방의무의 중요성이 여기에 있다.

3) 명령의 절대성과 엄격한 위계질서의 요구

군이 그 기능을 정상적으로 수행하기 위해서는 하급제대는 상급
제대의 명령을 절대적이고 우선적으로 이행해야 한다. 그러므로 아
무리 민주주의가 발달한 나라일지라도 군대만은 엄격한 상명하복의
위계조직으로 구성되며 자신의 이익에 반하더라도 명령에 복종할 것
을 요구하는 것이다.

1999년 제1차 연평해전과 2002년 제2차 연평해전에서도 우리
해군은 NLL을 넘어 기관포와 어뢰로 공격해오는 북한 경비정을 죽
음을 무릅쓴 교전으로 격퇴 및 퇴각시킨 바 있다.[13] 이는 현장 지휘
관을 중심으로 생사를 초월한 임무수행의 성과이다. 이처럼 군인은
죽음을 초월하여 수행해야 하는 임무를 부여 받고 있기 때문에 평소
부터 일사불란한 지휘체제와 상명하복의 투철한 군인정신으로 무장
되어야 한다.

---

12 최은미(2009), "미국의 외교정책이 전후처리에 미친 영향 연구," 고려대학교 대학
  원 석사학위논문, p.54.
13 이규학(2004), "危機管理에 關한 硏究," 한남대학교 행정정책대학원 석사학위논문,
  p.60.

4) 사회적 책임성

사회적 책임성의 요구는 군이 합법적 무력관리집단이라는 데서 파생되는 것으로 양자는 동전의 양면관계에 있다. 즉, 무력의 합법적 관리집단이기 때문에 군에 더욱 강력한 사회적 책임이 요청된다.

5) 전문성

군은 다른 집단이 대신하기 어려운 강한 전문기술력을 보유하고 있다. 민간인 기술자와 군 간부를 구분지어 주는 군 고유의 독특한 전문기술은 '무력관리'라는 말로써 요약할 수 있다. 즉, 군 간부에게 고유한 기술이란 무력의 행사가 주 업무인 인간집단, 무기장비체계를 지휘하고 관리하며 통제하는 것이다. 오늘날 군사적 기능이 고도의 전문지식과 기술을 요하는 것이라고 하는 데는 이의가 없다. 상당한 훈련과 경험 없이는 군사적 기능을 효과적으로 수행할 수 없다.

4. 직업군인으로서의 군대윤리

직업군인으로서의 군대윤리는, 직업의 세 가지 관점, 즉 생업, 천직, 전문직의 세 가지 관점에서의 윤리를 요구한다고 할 수 있다. 따라서 우선 군대조직이 세 가지 관점에서의 특성을 살펴보는 것이 필요하다. 군대조직에 전문직의 3가지 특성, 전문성, 책임성, 단체성을 대비하여 볼 때, 세 가지 모두 충족되고 있음을 확인할 수 있다. 첫째, 군대조직의 간부단은 전쟁의 수행, 부대의 운용, 장비의 관리, 안보영역에 관한 전문지식과 기술을 가지고 있으므로 전문성을 충족시킨다. 둘째, 군대 간부단은 국가의 안전보장에 대한 사회적 책임과 소명의식을 가지고 있으므로 책임성을 충족시킨다. 셋째, 군대조직은 제복착용과 계급표시 등으로 타 집단과 외면적으로도 구분되며, 소속감과 동료의식을 가지고 있으며, 단체적 이익을 위해 공제회 등을 운영하고 가입할 수 있다. 이러한 측면은 군대조직이 단체성도 충족함을 의미한다. 즉, 직업군으로서의 직업은 군 조직자체가 갖는 전문성과 사회적 책임, 그리고 단체적 이익의 세 가지 요소를 충족시킴으로써 전문가 집단으로 요건을 갖추고 있다고 하겠다.

군대조직의 전문성과 함께 소명의식은 매우 중요하다.[14] 만약 군대조직에서 소명의식이 결여되거나 부족해진다면 자아도취적 오만에 빠질 수 있고, 국가안보에 대한 사회적 책임을 망각한 채, 개인의 이익추구수단으로 악용할 수 있다.

전문성, 소명성과 함께 생업으로서의 직업개념은 중요하다.[15] 군조직에 대한 적절한 사회적 대우와 보상은 소명의식과 전문성을 기르는 데 중요한 요소가 될 수 있기 때문이다. 만약 군인직업이 생계로서의 요건을 충분히 갖추지 못하게 된다면, 직업을 생계수단으로 간주하고 좋은 보수만을 쫓아서 옮겨 다니는 상황에 일어날 수도 있다. 그렇게 된다면 전문성과 소명성이 낮아짐과 함께 우수한 자질의 새로운 인력을 영입하기가 더욱 어려워질 것이다. 이것은 곧 국가안보와 직결될 수 있기에 더욱 관심을 가질 필요가 있다. 즉, 바람직한 군 전문직업관은 생업, 천직, 전문직의 세 가지 요소가 적절히 조화와 균형을 이룬 것이라 할 수 있으며 이 세 가지 요소에 대한 윤리의식이 필요하다. 즉, 군대조직의 전문지식과 기술을 운용, 활용함에 있어서 윤리적이지 않게 된다면, 비전문가인 일반인은 통제할

---

14 윤경호(2014), "인격론에 근거한 군대윤리 연구," 서울대학교 대학원 박사학위논문, p.62.

15 원천수(2003), "군인 보수체계의 개선에 관한 연구," 서울산업대학교 산업대학원 석사학위논문, p.62.

수 없을 뿐만 아니라 생존에 위협이 될 수도 있다. 따라서 다른 전문가집단과 마찬가지로 군대조직에서도 자율규제 방식으로 스스로 윤리적인 범위를 정하고 집단압력으로 직업윤리를 충실히 이행할 수 있도록 해야 한다.

두 번째 생업으로서의 직업에 대한 윤리이다. 만약 군대조직이 상업주의나 개인이기주의에만 빠진다면 국민의 생명과 재산을 침해할 수도 있다. 특히 군조직은 폭력관리가 전문성의 핵심요소가 되므로 다른 전문집단에 비해 더욱 철저한 직업윤리의식이 요구된다. 만약 비윤리적인 직업의식을 가진 군인이 가공할 파괴력을 가진 현대무기의 결정권을 가지고 있다면, 그것은 많은 사람의 생명을 위태롭게 할 수 있을 뿐만 아니라, 심각한 경우에는 인류문명에 위협이 될 수도 있다.[16]

5. 전쟁과 도덕으로서의 군대윤리

1) 전쟁도덕의 성격

군대윤리의 영역에는 군사적 기능수행이 포함된다. 대표적인 예가 전쟁상황이다. 전쟁 시에는 생명이 손상되고, 건물들이 파괴된다. 이러한 점은 도덕적인 문제의 주제가 된다. 즉, 전투 중에 군인이 하는 행위들에 대한 도덕적 정당성에 대한 문제가 제기된다. 이러한 문제에 대한 논의는 인간행위와 태도의 정당화 기준과 관련된다. 의무론적 윤리설 또는 법칙론적 윤리설은 오직 옳기 때문에 해야 하는 행위가 있다고 말한다. 예를 들어 약속을 지키고, 거짓말을 하지 않고, 살인과 폭력, 절도하지 않기는 시공을 초월하여 누구에게나 옳

---

16 박현석(1989), "非核地帶條約과 非核武器國의 安全保障," 서울대학교 대학원 석사 학위논문, p.81.

은 행위이다. 그러나 목적론적 윤리설에 의한다면 주어진 목적에 따라 그 목적을 실현하기 위한 수단으로서의 행위가 정당화될 수 있다. 예를 들자면 그 시대나 사회의 공동선을 수행하기 위한 수단은 그 자체의 정당성을 떠나서 가능하다. 전래동화에서처럼 노루의 생명을 구하기 위해 나무꾼이 거짓말을 하였다면, 목적의 정당성에 비추어서 거짓말은 충분히 옳은 행위가 될 수 있다. 목적론적 윤리론은 이어서 좋은 목적과 공동선의 내용과 기준은 무엇인가라는 물음을 던지게 된다. 이것은 전쟁윤리의 목적론적 윤리설에 제기되는 문제이기도 하다. 그리고 이 문제는 크게 '전쟁의 도덕morality of war'과 '전쟁 중의 도덕morality in war'의 두 가지로 나뉠 수 있다.

2) 전쟁의 도덕(morality of war)

목적론적 윤리론에 근거할 때, 전쟁의 정당성은 여섯 가지로 나뉠 수 있다.[17] 즉 정당한 명분just cause, 합법적 권위competent authority, 비례적 정의comparative justice, 정당한 의도right intention, 최후의 수단last resort, 균형성proportionality이 여기에 포함된다.

첫째, 정당한 명분이란 전쟁을 하는 이유가 타당해야 한다는 것이다. 예를 들자면 인권보호나 무고한 인명을 보호한다는 것과 같이 구체적이고 현실적인 확실한 위험에 직면한 경우일 때에 전쟁이 허용된다. 또는 주권회복과 같은 대의명분이 있을 때에 전쟁의 명분은 주어진다.

둘째, 합법적 권위란 국가의 통치를 합법적으로 위임 받고 있는 당사자에 의해서 전쟁의 선포가 이루어져야 한다는 것이다. 이를 통해 정규군이 전쟁을 수행하게 된다. 만약 합법적인 국가통치를 하고

---

17 Childress, J.F.(1978), "Just—War Theories: The Bases, Interrelations, Priorities, and Functions of Their Criteria," 「Theological Studies」 39(3), pp.427–445.

있지 않는 해방군이나 시민군이 전쟁을 선포하고 무력을 사용한다면
그것의 정당성은 인정되지 않는다.

셋째, 비례적 정의는 전쟁이라는 무력사용의 결과를 보았을 때에
악보다는 선이, 불의보다는 정의가 더 많이 발생해야 한다는 것이다.

넷째, 정당한 의도는 전쟁의 대의명분에 숨겨진 의도가 분명해
야 하고 정당해야 한다는 점이다. 예를 들어 표면의 명분과는 다르
게 내재된 의도가 종족말살이나 잔악한 살상에 집중되어 있다면 그
것은 윤리적으로 받아 들여질 수 없다.

다섯째, 최후의 수단이란 전쟁 이외에 다른 대안이 없을 때에
전쟁을 한다는 의미이다. 전쟁을 하기 전에 정치적인, 외교적인 노
력 등이 다방면에 걸쳐서 모색했어야 하며, 그러함에도 불구하고 대
안을 찾지 못하였을 때에 전쟁은 최후의 수단으로서 이용된다.

여섯째, 균형성은 전쟁을 통해 얻은 이익과 전쟁을 통해 입은
손해와 비용이 균형을 이루어야 한다는 원칙이다. 즉 아무리 전쟁에
서 승리의 가능성이 높다 하더라도 한 민족의 절멸이나 국가의 재정
이 탕진될 수 있다면 그 전쟁은 받아들여지기 어렵다.

근본적으로 전쟁의 윤리는 역설적이게도 전쟁의 억제와 문제의
평화로운 해결에 있다. 만약 이상에서 살펴본 바와 같이 전쟁의 고
려에서 합법적인 정책 결정자에 의해 최종적으로 전쟁이 결정된다
면, 군인은 가능한 한 모든 역량을 동원하여 최대한 빨리 임무를 수
행하고 승리하도록 해야 한다.

3) 전쟁 중의 도덕(morality in war)

전쟁에 있어서의 도덕은 전투 중에 있는 군인에게 적용되는 도
덕이다. 즉, 전쟁 중인 군인의 행위, 전쟁의 전략, 전술, 전쟁수단은

모두 도덕성과 관련된다. 이것은 인도주의와 아마추어 운동선수의 공정한 경기정신, 그리고 신사도를 근거로 한다. 이것이 잘 표현된 것이 1984년 8월 12일 제정된 전쟁희생자 보호에 관한 제네바협약 이다. 제네바 협약에서는 "전쟁 중에도 자비를 베풀어야 한다"는 주제하에 다음과 같은 4개 협약과 2개의 추가의정서를 발표하였다.[18]

첫째, 전투능력 상실자와 적대행위에 직접적으로 가담하지 않은 자는 그 생명과 육체적, 정신적 보호에 대해 존중받을 권리가 있다. 이들은 모든 상황에서 차별 없이 보호되고 인도적으로 대우받아야 한다. 둘째, 투항하거나 전투능력을 상실한 적군의 살상은 금지된다.

셋째, 부상자와 환자는 적대행위에 있었던 충돌 당사자에 의해 수용, 진료되어야 한다. 의료요원, 시설, 수송기관, 그리고 자재도 보호대상에 포함된다. 적십자사의 표장은 보호표지로서 반드시 존중되어야 한다.

넷째, 포로가 된 전투원과 적대국의 지배하에 있는 민간인의 생명, 존엄성, 인권, 신념은 존중받을 권리가 있다. 그리고 이들은 일체의 폭력 및 보복행위에서 보호된다. 그리고 자신의 가족과 서신을 교환하고 구호품을 받을 권리가 있다.

다섯째, 모든 사람은 기본적인 사법상의 권리를 보장받는다. 누구든 육체적, 정신적 고문과 체벌 또는 품위를 손상시키는 잔혹한 대우를 받아서는 안 된다.

여섯째, 충돌당사자와 그 군대구성원은 전쟁의 방법 및 수단을 무제한적으로 선택할 수는 없다. 불필요한 손실 또는 과도한 고통을 유발하는 무기나 전쟁방법의 사용은 금지된다.

일곱째, 충돌당사자는 어떠한 경우에도 민간인과 그들의 재산을

---

18 최은범(1986), "國際人道法의 發展과 戰時 民間人 保護에 관한 硏究," 경희대학교 대학원 박사학위논문, p.55.

보호하기 위해 민간주민과 전투원을 구별해야 한다. 그리고 민간인이나 개인이 공격목표가 되어서는 안 된다. 공격대상은 단지 군사적 목표물에 국한된다.

현실적으로 전쟁도덕이나 전쟁 중의 도덕은 목적론적 윤리설에 근거하여 설명된다. 군인은 전쟁 중에 민간인과 무장하지 않은 사람을 공격하지 않고 보호해야 한다. 이러한 믿음이 사라지면 군인의 명예와 신성함은 더럽혀 지고 군인의 존재이유와 본질에 대한 물음이 제기된다_{맥아더장군}.

제 3 절 직업의 선택과 준비

1. 직업선택 시 고려요소

직업은 우리 삶의 핵심이므로 직업을 선택하는 문제는 신중히 생각하고 대비해야 한다. 직업선택 시 사람마다 인생관이나 가치관이 다르므로 객관적인 선택기준이나 고려요소는 없으나, 누구나 따라야 할 일반원칙은 생각해볼 수 있다.

첫째, 자신이 원하는 것이어야 한다. 자신이 원하는 일을 할 때 깊은 만족이 따르게 된다. 따라서 자신이 진정 무엇을 원하고, 여러 가치 중에 가장 중요하게 여기는 가치가 무엇인지를 잘 헤아려야 한다.

둘째, 자기에게 맞는 것이어야 한다. 자신의 적성과 소질에 맞는 일을 할 때 개인은 자아의 실현으로 즐거움을 느끼고, 사회 전체는 균형 있는 발전을 이룩하게 될 것이다.[19]

19 박혜선(2015), "대학생들의 전공선택 동기와 직업가치관이 전공만족도에 미치는 영향," 호남대학교 교육대학원 석사학위논문, p.22.

셋째, 자기가 감당할 수 있는 일이어야 한다. 이것을 고려하지 않으면 중도에 좌절하는 경우가 생기게 되므로, 자기의 능력 및 처한 여건을 고려하여 할 수 있는 일인지를 판단해야 한다.

넷째, 경제적·사회적·창조적 가치를 균형 있게 얻을 수 있는가를 고려해야 한다. 그렇지 않으면 만족이나 보람을 찾기 힘들 것이다.

다섯째, 장래성을 생각해야 한다. 사회구조가 바뀜에 따라 달라지는 사회적 수요·중요성 등을 넓은 안목으로 내다보고 예측하여야 한다.

하지만 우리 사회는 논리적으로는 직업선택의 자유를 보장하고 있으나, 현실적으로는 선택의 자유가 제한되어 있다. 따라서 위의 원칙을 따져 고려할 여지가 없다. 그렇다고 현실에 생각 없이 휩쓸려서 우발적으로 직업을 선택해서도 안 된다.

직업선택의 문제에 있어서는 사고의 전환을 통해 선택의 폭을 넓히고 마음의 여유를 가지고 현실에 대처함으로써 직업을 신중히 선택하는 자세를 갖추어야 한다.

2. 직업발달이론

직업은 공동체 전체의 이익이 예상되는 일이나 위험을 없애기 위한 일을 일상생활에서 나누어 맡는 분업이 정착되면서 발생하였다. 일의 성과를 서로 교환하는 경제체제가 발전하고, 사회구조가 복잡해지고, 문화 예술이 발달할수록 분업은 더욱더 세밀하게 조직되었다. 이렇게 형성된 직업은 생산력을 노예의 노동에 의존하기 시작하면서 다른 의미를 가지게 되었다. 이때 노예들은 말하는 도구에 불과하였지, 직업에 종사한다고 볼 수는 없었다. 가문이나 혈통에 따라 직업이 세습되면서 직업의 구별은 곧 신분과 계급의 차별로 나타났다. 직업은 소수의 자유인에게는 재산을 축적하고 권력을 유지하는 수단인 반면, 다수의 노예에게는 수탈당하는 생산활동이 되었다. 고대 노예사회에서 중세 봉건사회로 전환되면서 직업을 통한 신분의 세습제도는 더욱 굳어졌다. 즉, 직업이 곧 그의 신분을 대변해 주었다.

십자군 전쟁 이후 새로운 상공업도시들이 형성되면서 상인과 수공업자는 점차 봉건적 예속관계를 벗어나 자신들의 권익을 확장하는 데 주력하였다. 그 결과 직업도 사회적 기능보다 이윤을 극대화하는 경제적 기능을 띠게 되었다. 또한 근대 시민사회가 형성되면서 개인의 자유도 확장되어 개인의 능력과 개성에 따라 직업을 선택할 수 있게 되었다.

과학기술과 자본주의가 발전하고, 가내수공업은 공장제 수공업으로 전환되면서 분업의 형태도 세분화되었다. 그 결과 급증한 생산력에서 축적된 자본이 생산의 기계화와 시장의 확보에 투자되었고, 임금노동자와 전문 분야에 종사하는 직업도 급증하였다.

우리나라에서도 신라시대의 진골·성골·6두품, 고려시대의 문무양반·상인·천민, 조선시대의 양반·중인·상인·천민의 신분제도는 직업의 선택 폭을 결정하였다.

직업이 복잡하게 분화되는 과정에서 직업의 종류는 단순히 증가한 것이 아니라 많은 종류가 쇠퇴하고 소멸하였다. 그리고 오늘날의 복잡하고 세분화된 직업의 종류와 유형은 다양하게 분류되고 있다. 그러나 통상적으로는 산업구조상 1차산업농업, 임업, 어업, 2차산업광업, 건설업, 제조업 등, 3차산업상업, 운수업, 통신업, 관광업, 서비스업 등으로 구분하고 있다. 여기에

첨단과학기술과 정보통신의 발달로 4차산업_{정보산업, 지식산업}을 추가하기
도 한다.

3. 성취동기와 성취행위

성취동기_{needs for achievement}는 도전적인 과제를 성취함으로써 만족
을 얻고자 하는 의욕을 의미한다. 이는 Murray에 의해서 처음으로
소개된 인간의 동기 중 한 가지이다. Murray는 인간의 행위가 인성
과 환경의 상호작용의 결과로 나타난다고 전제하고, 인성구조의 핵
심은 필요 또는 동기이며, 환경의 작용은 개인이 지각하는 압력으로
개념화할 수 있다고 하였다.

성취동기란 상식적으로는 훌륭한 일을 이루어 보겠다는 내적 의
욕이라고 말할 수 있으나, 엄밀하게는 어떠한 훌륭한 과업을 성취해
나가는 과정에서 만족하는 성취 그 자체를 위한 성취의욕이다.[20] 즉,
성취결과와는 상관없는 성취를 위한 내적 의욕 또는 동기를 중요시
하는 개념이다. 성취동기는 또한 도전적이고 어려운 문제를 해결하
는 과정에서 만족을 얻으려는 기능으로도 정의된다.

박용헌(1976)은 성취동기가 높은 사람의 행동특징으로 다음과
같은 일곱 가지를 들고 있다.

1) 과업지향적 동기

성취인은 어렵고 힘든 일, 자신의 능력을 과시할 수 있는 일에
흥미를 가지며, 그 일을 끝냄으로써 얻을 수 있는 보상이나 지위보
다는 일 그 자체를 성취해 나가는 과정을 즐기고 만족스럽게 여기는

---

20 조지혜(2007), "성취동기, 직업가치, 진로장벽이 대학생의 진로태도성숙 및 진로준
비행동에 미치는 영향," 숙명여자대학교 대학원 석사학위논문, p.39.

경향을 가지고 있다.

2) 적절한 모험성

성취인은 어느 정도의 모험성이 포함되는 일에 도전하여 자력으로 성취해 내는 과정을 크게 만족해한다. 그는 아무 모험성도 고난도 내포하고 있지 않는 쉬운 일에는 흥미를 갖지 않는다. 그러나 성취인은 과업이 자기능력에 비해 너무 어렵거나 지나치게 모험적인 때도 역시 흥미를 갖지 않는다.

3) 자신감

성취인은 그렇지 못한 사람에 비해 과업수행에서 보다 높은 자신감을 갖고 있다. 이전에 전혀 경험을 해보지 못한 일에 대해서는 성취동기가 높은 사람은 낮은 사람에 비해 높은 자신감을 갖게 된다.

4) 정력적·혁신적 활동성

성취동기를 탁월한 성취를 하려는 의욕이라 한다면 성취동기가 높은 사람은 보다 정열적으로 열심히 일하는 사람이라고 볼 수 있다. 성취인은 성취동기가 낮은 사람에 비해 자기가 하는 일에 보다 열중하고 더 많은 새로운 과업을 찾고 계획하여 이를 성취해 나가기에 온갖 정력을 동원한다.

5) 자기 책임감

성취동기가 높은 사람은 성취하려는 과업의 결과가 어떻게 되었건 자기가 계획하고 수행하는 일에 대해서 일체의 책임을 진다. 자기의 책임과업이 실패했을 때도 성공했을 때와 같이 자신의 책임으로 여기며 책임을 타인이나 여건의 탓으로 돌리지 않는 것이 성취인의 행동지향이다. 성취인은 타인에게 의뢰하려 하지 않고 책임을 회피하려 하지 않는다.

6) 결과를 알고 싶어하는 성향

성취인은 그가 수행하는 일의 종류를 불문하고 그 일이 어떻게 진행되고 있으며 예상되는 결과는 어떠한 것인가에 대하여 구체적이고 객관적인 정보를 계속 추구하여 정확한 판단을 하려 한다. 예상되는 결과가 성공적이든 실패적이든 간에 결과를 보다 정확히 알고 있을 때 성취인의 성취활동은 더욱 강화된다.

7) 미래지향성

성취인은 일을 이룩하기 위해 언제나 장기적인 계획을 수립하고 미래에 얻게 될 성취만족을 기대하면서 현재의 작업에 열중한다.

4. 직업생활 준비

1) 미래의 직업생활상

미래의 직업생활에 대해 알기 위해서는 먼저 전통적인 산업사회에서는 직업생활이 어떠했는지를 이해해야 한다. 산업사회에서는 소비자들에게 대량으로 상품을 만들어 판매하는 방식이 전형적이었다. 대량 생산을 위해서는 대규모의 공장에서 몇 가지 모델을 고수하게 된다. 직장생활과 가정생활이 공간적으로 분리되는 것은 이전 농경사회와 비교했을 때 큰 차이이다.

산업사회 이후의 세계에서는 소비자의 다양한 요구를 맞추기 위해서는 매우 다양한 모델을 소량으로 생산하는 방식이 우세해 지고 있다. 이에 따라 미래 사회에서는 전통적인 직업생활의 모습이 상당히 바뀔 것으로 예측된다. 미래의 직업 생활에서 예측되는 모습들은 다음과 같다.

(1) 직업환경의 변화

미래의 직업세계는 과거는 물론 현재의 직업세계와도 전혀 다른 곳이 될 것이다. 이처럼 직업세계가 매우 빠르게 변화하고 있는 가장 큰 요인 중의 하나는 직업환경 자체의 변화를 들 수 있다. 이미 우리사회는 정보화 사회로 진입하였고, 직업시장은 세계화되었다. 그리고 평생직장의 개념은 붕괴되고 평생직업 개념으로 대체되고 있다.[21] 이러한 변화는 미래에 더욱 가속화될 것으로 예상된다.

(2) 산업구조의 고도화

앞으로 우리나라의 산업구조는 보다 고도화될 것이다. 서비스산업의 비중은 계속 높아지는 반면, 농림어업의 비중은 지속적으로 하락할 것으로 예상된다. 서비스산업은 소득수준의 향상으로 서비스의 질에 대한 국민들의 욕구가 높아지고 있고, 제조업을 지원하는 서비스산업이 비약적으로 발전할 것이다.

(3) 정보화사회로의 진입

기술의 진보와 정보화시대의 도래로 인해 노동시장은 하루가 다르게 변화하고 있다. 자본이나 노동과 같은 유형 자산이 기업의 가치가 중시되었던 산업사회와는 달리 정보화사회에서는 사람들의 지적 활동에 의해 창출되는 브랜드, 디자인, 기술 등의 무형자산이 기업의 가치로 각광을 받게 된다.[22] 즉, 정보화사회에서 기업경쟁력의

---

21 하대현(2005), "平生職業敎育의 問題點과 活性化 方案," 울산대학교 교육대학원 석사학위논문, p.57.

22 이상철(2003), "정보화 시대의 직업의식의 변화와 새로운 직업윤리의 특징,"「윤리연구」54(-), pp.209-238.

근원은 자본이나 개인의 노동력이 아닌 새로운 고부가가치를 창출해
내는 개인의 지식능력 활용 및 생산능력에 있다. 앞으로 이러한 노
동시장의 환경변화에 유연하게 대처할 뿐 아니라 새로운 지식과 경
험을 끊임없이 학습하고 이를 활용하여 새로운 부가가치를 창출해
낼 수 있는 능력을 갖춘 지식노동자에 대한 수요가 증대할 것이다.

(4) 세계화의 가속화

정보화와 교통수단의 급속한 기술발전은 전 세계를 하나의 생활
권·경제권으로 통합시키는 세계화를 가속화시키고 있다. 국가와 국
가 간의 규제를 전제로 이루어지는 국가 간의 상호교류를 의미하는
국제화와 달리, 세계화 속에서는 국가와 국가 간의 규제가 완화되어
전 세계라는 단일시장을 중심으로 보다 광범위한 경제활동이 이루어
진다.[23] 따라서 앞으로는 많은 사람들이 자신의 일을 찾아 세계 각
지를 여행하는 등 개인의 구직활동의 범위가 전 세계로 넓혀질 것이
며, 국가 간이나 기업 간의 이해관계로 발생하는 여러 문제들을 해
결해 주는 국제 관련 전문가의 수요 역시 증가할 것으로 예상된다.

2) 직업세계의 변화에 따른 개인의 준비

직업세계는 기술발전과 사회변화, 경제활동의 변화 등에 의해
영향을 받고 있다. 이러한 직업세계의 변화에 대한 정보를 획득하여
능동적이고 효과적으로 대응하는 것은 직업을 준비하고 있는 개인들
에게 중요한 의미를 갖는다. 직업환경의 변화는 개인의 대응방식을
변화시키고 있으며, 이러한 변화에 맞추어 스스로 자신의 경력을 적
극적으로 개발하는 것이 필요하다.

---

23 박근태(1998), "'세계화시대의 국민국가 역할변화에 관한 연구," 숭실대학교 대학
원 석사학위논문, p.45.

(1) 적극적인 경력개발

미래의 직업세계는 평생직장과 완전고용의 개념이 사라지고, 고령화의 진전과 함께 개인의 경제활동 수명이 늘어난다. 또한 미래의 직업세계는 세계화로 인한 기업 간의 무한경쟁 속에서 혁신적이고 창의적인 부가가치를 창출하여 기업의 경쟁우위를 유지시켜줄 수 있는 지식근로자들이 각광받는 시대이다. 이러한 미래의 직업세계에서는 세계화로 인해 세계 각국의 구직자들과의 경쟁이 심화되고, 여러 분야에 대해 폭넓은 전문지식을 가지고 있는 '제너럴 스페셜리스트 general specialist'를 요구한다. 미래의 직업세계는 예측하기 어려운 직업환경 변화에 유연하게 대처할 수 있는 인재들을 필요로 한다. 그러므로 미래의 직업세계에서는 어떠한 환경에서도 적응할 수 있는, 취업준비에서부터 은퇴에 이르기까지의 경력을 체계적으로 계획하고 관리하는 적극적 경력개발의 중요성이 더욱 강조될 것이다. 특히 고령화에 따라 개인의 경제활동 수명이 늘어나고 있으므로 다양한 경력개발 기회를 최대한 활용하고 꾸준한 자기계발을 통해 글로벌하게 통용될 수 있는 능력을 고양하는 등 자신의 평생 고용가능성을 높이려는 노력이 미래의 직업세계에서는 더욱 절실해질 것이다.

(2) 프로테우스식 경력(protean career): 자아실현, 일과 삶의 균형을 추구

전통적 직장인들은 회사에 헌신을 하고 이에 대한 보상으로 장기적인 고용안정을 보상받았다. 그러나 세계화에 따른 무한경쟁의 심화, 급속한 기술발전, 기업 간의 인수합병 등은 충성과 헌신을 바탕으로 한 회사와 직장인 간의 거래의 규칙을 깨뜨렸다. 그 결과 직장인들은 더 이상 한 직업에서의 평생고용을 꿈꾸지 않으며, 고소득과 승진을 위해 무조건적으로 희생하려 하지 않는다. 프로테우스식

경력은 개인의 경력이 직업환경의 변화에 의해서만이 아니라 개인
자신의 관심, 가치관의 변화 등에 의해서 달라질 수 있다고 본다.
프로테우스식 경력에서의 목적은 외적 성공이 아니라 심리적 성공이
다. 그리고 심리적 성공을 달성하기 위해 개인이 다양한 경력개발을
시도할 수 있다고 본다.[24] 즉, 한 직장 내에서 수직상승만을 가정했
던 기존의 경력개발과 달리, 프로테우스식 경력은 개인이 다양한 직
장경험과 경력개발을 통해 자아를 실현하고 삶의 균형을 추구해 나
가는 과정을 의미한다. 직업세계의 불확실성이 더욱 심화될 미래에
는 직장에서 제공하는 금전적 보상이나 승진에만 의존하는 수동적
경력개발이 아니라, 개인의 심리적 만족과 성공을 이루어 줄 직장과
경력을 찾아다니는 개인 스스로에 의해 주도되는 프로테우스식 경력
개발 움직임이 더욱 활발해질 것으로 전망된다.

제 4 절 군인과 국가

1. 전문직업과 군대

1) 전문직이란?

전문직은 '고도의 전문적 교육과 훈련을 거쳐서 일정한 자격 또
는 면허를 취득함으로써 전문적 지식과 기술을 독점적·배타적으로
사용할 수 있는 직업'이라고 정의할 수 있다. 전문직은 아마추어와
대비되는 개념으로 보수를 받는 직업이라는 일반적 의미로 사용되기
도 하지만, 직업사회학적으로 볼 때 전문직은 일정한 직업적·사회

24 Hall, D.T.(1996), "The career is dead—long live the career: a relational
   approach to careers," Jossey—Bass Publishers.

적 특성을 갖추고 있으며 사회적으로 공인되는 어떤 특정한 직업범주를 지칭하는 것이라고 할 수 있다. 이러한 전문직은 다른 일반직업에 비해 다음과 같은 특성을 가지고 있다.

첫째, 물건의 생산이나 판매보다는 서비스의 제공이나 아이디어의 생산을 주로 하는 직업으로 고객에 대한 봉사나 고객의 욕구충족을 업무의 이상으로 한다.

둘째, 전문직은 특정 분야에 관한 체계적 혹은 과학적 지식을 기초로 수행된다. 이러한 지식과 기술을 장기간에 걸친 교육이나 훈련을 통해 습득이 가능하고 많은 비용이 요구된다. 또한 전문직업은 이와 같이 사회적으로 직업활동의 자격이 공인되어야 한다는 특성을 지니고 있다.

셋째, 전문직업은 직업활동을 신장하고 보호하기 위해 전문조직이나 동업조합을 가지고 있다. 이 단체를 통해 전문직 종사자들은 자신들의 직업활동을 자율적으로 규제하는 규범과 규정을 제정하고 시행한다.

넷째, 전문직의 종사자들을 그들이 소유하고 있는 전문지식으로 말미암아 일반 직업 종사자에 비해 상당한 의사결정의 자율성을 직업활동에서 누린다. 전문직은 조직결성과 단체활동을 통해 같은 직종간에 강한 연대의식을 가지고 있긴 하지만 기본적으로는 독립적으로 직업활동에 종사하고 있다.

다섯째, 전문직 종사자들은 그들이 수행하는 직업활동의 성격과 전통으로 인해 지역이나 사회로부터 사회적 존경의 대상이 되고 고객에 대한 권위를 향유한다.

이상과 같은 특성을 배경으로 하는 전문직업은 전문적 지식이 세분화되고 새로운 종류의 직업이 생겨남에 따라 그 종류가 점차 증

가하고 있다. 이점을 생각해볼 때 전문직의 구분은 항상 분명한 것
은 아니지만 두 가지 유형으로 분류할 수 있다. 하나는 전통적으로
존재해온 역사가 오래된 기성 전문직이고, 다른 하나는 직업의 분화
에 따라 새롭게 출현하고 있는 현대적 전문직이다.

　현대적 전문직은 장기간의 교육훈련을 통해 고도의 전문적 지식
을 습득해야 한다는 점, 직업활동이 서비스 지향적인 점, 직업활동
의 자율적 성격이 강한 점 그리고 직업의 사회적 영향이 크다는 점
에서 기성 전문직의 특성과 공통되는 부분이 있다. 한 가지 큰 차이
점은 직업의 역사가 얼마 되지 않아서 종사자의 수가 적고 같은 직
종의 종사자들 사이의 연대의식이 제도적으로 형성되어 있지 않거나
형성 중에 있다는 것이다. 그러나 이렇게 새로 생겨나는 전문직도
그것에 대한 사회적 수요가 늘어나고 종사자의 수가 증가함에 따라
직업상의 이익과 권위를 유지하기 위한 동업조합의 형성이 이루어지
고 원활한 직업활동을 위한 규정들과 규범의 정비가 모색될 것이다.

2) 전문직업과 군대

　군대의 가장 핵심적인 기술은 '무력의 관리' 기술이며, 군대의
기능은 그 기술을 잘 활용하여 성공적 전투수행을 해나가는 것이다.
그러므로 군 간부의 임무는 부대를 조직하고 장비시키고 훈련하는
것, 부대활동을 기획하는 것, 부대의 작전과 운용을 지휘 감독하는
일 등의 폭력의 관리 기술을 개발하고, 이를 발전시켜 성공적으로
수행해 나가는 것이다. 미국의 『육군장교 지침서Army Officer's Guide』는 장
교들이 전문분야를 잘 알아야 한다는 것을 강조하며 그 전문 분야를
다음과 같이 들고 있다.[25]

---

25 USA(2013), C.R.J.D. and L.G.D.H. Huntoon, 「Army Officer's Guide: 52nd
　Edition」, Stackpole Books, pp.145−231

- 무기를 잘 다루는 것
- 조직을 잘 관리해 나가는 것
- 군 작전술에 능숙한 것
- 교육훈련에 능숙한 것
- 어떤 임무가 주어지든 통찰력을 가지고 유능하게 수행하는 것
- 자기의 임무와 성공적 완수를 위한 때를 아는 능력
- 자기 부하들을 돌보는 능력
- 자기 부대의 장비들, 무기들의 상태를 알고 대체시키고 유지시키는 능력

여기서 거론된 전문직업적 분야에서처럼 군간부의 전문직업적 능력은 상당부분이 지적인 사고 및 판단능력과 관련되어 있다. 즉, 군간부가 담당하는 분야들은 지적능력과 연관이 되고, 전문적 지식과 기술폭력의 관리을 포함하는 것을 생각해볼 때 군간부를 일종의 전문직으로 볼 수 있다.

오늘날 정보화사회를 맞이해서 지식 및 정보의 중요성과 그 정보를 획득하고 이용하는 일의 중요성을 널리 알려져 있다. 미래 학자 '토플러'는 미래 전쟁과 지식, 정보의 문제를 다루면서 미래의 사회 및 군의 핵심기능은 컴퓨터와 위성을 이용한 정보의 획득, 처리, 분배, 보호라고 강조했다. 그는 점차 교육과 전문지식이 중요시되고, 군인의 남성다움과 완력의 중요성이 줄어들고 있다고 생각했다. 전쟁관련 상황은 빠른 속도로 변화하고 있고 따라서 전쟁수행기술의 변화를 따라 잡고 이를 주도해 가며 전쟁을 수행할 수 있는 장교 및 부사관이 요구된다.

이와 같은 군간부의 전문직업적 능력을 위해서는 전문적 지식과 기술이 요구되며 지적인 능력이 요구된다. 이는 어떤 의미에서 보면, 좁은 의미의 전문직업적 능력이라고 말할 수 있으며, 넓은 의미

의 그것은 충성, 복종, 진실성, 책임성, 용기, 명예를 포괄하는 것이라고 말할 수 있다.

군인이라는 전문직업에서 요구되는 능력을 개발하고 획득하기 위해서는 다른 전문직에 있어서와 마찬가지로 오랜 기간의 교육과 훈련이 필요하다. 군이 대체로 전 경력의 약 3분의 1을 교육 및 훈련에 쏟아 붓고 있는 것은 이러한 전문직업적 능력의 개발과 획득 및 활용이 얼마나 중요한 일인지 잘 보여주는 증거이다.

2. 전문직업의 개념

후기산업사회 이론가로 잘 알려진 다니엘 벨은 후기 산업사회의 다섯 가지 특징을 서비스 중심 경제, 전문직 및 기술계층의 증가, 기술혁신의 원천으로서의 이론적 지식의 중요성, 기술통제 및 기술평가의 필요성 그리고 새로운 지적 기술에 기초한 과학적 정책결정 체제의 형성을 들고 있다.

벨이 말하는 전문직은 여기서 다루는 전문직과는 엄격한 의미에서 일치하는 것은 아니다. 하지만 벨의 이론에서 시사받을 수 있는 점은 제조업보다는 서비스 산업의 비중이 높아지고 산업 및 직업활동에서 차지하는 정보 및 지식의 비중이 점차 높아짐으로써 전문적 지식과 높은 수준의 교육훈련을 필요로 하는 대표적인 직업으로서 비중이 점차 증가할 것이라는 사실이다.

전문직은 사회발전의 가속화에 따라 사회적인 수요가 꾸준히 늘어난다. 그리고 직업적 활동의 전망이 좋아 사회적으로 크게 선호되는 직업이다. 따라서 전문직에 대한 개인적 선호가 증가하고 전문직의 사회적 역할도 크게 늘어나게 될 것이다.

현대사회는 전문직업의 사회이다. 지식이 세분화되고 전문적 지식의 직업적 중요성이 크게 늘어남에 따라 전문직이 다양해지고 전문직 종사자의 수가 크게 늘어나고 있다. 전문직의 직업적 활동의 영향은 증가하고 있으며, 전문직에 필요한 직업윤리는 이 직업에 속한 개개인의 직업적 성공과 사회발전에도 매우 큰 영향을 미친다.

3. 군인과 국가의 관계

국가 자체를 보는 시각과 더불어, 군인이 자신과 국가의 관계를 어떻게 설정하는가의 문제는 매우 중요하다. 그 관계 설정에 따라서 국가를 향한 태도와 행동이 달라지기 때문이다.

일반적으로 모든 직업은 국가와 일정한 관계를 맺으며, 국가의 운영과 발전에 기여를 하고 있다. 국가는 수많은 분화된 직업을 필요로 하며, 그러한 직업의 활동들을 통해 생산된 재화와 용역을 국민에게 분배하고 재투자하는 기능을 한다. 또한 국가의 규모가 커지고 사회가 발달하면서 국가가 필요로 하는 직업의 종류도 다양해지고 있다.

그러나 군인이라는 직업은 국가와의 관계에서 다른 직업들과 구분되는 특징이 있다. 그 중에서 가장 두드러지는 특징은 다음과 같다.

첫째, 국가는 군이 존재하는 전제 조건이면서, 군 임무수행을 하는데 있어서 최종적 목표가 된다. 예를 들어 '의사'라는 직업은 국가를 전제하지 않고서도 의미를 찾을 수 있다. 사람이 있는 곳이면 질병이 생기며, 따라서 그것을 치료할 사람이 필요하다. 또한 의사라는 직업수행의 목적은 질병을 치료하는 것이다. 이러한 활동을 통해 국가의 보건향상과 의술 발전에 기여할 수는 있으나 그 자체가 목표는 아닌 것이다. 다른 예로 환경운동을 위한 세계적 연대에 참여하고 있는 사람은 지구의 환경문제에 의해 그 직업적 의의가 부여되며, 국가라는 존재는 그들의 목표에 반하는 것으로 인식될 수 있다. 그러나 군인은 국가에 의해서만 그 존재의미가 생긴다. 그리고 군인의 임무수행 목표는 국가 그 자체이며 다른 어떤 것도 군의 목표를 대체할 수 없다. 따라서 국가가 소멸하더라도 의사라는 직업은 그 존재의미를 크게 상실하지 않을 수 있어도, 군대는 국가와 함께 소멸한다. 그러므로 군과 국가를 공동운명체라고 말하는 것이다.[26]

둘째, 군인은 국가로부터 보호받는 것보다는 오히려 국가를 보호하고 지켜야 하는 직업이다. 국가의 중요한 기능 중 하나는 국민의 생명과 재산을 외부 위협으로부터 지키는 것이다. 이런 기능은 야경국가론을 주장했던 자유주의자들이나 국가를 부정했던 무정부주의자들조차도 인정하는 국가의 본원적 기능에 해당한다. 이 기능을 직접적으로 수행하는 것이 바로 군이다. 그것은 국가가 국민들을 보호하는 가장 강력한 수단인 무력을 군에게 위임했기 때문이다. 즉, 국가로부터 보호받는 것보다는 오히려 그것을 보호하고 지켜야 하는 직업이라는 것이다. 또한 군은 국민들을 보호할 뿐 아니라, 국가를 존재하게 하는 요소 중의 하나인 주권을 지킴으로써 국가 자체를 보호한다. 최근 세계화 현상의 확산으로 국가주권의 절대성이 약화되기는 하였으나, 국가주권은 여전히 한 국가의 국민들의 생존조건이며 행복추구를 보장하는 수단임에는 틀림이 없다. 그리고 그것을 지켜야 하는 군인들의 존재의의도 변함이 없는 것이다.

이제 군인과 국가는 상호 가치도약을 통해 발전을 추구하고 있다. 2008년도에 국회에 제출된 병무청 발표에 따르면 전국 만 19세

26 Huntington, S.P. 저, 허남성·김국헌·이춘근 역(2011), 「군인과 국가(학술총서 59)」, 한국해양전략연구소, pp.432-437.

징병검사자 1,009명을 대상으로 설문조사를 실사한 결과 "외국 체류 시 고국에서 전쟁이 발발하면 나라를 위해 참전하겠느냐?"는 질문에 63.6%[642명]가 '참전하겠다'고 답한 것으로 나타났다. 또 "국가를 위해 국방의 의무를 이행해야 한다고 생각하느냐?"는 질문에 48.7%가 '그렇다'라고 응답하여 수년 전의 30%에 비해 크게 증가되었다.

군의 존재 목적을 달성하기 위해 위국헌신하는 군대, 명령에 자발적으로 복종하는 군대, 군기가 확립된 군대의 특성은 변할 수 없다. 아울러 국가보위의 임무수행과 21세기 선진병영문화 정착을 위해 군대와 국가는 상생의 길을 가고 있는 것이다.

제 **4** 부

군인의 윤리규범

為國獻身軍人本分

군대문화의 전통은 군대의 정체성을 부여한다. 군인다운, 또는 민간인과 다른과 같은 표현은 군대 고유의 전통과 문화, 그리고 관행이 존재함을 의미한다. 군대는 엄격한 위계질서를 근본으로 삼고, 명령에 대한 엄격한 복종을 요구한다. 용기, 강인한 체력, 명예, 완전무결, 책임완수, 완전무결주의 등은 군대문화의 전통과 관련이 있다. 군인의 의무와 덕목을, 진실성, 성실성, 충성, 존중, 책임, 용기, 명예 7가지로 구분하여 덕목의 의미와 실현과정, 군대에서의 덕목, 함양방법을 제시한다. 이것이 본 저서의 핵심이다.

제4부에서는 군인의 윤리규범을 분석했다.

제8장은 군대사회와 군대문화의 특징을 분석하여 군대문화의 정체성 확립을 모색했다.

제9장은 군인의 의무와 덕목을 정립했다.

제10장은 바람직한 군 간부상을 모색하는 데 중점을 두었다.

제 8 장

군대사회와 군대문화

제1절 군대사회의 특징

1. 군대의 임무와 기능

군대의 일차적 임무는 국가방위이다. 이를 위해 군대는 국가로부터 조직화된 폭력의 사용을 위임받는다. 즉, 국가가 합법적으로 독점하고 있는 폭력사용권을 위임받는 것이다. 이것은 군대가 국가, 즉 정부의 통제를 받아야 함과, 군대의 폭력사용에 대해 국가가 책임을 진다는 것을 의미한다. 군대는 임무를 수행하기 위해 정당하고 합법적인 그리고 조직화된 폭력이 사용될 수 있다. 군대는 국가이익을 위해서 군사력을 사용하며, 이때 군인은 자신의 생명까지 희생될 수 있다. 전투가 없는 평화기간에도 군대조직은 적의 도발을 막기 위해 전쟁수행에 대비하고, 고도의 전투대비태세를 유지해야 한다.
전투적인 과업 이외에 비전투적인 과업들도 군대의 임무수행을 위해
절대적으로 중요하다.

군대는 국가안보를 책임지는 정부기관으로서 군사안보문제에 대
한 문제를 제기하고, 국방에 필요한 자원을 요청하여 배정받으며,
군사관련 정보를 정부에 제공한다. 사회조직과 달리 군대는 악조건
에서도 임무가 부여되면 완수해야 한다. 국민의 생명과 재산을 보호
하고, 국가의 생존을 유지하기 위해 전쟁터에서 죽음을 무릅쓰고 싸
워야 한다. 따라서 군인은 생사를 초월하여 임무를 수행하는 것이
며, 이를 위해서는 평소에도 일사불란한 지휘체제와 상명하복의 투
철한 군인정신이 있어야 한다. 이것은 '명령과 복종'으로 압축된다.
여기서 명령이란 계급과 직책에 근거하여 상관이 부하에게 정당한
임무를 수행하도록 지시하는 것이고, 복종은 이를 수행하는 것이다.[1]

2. 군대 조직의 특성

군대는 일반 사회조직은 물론이고 국가기관들 내에서도 가장
엄격한 상명하복의 위계질서가 정립되어 있는 조직이라 할 수 있
다. 이것은 군대가 생명을 담보로 하고, 조직적인 폭력을 사용할
수 있는 것과 관련된다. 즉, 군 직무의 수행은 개인에게 직접적으
로 수행에 따른 소득을 돌려주는 것도 아니고, 오히려 이를 수행하
는 과정속에서 신체적 위험과 정신적 고통을 수반할 수 있다. 따라
서 단순히 자발성만으로 군의 질서유지를 기대하기는 쉽지 않은
것이다. 따라서 강력한 처벌을 동반한 통제에 근거한 군기가 요구

---

1 이승철(2014), "군대윤리의 윤리학적 정당화와 교육적 과제 연구," 서울대학교 대
  학원 석사학위논문, pp.66-74.

된다.[2] 민주주의의 원리에 의하면 인간은 평등하고 누구도 자신의 의사에 반하여 행동을 강제받지 않는다. 하지만 군대는 이러한 민주주의 요소가 적용되지 않는다. 이러한 비민주적 요소가 민주국가에서 정당화되는 근거는 군대가 민주주의 수호와 국토방위를 하는 가장 핵심적인 조직이라는 역설적 상황에 있다.

군대는 조직화된 합법적인 폭력을 사용한다. 따라서 군대와 같은 거대한 합법적 폭력조직이 불상사가 없이 통제되기 위해서는 그의 파괴력에 동반되는 강력한 질서가 필요하게 된다. 질서와 통제를 어기는 일탈행위에는 그에 적합한 강제성이 부여되어야 한다. 그리고 개개 장병들의 자발성을 도모할 수 있는 정보제공과 교육이 병행되어야 한다. 그럼으로써 더욱 효율적인 군대조직이 가능할 것이다.

3. 명령과 복종의 윤리

군대는 다른 조직과 달리 국가의 명운과 사활적 이익의 보장을 담당한다. 따라서 군대의 임무수행은 긴박성과 신속성이 요구되며 이를 위한 일사불란한 명령체계가 중요한 요소가 된다. 만약 전시와 같은 유사상황에서 지휘관의 명령에 대한 절대적인 복종이 없다면 어떠한 작전이나 계획도 세우기 어렵게 되며 그것은 곧 국가의 명운과 연결되기 때문이다. 복종을 이끌어내는 힘은 규범과 법의 두 가지 요소가 된다. 그리고 규범은 다시 국가에 대한 충성과 군대윤리로 구성된다. 명령에 대한 능동적이고 즉각적인 복종과 임무수행은 거대한 군대조직을 일사불란하게 유지시키는 핵심요소이며, 동기적으로 가장 바람직하다. 하지만 군대는 속성상 목숨을 담보로 하는

2 김인선(1998), "軍紀綱 刷新 確立 方案에 관한 硏究," 동국대학교 행정대학원 석사 학위논문, pp.4－7.

위급한 상황도 빈번하므로 생명을 소중히 하는 인간의 속성상 이를
회피하려는 경향도 존재함을 부인할 수 없다. 이 때문에 군대에서는
명령에 대한 복종을 법으로도 규정하고 있다. 명령에 대한 군형법
제44조에는 상황에 따라 명령불복종^{항명}의 형량을 달리하여 규정하고
있다.[3] 예를 들어 상관의 정당한 명령에 반항하거나 불복종인 경우
적전인 경우에는 사형, 무기 또는 10년 이상의 징역을, 전시, 사변
또는 계엄지역인 경우에는 1년 이상 7년 이하의 징역을, 그리고 이
외의 경우에는 3년 이하의 징역에 처한다고 명문화하고 있다.

　명령이 복종으로 이어지기 위해서는 구체성, 명확성, 상급지휘자,
복종의 요구라는 네 가지 요건을 구비해야 한다.[4] 첫째, 구체성이란
명령이 상급자에 의해 특정행위를 행하거나 하지 않도록 구체적인
의사전달을 의미한다. 만약 구체성을 결여한다면 그것은 명령으로 인
정되기 어렵다. 예를 들어서 근무를 충실히 하라거나 근무를 규정대
로 잘하라고 단순히 말하였다면 이를 명령이라 하기 어려운데 그 이유
는 훈시나 훈계처럼 수행해야 하는 내용이 구체적이지 않기 때문이다.

　둘째, 명확성이란 명령의 내용을 명확히 함으로써 수명자가 자
의적으로 해석할 여지를 없애는 것이다. 예를 들어 구체적인 시간을
정해서 명령을 하는 것과 해가 뜰 무렵이라고 하는 것과는 명확성에
서 차이가 날 수밖에 없다. 왜냐하면 만약 해가 뜰 무렵이라고 하였
는데, 그날 날씨가 흐려서 해가 뜨는 것이 명확하지 않았을 때 명령
에 불복종이라고 할 수는 없는 것이다.

　셋째, 상급지휘자 요건이란 명령이 상급자에서 하급자로 내려지
는 것이지 반대는 아니라는 것이다. 명령은 권한이 있는 사람만이

3 최관호(2008), "명령과 복종의무의 형법 규범적 내용과 한계," 건국대학교 대학원
　박사학위논문, p.47.
4 이정훈(2014), "군형법상 상관의 명령에 관한 연구," 공주대학교 대학원 석사학위
　논문, pp.52-67.

표 8-1 명령의 4가지 요건

구 분	내 용
구 체 성	특정행위를 행하거나 하지 않도록 구체적인 의사전달
명 확 성	수명자가 자의적으로 해석할 여지를 없애는 것
상 급 자	상급자에서 하급자로 내려지는 것
복종의 요구	단순한 의견제시나 권유가 아닐 것

내릴 수 있고, 명령에 복종할 의무가 있는 사람에게만 내릴 수 있는 것이다.

넷째, 복종의 요구 요건이란 상급자의 의사표명이 단순한 의견제시나 권유일 경우, 또는 사적인 요구사항일 경우 명령이 될 수 없다는 것이다.

명령은 반드시 구두로만 가능한 것이 아니며, 몸짓이나 손짓, 전령의 서신, 투명지, 지도상의 기호 등 다양한 형식으로 가능하다. 하지만 전령서신이나 전문 등과 같은 통신문일 때에는 그 형식과 확인부호가 규정에 부합해야 한다. 그렇지 않다면 명령으로서의 확인이 어렵고 따라서 복종의 구속력을 잃게 된다.

군형법 제47조에는 정당한 명령을 위반할 시에 2년 이하의 징역이나 금고에 처한다고 규정하였다.[5] 법적으로 이러한 명령의 요건이 충족되었음에도 이행이 되지 않을 때 군형법에서는 명령불복종에 대한 항목으로 처벌을 할 수 있다. 하지만 명령의 네 가지 요건을 갖추었음에도 복종하고 수행을 할 수 없는 명령들이 존재한다. 대표적인 두 가지는 불가능한 명령과 불법적인 명령이다.

불가능한 명령은 다시 논리적으로 불가능한 명령, 논리적으로는

5 유영무(2003), "명령에 의한 행위의 형사책임에 관한 연구," 고려대학교 대학원 석사학위논문, pp.43-54.

가능하나 현실적으로 수행이 불가능한 명령, 상대적으로 불가능한 명령의 세 가지로 나뉘어질 수 있다. 예를 들어 상관이 부하에게 파괴된 교량을 지목하여 내일 1시까지 교량을 파괴하라고 한다면 그것은 명령의 네 가지 요건을 모두 갖추었으나 이미 파괴된 교량이므로 논리적으로 실행이 불가능한 명령 또는 무의미한 명령이 된다. 상대적으로 불가능한 명령의 예로는 1초 내에 모든 장병을 집결시키라고 하든지 부상당한 군사에게 치료도 하지 않고 장거리를 행군하게 한다는 등이다. 즉, 명령은 수명자의 능력과 상황, 여건을 감안하여 충분히 실행이 가능한 명령을 해야 하며, 그렇지 않으면 무의미한 명령이나 상대적으로 불가능한 명령이 되고 만다.

두 번째 수행을 할 수 없는 또는 해서는 안 되는 명령은 불법적인 명령이다. 상관의 명령은 법에 의해 보장이 된다. 따라서 법에서 불법으로 규정한 명령을 내릴 수는 없는 것이다. 대개의 경우 불가능한 명령은 명령을 하달받은 수명자가 상대적으로 쉽게 파악이 가능하지만, 불법적인 명령에 대한 판단을 내리기 쉽지 않은 경우가 많다. 이로 인하여 불법적인 명령에 대한 수행, 즉 명령의 복종이 수행자에게 책임소재를 추궁하게 되는 문제에 휩싸일 수 있다.

역사적으로 대표적인 예는 6·25 전쟁이 발발한 후 3일 뒤인 6월 28일에 한강교를 폭파한 공병감 최창식 대령의 예이다.[6] 최대령은 한강교 폭파에 대해 적전비행죄敵煎非行罪의 책임을 지고 사형을 당하였다. 하지만 최대령의 한강폭파는 육군참모총장으로부터 폭파명령을 받고 그 명령을 수행한 것이었다. 이후 유족들은 재심청구를 하여 그것이 상관의 작전명령을 이행한 것이라 주장하여 정당행위를 인정받고 무죄를 선고 받게 된다. 하지만 이미 최대령은 사형을 당

6 이동식(2013), "6.25전쟁 초기 '한강교 조기폭파론'의 비판적 검토," 충남대학교 평화안보대학원 석사학위논문, pp.64-69.

한 후였다. 이러한 역사의 예는 상관의 명령에 대한 부하의 복종, 즉 명령수행에 대한 정당성의 판별이 쉽지 않고 그것이 생명을 담보로 하는 책임문제로까지 관련될 수 있음을 알려준다. 특히 당시 한강교를 폭파할 때 최대령은 서울 시내에서 아군부대와 피난민들이 미처 한강을 건너지 못하고 있다는 사실을 알고 있었다. 하지만 부하의 입장에서, 특히 상명하복의 규율이 엄격하였던 한국군대에서 상관의 명령을 이행하지 않을 수는 없었을 것이다.

군인복무규율에서는 명령의 정당성이 의문시될 때 하급자는 상급자에 건의할 수 있는 권한을 부여하고 있다. 즉, "부하는 군에 유익하거나 정당한 의견이 있는 경우 지휘계통에 따라 단독으로 상관에게 건의할 수 있는 권한이 있다."[7] 즉, 부하는 직무상 명령을 수행하였을 때 불이익이 예상되거나 불법명령이라는 판단이 들 때 상관에게 명령을 취소하거나 유보를 건의할 수 있다. 이를 위해서는 식별력과 용기가 필요할 것이다. 이것은 합법적이고 정당한 명령수행을 위해 군대윤리에 대한 학습이 필요한 이유 중 하나이기도 하다. 만약 건의를 통해서도 의견조정이 불가능할 때 부하는 정확한 사실인식 하에 판단하고 행동할 수 있는데, 그것이 불복종이건 복종이건 그에 대한 책임을 질 각오가 필요하다. 만약 불복종이라면 더욱 그 각오는 커질 것이다. 그리고 식별력의 증대를 위해서는 군사적 전문지식과 함께 법적인, 상식적인, 그리고 윤리적인 지식과 안목이 필요하다.

4. 명령에 대한 복종의 한계

사무엘 헌팅턴Samuel Huntington은 복종의 한계를 두 가지로 분류하였

7 육군본부, 「군인복무규율」 제24조 제1항.

다.[8] 한 가지는 명령에 대한 복종과 전문직업능력의 충돌의 경우이
고, 다른 한 가지는 군대복종과 비군사적 가치의 대립으로 인한 경
우이다. 전자는 다시 작전과 교리에서의 충돌로 나뉠 수 있으며, 후
자는 군대복종과 정치적 지혜, 군대복종과 군사적 능력, 군대복종과
합리성, 군대복종과 도덕 네 가지로 더욱 세분될 수 있다. 예를 들
어 작전면에서 상관이 명령을 내렸다고 하더라도, 그 명령을 수행하
게 되어 군사적으로 재난이 될 수 있다면 그것은 복종을 하기 어려
운 한계가 될 수 있다. 교리면에서 예는 상급장교가 진부한 일상적
명령으로 새로운 아이디어를 막고 이것이 군사적으로 열악하고 능률
이 저하되는 결과를 낳을 때, 하급장교는 지휘체계의 와해보다 더
큰 군사적 효율성을 기대할 수 있다면 불복종이 정당화될 수 있다.

　　군대복종과 비군사적 가치의 대립은 흔히 정치가와 군인사이에
발생할 수 있다. 예를 들어 정치인이 전쟁개시나 전쟁수행과 같이
국가적 재난을 불러일으킬 수 있는 정책을 명령하였다면 군인은 이
를 받아들여야 한다. 헌팅턴의 논리는 군사적 지혜는 구체적이고 객
관적이지만 정치적 지혜와 식견은 종합적이고 무제한적 측면을 가지
고 있기 때문이라는 것이다. 만약 군사적 능력과 대립할 경우에는
반대의 행동이 요구된다. 즉, 실제 전쟁의 교전상황에서 정치인이
전쟁의 현 상황도 모르는 상태에서 군사가 전멸할 수 있는 명령을
내린다면 이 경우 장교의 불복종은 정당화된다. 왜냐하면 그것은 군
사적 가치나 군사적 효율성과 관련된 전문직업적인 기준에 대응하기
때문이다.

　　세 번째로 법과의 대립이 되는 경우가 있다. 즉, 정치인이 군인에
게 내린 명령이 법에 어긋나는 것이 명확할 때 군장교는 불복종을 해

| 8 Huntington, S.P., 전게서, p.113.

표 8-2 헌팅턴의 복종의 한계종류

구 분	군대복종과 대립	예
군대복종과 전문직업능력과의 충돌	작전면의 대립	명령으로 군사적 재난이 예상될 때
	교리면의 대립	진부한 명령으로 능률이 저하될 때
	정치적 지혜와의 대립	정치인이 국가적 재난이 될 정책을 명령할 때
군대복종과 비군사적 가치의 대립	군사적 능력과의 대립	정치인이 군사적 전문성과 관련된 내용에 대한 지시나 명령을 할 때
	법과의 대립	정치인이 불법적인 명령을 내릴 때
	도덕과의 대립	정치인이 점령지 민간인 학살명령을 내릴 때

야 한다. 하지만 정치인이 합법적이라고 주장할 수도 있는데, 이때 판단이 어렵다면 법무관에게 조언을 요청할 수 있고, 그 답변도 신뢰하기 어렵다면 군 장교는 자기결정을 따르게 될 것이다. 그리고 당연히 그 결과에 대해 군장교는 책임을 지게 된다.

네 번째, 기본적인 도덕과 명령의 수행 사이에 대립이 있을 수 있다. 비근한 예가 제2차 세계대전 당시 히틀러의 유대인 학살과 같은 명령이 될 것이다. 이것은 법적으로도 문제가 될 수 있지만 인간적인 양심과 도덕으로서도 이행해서는 안 되는 것이라 할 수 있다. 현실정치에서 국가의 이득을 위해 정치인은 도덕성을 무시할 수도 있다. 이때 군장교는 양심과 국가이익이라는 두 가지 덕목 사이에서 갈등을 느낄 수도 있다. 헌팅턴은 이에 대해 다음과 같이 답하고 있다. "군인으로서는 복종해야 하지만, 인간으로서는 복종해서는 안

된다." 이것은 결국 행동의 선택은 개개 군인의 양심과 판단에 근거할 수밖에 없음을 의미한다. 군인이 도덕적 양심만을 따르고 국가적 이익과 관련된 군대복종을 무시하기는 현실적으로 어렵다.

이상에서 살펴본 바와 같이 헌팅턴의 견해는 크게 세 가지로 정리될 수 있다. 즉, 교리상 군사적 효율성이 현저하게 제고시킬 것으로 기대될 때, 군사전문능력의 세부영역에 정치인이 관여할 때, 정치인의 명령이 불법적으로 군인에게 전달될 때이다.

한편 니코 케이저는 명령에 대한 복종의무의 한계를 법규범의 위반, 법익들 간의 충돌을 두 가지의 복종의무의 주관적 한계라고 정리하였다.[9] 이것은 헌팅턴의 기준과 유사한데, 문제의 상황에서 판단기준은 첫 번째가 '적법성'이 되고, 이어서 법익들 간 충돌할 경우에는 '군사상의 필요성'과 함께 '군사적 효율성'이 기준이 된다. 그리고 도덕과 윤리 또는 종교적 양심이 충돌할 경우에는 '상호간의 양보'를 방법으로 제안하고 있다. 하지만 상관의 명령이 명확히 불법적이거나 부당한 것이라 판명이 되지 않을 경우, 즉 의심스러운 경우에는 불복종의 정당화가 어려울 수 있고 따라서 복종하는 것을 권하고 있다.

법규범의 위반은 다시 군사적 직무목적을 벗어난 명령, 직무상 지휘권이 없는 상관의 명령, 규정이나 훈령에서 벗어난 명령, 위법행위를 요구하는 명령의 네 가지로 나뉜다. 첫째, 군사적 직무목적을 벗어난 명령이란 군직무 목적과 무관한 상관의 명령이 법적 구속력이 있는가 하는 것이다. 공공조직체는 원칙적으로 책임맡은 임무수행 이상의 명령권이 부여될 수 없다. 따라서 군사적 직무 이외의 명령은 법적 구속력이 없다.

둘째, 직무상 지휘권이 없는 상관의 명령의 경우 하급자는 복종

---

9 니코 케이저 저, 조승옥·민경길 역, 「군대명령과 복종: 軍刑法上의 抗命罪 成立要件」(서울: 法文社, 1994), pp.133-136.

의무는 있지만 법적인 구속력은 없다고 본다.

셋째, 규정이나 훈령에서 벗어난 명령의 경우 관점에 따라 다른 해석이 나온다. 우선 엄격한 법해석론적 관점legalistic point of view에서는 명령의 복종구속력을 부인하겠지만, 실용주의적 관점pragmatic point of view 에서는 임무달성의 중요성을 중시하여 상관의 명령에 따를 것을 권장할 것이다.

넷째, 위법행위를 요구하는 명령의 경우에는 '항명죄'나 '범죄행위'의 두 가지 가능성의 갈등이 있을 수 있다. 이때에는 두 가지 요소에 따라 달라진다. 즉 이 명령에 대해 복종을 해서는 안 되는 의무가 있는지와 상관명령에 대한 복종이 위법성 배제사유가 되는 것인지에 대한 기준이다. 만약 명령의 수행이 위법성 배제사유가 된다면 그 명령이 비록 불법적이라 할지라도 부하는 복종해야 하는 법적인 의무가 있다. 이유는 이러한 경우에 위법성으로 인한 모든 책임이 명령을 내린 상관에게 귀속되기 때문이다. 하지만 명령을 수행한 부하에게 책임면제사유만 부여된다면 이것은 명령에 복종해서는 안 되는 법적 의무가 부하에게 있음을 의미한다.

법익들 간의 충돌은 사정변경, 직무상의 이익에 해가 되는 명령, 상충하는 명령, 사적 권익을 침해하는 명령의 네 가지로 더욱 세분될 수 있다. 첫째, 사정변경事情變更이란 문자 그대로 상황이 변화된 것을 의미한다. 상관이 명령을 내릴 당시의 상황과 명령을 수행할 때의 상황이 달라졌을 때, 상관의 원래 의도한 바가 아닌 결과가 나올 것이라는 판단이 된다면 어떻게 해야 하는가? 이러한 경우에 해야 하는 행동은 첫 번째 상관에게 신속히 보고를 함으로써 상황에 대한 정보를 제공함으로써 상관의 명령이 변경되거나 유보, 또는 취소할 수 있도록 돕는 것이다. 하지만 만약 상관에게 즉각적인 보고가 어려운 상황이라면 부하는 스스로의 판단에 의지해야 한다. 그리고 만약 스스로 판단하건대 명령의 유보나 취소가 분명히 바람직하다면, 즉 보다 큰 직무상의 이익이 확실하고, 불복종 이외에는 다른 방법이 없다면, 긴급한 상황이라면 명령의 불이행이 가능하다. 그리고 이때에는 불복종이 되지 않는다. 하지만 상황에 대한 판단이 명확하게 내려지지 않을 때에는 상관의 명령을 이행하는 편이 낫다.

둘째, 직무상의 이익이 해가 되는 명령이라 판단되면, 부하는 즉각 상관에게 보고를 하고 명령의 취소를 유도하도록 한다. 하지만 보고가 어려운 상황이라면 직무상의 보다 큰 이익이 확실하다면 '항명죄'가 되지 않는다. 예를 들어 켈러만 대위의 사례를 들 수 있다. 전쟁상황에서 아군지역 접근병력에 발포하라는 명령이 있었으나 캘러만 대위는 아군일 수 있다는 판단 하에 명령을 이행하지 않았다. 실제로 접근하였던 병력이 아군이었음이 밝혀지고 캘러만 대위는 훈장을 받게 되었다.

셋째, 두 가지 명령들 간에 서로 모순될 때의 행동에 관한 것이다. 이때에는 상관에게 두 가지 상충되는 명령의 내용에 대해 보고를 한다. 하지만 보고가 불가능하다면 행동의 판단기준은 높은 계급의 상관명령, 후행했던 명령, 직무상 보다 큰 이익의 명령을 우선한다.

넷째, 상관의 명령이 부하개인의 이익을 심각하게 침해하는 경우이다. 이때 부하는 지나치게 큰 사적 이익의 손상이라면 명령불이행의 위법성이 배제될 수 있다. 하지만 이러한 것은 쉽게 판단하기 어려우므로 가능한 한 최대한 상관의 명령을 이행하는 것이 권장된다. 이러한 판단은 군대에서 사적 권익의 침해는 어느 정도 감수해야 한다는 정서에 근거한 것이다.

표 8-3 니코 케이저의 명령에 대한 복종의무의 한계

구 분	높은 강도	낮은 강도
법규범의 위반	군사적 직무목적을 벗어난 명령	군직무 목적과 무관한 상관의 명령
	법익들 간의 충돌	복종의무는 있지만 법적인 구속력은 없다
	규정이나 훈령을 벗어난 명령	법해석론적 관점-명령의 구속력 부인 실용주의적 관점-복종해야 함
	위법행위를 요구하는 명령	명령에 복종해선 안 되는 의무가 있는지와 위법성 배제사유가 있는지 확인
법익들 간의 충돌	사정변경	내려진 명령이 수행될 시기에 상황이 바뀌었을 때는 곧바로 상황을 보고하거나, 보고가 불가할 때 스스로 판단
	직무상의 이익에 해가 되는 명령	상관에 즉각 보고, 그렇지 못할 경우 스스로 판단, 항명죄 또는 훈장
	상충되는 명령	상관에 보고, 나중에 내려진 명령, 상급자명령, 보다 큰 직무상 이익을 선택
	사적 권익을 침해하는 명령	지나친 사적 권익의 손상이 가능한 명령에 대한 불이행은 위법성이 배제될 수도, 최대한 이행하는 것이 바람직

* 출처: 니코 케이저 저, 조승옥·민경길 역, 「군대명령과 복종: 軍形法上의 抗命罪 成立要件」(서울: 法文社, 1994), p.112에서 재인용.

제 2 절   군대문화의 특징

군대문화의 전통은 군대의 정체성을 부여한다. '군인다운', 또는
'민간인과 다른'과 같은 표현은 군대 고유의 전통과 문화, 그리고 관
행이 존재함을 의미한다. 군대는 엄격한 위계질서를 근본으로 삼고,
명령에 대한 엄격한 복종을 요구한다. 용기, 강인한 체력, 명예, 완
전무결, 책임완수, 완전무결주의 등은 군대문화의 전통과 관련이 있
다. 군대문화와 전통은 다음과 같은 특징을 갖는다.[10]

첫째, 군대전통문화은 군대의 구성원들이 공유하는 특정한 이념신념
과 가치관을 포함한다. 이념이란 이상적 가치, 기본가치, 전통가치,
신조 등이 모두 내포된 개념이다. 이념이란 어떤 것이 옳다라고 증
명할 수는 없으나 옳다고 여기는 것이다. 예를 들어 국군의 이념이
나 국군의 사명 등이 여기에 포함될 수 있다. 가치관이란 구성원들
이 가치를 부여한 것을 의미한다. 예를 들어 군인은 물질적 보수보
다는 명예, 전우애, 헌신적 봉사와 같은 무형적 요소에 더욱 가치를
부여한다. 신념과 가치관은 군인들이 추구해야 하는 목표와 행동방
향을 제시하며, 군대문화속에서 군인의 행위에 대한 시비선악의 판
단기준으로서도 역할을 하게 된다.

둘째, 군대전통문화은 군인의 행동지침서 역할을 한다. 특정행위
를 권장하거나 금지하는 것인데, 이것은 공식적일 수도 비공식적일
수도 있다. 예를 들어 '모든 보고는 신속·정확해야 한다'라거나 '상관
에 대한 호칭에 님을 붙인다' 등과 같은 것은 비공식적인 규범이다.

---

10 이상현(2001), "軍隊文化와 戰鬪力 關係의 分析 研究," 전남대학교 대학원 석사학
   위논문, pp.17-36.

셋째, 군대전통^{문화}은 다양한 상징체계를 포함한다. 제복과 장식, 마크, 계급장, 경례, 의전, 군가, 각종의식행사 등은 일반사회와 군대를 구별하는 역할을 한다.

넷째, 군대문화^{전통}는 군인들의 특유한 생활양식을 반영한다. 군인은 동질적인 사람들과 병영에서 흔히 말하는 스파르타식의 집단생활을 한다.

1. 군대문화의 개념 특징

대부분의 조직체에서와 마찬가지로 군대조직에서도 특유의 문화가 존재한다. 군대조직의 문화는 단순히 구성원인 군인집단의 의미 이상이 부여되는데, 그것은 군대가 하나의 살아가는 방식으로서 구성원들에게 사고, 행동, 생활의 모든 면에서 깊이 관여하고 있는 데 기인한다. 뿐만 아니라 군대는 다른 조직체에 비해 매우 강력한 위계질서와 명령과 복종체계를 가지고 있다. 따라서 군대조직은 매우 엄격하고, 간단명료한 언어문화를 가지게 된다. 뿐만 아니라 단정한 복장과 용모 등 외적 측면에서도 절제되고 단정한 문화적 특성을 가지게 된다. 군대는 전쟁과 같은 상황을 대비하기 위해서 강인한 체력과 의식이 동반되어야 하며, 전쟁에서는 반드시 이겨야 하므로 승리 지상주의와 완전무결주의가 중요한 덕목이 된다. 군대문화는 역사 속에서 군대가 발전해 오면서 형성되어 온 것으로 오랜 전통을 가지고 있다. 이러한 측면에서 군대문화는 군대라는 조직체에 다른 조직과 구별되는 정체성을 부여하게 되는데, 군대문화는 크게 이념과 가치관, 행동지침, 상징체계, 지휘체계, 생활양식의 다섯 가지 측면에서 이해할 수 있다.

첫째, 군대는 구성원들이 공유하는 신념체계와 가치관이라는 문화속성을 가진다. 여기서 신념과 가치관은 서로 구별되는 의미를 가진다. 우선 신념 또는 이념이란 옳다는 것을 증명할 수는 없으나 구성원들이 옳다고 느끼고 생각하는 것이다. 예를 들어 국군의 이념이나 국군의 사명과 같은 것이다. 반면 가치관이란 어떠한 것이 보다 가치가 있다거나 중요하다고 보는 태도이다. 예를 들어 군인은 전통적으로 유형의 보상보다 무형의 명예, 전우애, 봉사와 같은 무형적 가치에 의미를 더 부여한다. 신념과 가치관은 군인들이 추구해야 하는 목표와 행동방향을 제시하며, 군대문화 속에서 군인의 행위에 대한 시비선악의 판단기준으로서도 역할을 하게 된다.

둘째 군대문화는 행동의 지침을 제시한다. 즉, 군인들에게 특정 행위를 권장하거나 금지한다. 이것은 공식적이거나 비공식적일 수 있다. 즉, 신속하고 정확한 보고, 상관의 계급이나 직명에 '님'이라는 존칭, 고참말에 따르기 등이 포함된다.

셋째, 군대는 제복, 계급장, 장식, 마크, 경례, 의전, 군가, 각종 의식행사 등 다양한 상징체계를 가지고 있으며 이것은 군대문화의 중요한 구성요소가 된다.

넷째, 군대는 일반 조직들보다 강력한 상명하복의 위계적 권위질서를 가진다. 이것은 군대의 일사불란의 임무수행을 위해 불가피한 면이 있으며 군대문화의 대표적인 예가 된다.

다섯째, 군대는 군인들이 영내에서 생활하는 것이 일반적이다. 따라서 군대 내에서 이루어지는 집단생활은 일명 스파르타식이라고 하는 생활양식이 군대문화의 주요 전통이 된다. 따라서 군대문화의 중요한 특성은 스파르타의 역사적 기록 속에서 많은 실마리를 얻게 된다.

표 8-4　군대문화의 구성요소

구성요소	내용 또는 기능
신념과 가치관	목표와 행동방향을 제시
행동지침	공식적, 비공식적, 특정행위의 권장 또는 금지
상징체계	제복, 계급장, 장식, 마크, 경례, 의전, 군가, 각 종의식행사
상명하복	엄격한 위계질서 속의 명령과 복종
집단생활	스파르타식 생활양식

2. 군대문화와 시민문화의 조화 : 스파르타와 아테네의 기록으로부터

군대문화와 시민문화는 상호 배타적인 것으로서 역사적으로 스파르타와 아테네의 도시국가시스템을 비교해 봄으로써 쉽게 이해할 수 있다.[11]

먼저 스파르타는 철저한 계급사회로서 상층에는 시민인 스파르타인이 있었고, 그 아래로 하층계급인 농업노동자들과 잡역을 담당한 변방인으로 구성되었다. 스파르타 시민들은 매우 엄한 규율 속에서 단련되었다. 태어날 때부터 약하게 보이거나 불구인 갓난아이들은 굴속이나 산속에 버려졌다. 일곱살이 되면 전원 부모에서 떨어져 국가가 운영하는 학교에 보내어져 엄격한 육체훈련과 애국교육을 받게 된다.[12] 씨름, 달리기, 무기쓰는 법, 글, 음악 등을 배웠다. 소녀들의 경우에도 국가의 감독 하에 건강한 모체를 위한 방법으로 격렬

---

11 정경실(2011), "아테네 민회가 민주시민교육에 주는 함의," 한국교원대학교 교육대학원 석사학위논문, p.114.
12 윤진(1999), "헬레니즘 時代 스파르타 '革命'에 관한 硏究," 고려대학교 대학원 박사학위논문, p.72.

한 육체운동과 정신교육을 받았다. 이러한 훈련은 30세까지 계속되었는데 이러한 과정을 통해서 스파르타인은 군사적으로 막강한 능력을 가지게 되었다. 이리하여 스파르타는 펠로폰네소스 지역의 대부분의 국가를 지배하게 되었다.

반면 아테네는 모든 시민에게 평등한 권리를 부여하였는데 부모의 신분에 의해서가 아니라 능력에 따라 공직에 나갈 수 있었다. 이들 아테네인들은 스파르타인들처럼 어려서부터 훈련을 받거나 엄격한 규율 속에 인내를 강요받지 않았지만 국가유사시에는 용감하게 전쟁에 나갔다. 이리하여 기원전 490년에 페르시아가 유럽을 공격하였을 때에 아테네는 다른 국가의 도움이 없이도 침략자를 물리칠 수 있었다.

강력한 군사력을 유지하였던 스파르타는 너무나 엄격한 신분제로 인하여 국가를 계속 유지할 수 있는 시민의 수가 점차 줄어들게 되었고 이로 인하여 인적 자원의 고갈 속에서 군사력이 약화되는 상황으로 자멸하게 되었다. 뿐만 아니라 스파르타는 국가의 모든 목적을 군사에 집중하였기에 군사문화 이외에는 다른 영역에서의 발전을 이루지 못하였다. 그리하여 스파르타의 국력은 정체상태에 이르렀다.

스파르타와 아테네의 예는 현대의 군사문화와 시민문화의 대비로 이어진다. 즉, 스파르타와 아네테의 문화가 병존하기 어렵듯이 군사문화와 시민문화는 병존하기 어렵다는 주장이다. 토크빌Alexis de Tocqueville은 민주국가가 군대를 필요로 함에도 결국 군대가 민주주의를 위험에 빠뜨릴 수 있음을 경고하였다.[13] 민주주의와 군대문화는 서로 상반되는 특성을 가지고 있기 때문인데, 대표적인 예로 민주주의는 개인의 자유와 권리를 존중하지만 군대는 전체에 비중을 두고

13 Tocqueville A.D. 저, 이용재 역, 「앙시앵 레짐과 프랑스혁명」(서울: 지식을만드는지식, 2014), pp.214-218.

언제든 전체의 목적을 달성하기 위해서 개인의 자유와 권리는 희생될 수 있다. 즉, 시민문화의 특성이 민주주의, 다양성, 실용주의, 개인주의, 직업주의 등이라면, 군대문화는 권위주의, 형식주의, 집합주의, 완전무결주의, 공공조직주의라 할 수 있다. 하지만 현실적으로 대부분의 민주주의 국가는 훌륭한 군대조직을 내포하고 있지 않은가? 그렇다면 민주주의와 군대문화는 절대적으로 병존할 수 없기 보다는 서로 상보적인 역할을 하고 있다고 해석될 수 있지 않은가?

이러한 물음에 대해 미 육군의 루퍼Lupfer 소령의 연구논문은 주목할 만한 가치가 있다. 그는 제1차 세계대전 때 새롭게 발전된 방어전술을 주제로 한 그의 논문에서 군의 발전은 "복종과 주도권, 훈련과 창의성, 권위와 독자성"이라는 서로 상반되는 특성들을 공통분모로 함으로써 가능했다고 주장하였다. 대표적인 예로 나폴레옹의 프랑스 군대에 패전한 프러시아가 군개혁을 단행한 것이 될 수 있다. 즉, 이전의 군대는 신체적 혹사를 포함하여 강제수용소와 같이 열악한 곳이었으나 군개혁 이후 군대는 개선되었으며, 이전에는 장교자격요건이 귀족계급에 국한되었었지만, 군개혁 후 능력만 있으면 누구든 장교가 될 수 있게 되었다. 이러한 변화는 군대의 민주화로 인하여 군대가 더욱 강력해진 사례가 된다. 또 다른 예로서 제2차 세계대전 후 패전한 독일이 자유진영의 민주주의 수호라는 정치적 이념 하에 새롭게 군대를 탄생시킨 것이 될 수 있다. 즉, 민주국가와 민주사회의 기본질서를 바탕으로 하고 민주국가와 민주사회를 수호하기 위해서 군대는 내면적인 통솔로 표현되는 인간통솔을 내세웠던 것이다. 즉, 현대 민주국가의 군대들은 군대 고유의 문화와 가치를 유지하는 한편으로 국가의 자유와 평화를 존중하고 준수해야 한다. 이것은 군대를 존재할 수 있도록 한 사회의 기본적 가치존중을 의미한다.

3. 군대의 전통적 가치

군대의 대표적인 전통적 가치로 군기, 사기, 단결, 훈련을 들 수 있다. 이것은 동서고금의 군사사상가들이 강조해 오던 것이며, 우리나라의 군인복무규율에서도 국군의 이념, 국군의 사명, 군인정신과 함께 군기, 사기, 단결, 교육훈련을 강령으로 규정하여 가장 기본되는 군대의 가치임을 분명히 하고 있다. 따라서 이들 개념들과 내용을 살펴보는 것은 군대의 전통을 살펴보는 데 중요한 과정이 될 수 있다.

1) 군 기

역사적으로 로마군대가 강하였던 이유 중 하나는 엄했던 군기이다. 동서고금의 다양한 군사전문가들이 군기의 중요성에 대해 설명하였다. 프랑스의 군사전문가 드 피크[1831~1870]는 군대가 선천적으로 강한 군대라기 보다는 강한 군기로 인하여 강해졌다고 말하였다. 드 삭스 원수는 군기가 없는 군대는 무장폭도에 지나지 않고 오히려 적보다 위험할 수 있다고 하였다. 조선 정조~순조 때 무신인 이정집[1741~1782]과 그의 아들 이적[?~1809]이 편찬한 병서인 무신수지武臣須知에는 군대의 생명이 병기나 식량에 있기보다는 기강확립에 있다고 하였다. 중국의 병서 『위료자』에는 사람들이 살기를 좋아하고 죽기를 싫어함에도 전쟁 시 적진을 뛰어드는 것은 군령이 엄격하고 법제가 잘 확립되어 있는 연유라고 기강의 중요성을 설명하고 있다. 현대에서도 해튼 장군은 군대의 강력한 단결과 사기, 엄정한 군기는 지휘관의 명령으로 부대를 운용할 수 있는 중요한 요건이라고 하였다. 그렇다면 군기확립은 저절로 이루어지는 것인가?

군사전문가들은 군기의 확립을 위한 핵심요건으로 신상필벌을 들고 있다. 즉, 공이 있을 때 반드시 상을 주어야 하며, 반면 죄가 있을 때에는 반드시 벌을 주어야 한다. 대표적인 예로 로마군대에서는 보초를 보다가 잠든 병사를 군법회의에 회부하여 처형하였고, 반면 전투에서 용감히 싸운 병사에게는 반드시 상을 내렸다는 것을 알 수 있다. 그리고 그것은 전투 후 전군이 참여한 가운데 이루어졌는데, 공의 크기에 따라 상이 달랐다. 적군을 부상시켰을 때에는 창을, 적군을 죽이고 갑옷을 빼앗은 군인에게는 잔을, 도시공격 시 성벽에 처음 오른 군인은 금잔을 사령관으로부터 직접 받았다. 동양의 대표적인 병서인 육도에서는 상벌의 공정성과 함께 그 효과성을 설명한다. "한 사람을 처형해서 전군이 모두 두려워할 경우라면 그를 처형하며, 한 사람에게 상을 주어 전군이 모두 기뻐할 경우라면 그에게 상을 내린다. 벌은 높은 지위에 있는 사람을 처벌함이 효과적이고, 상은 미천한 사람에게 내림이 효과적이다."

우리나라의 군인복무규율에서도 군기의 의의와 중요성을 다음과 같이 설명하고 있다. "군기는 군대의 기율과 질서이며 생명과 같다. 군기를 세우는 목적은 지휘체계를 확립하고 질서를 유지하며 일정한 방침에 일률적으로 따르게 하여 전투력을 보존, 발휘하는 데 있다. 그러므로 군대는 항상 엄정한 군기를 세워야 한다. 군기를 세우는 으뜸은 법규와 명령에 대한 자발적 준수와 복종이다. 따라서 군인은 정성을 다하여 상관에게 복종하고 법규와 명령을 지키는 습성을 길러야 한다."

2) 사 기

동서고금의 군사전략가들은 전쟁의 상황에서 사기가 승리의 중요한 요건이 됨을 설명한다. 나폴레옹은 사기와 의지가 실전에서 승리의 절반을 차지한다고 하였으며, 동양의 오자는 상벌의 엄정시행만으로는 승리가 보장되지 않는다고 하였다. 목숨을 담보로 하는 전쟁터에서 병사들이 기꺼운 마음으로 싸울 수 있어야 하는데 그것이 바로 승리의 요건이 된다. 현대에서도 마샬 장군은 승리를 가져오는 것은 사기라고 하였고, 만약 사기가 없으면 아무것도 할 수 없다고 하였다. 몽고메리는 군대지휘와 통솔이 중요하긴 하지만 승리를 보장하는 것은 군인의 사기라고 하였다. 전시에 군인의 사기를 올리는 데에는 몇 가지 요소들이 있다. 리지웨이 장군은 전투에 이김으로써 전시의 사기를 앙양시킬 수 있다고 하였다. 맥아더 장군은 전쟁의 공포나 피로로 병사들이 행동의욕을 잃게 된다면 지휘관의 태도가 병사의 사기를 앙양시킬 수 있다고 하였다. 동양의 사마법에서는 병사의 사기를 올리는 방법을 다음과 같이 설명한다. "장수는 겸양으로 화합을 이루며, 나쁜 일은 자신에게 돌리고 좋은 일은 부하에게 미루어, 부하의 마음을 기쁘게 함으로써 부하가 힘을 다하게 하여야 한다"고 하였다.

　우리나라의 군인복무규율에는 사기의 정의와 사기앙양의 방법을 다음과 같이 소개하고 있다. "군대의 강약은 사기에 좌우된다. 사기는 군복무에 대한 군인의 정신적 자세이며, 사기왕성한 군인은 자진하여 어려움에 임하고 즐거이 그 직책을 수행할 수 있다. 그러므로 군인은 자기 직책에 대한 이해와 자신을 가져야 하며 굳센 정신력과 튼튼한 체력을 길러 죽음에 임하여서도 맡은바 임무를 완수하겠다는 왕성한 사기를 간직하여야 한다."

3) 단 결

　어느 조직에서든지 구성원들의 뜻이 일치할 때 행동으로서의 힘이 발휘가 된다. 특히나 일사불란한 상명하달의 시스템을 가진 군대 조직에서 단결의 덕목은 매우 중요하다. 동서고금의 전쟁전략가들은 군대의 단결의 중요성에 대해 다음과 같이 설명하고 있다. 오자에서는 나라에 불화가 있으면 전쟁을 할 수가 없다고 하였다. 그리고 만약 군대에 불화가 있으면 적과 대진할 수가 없고, 진내에 불화가 있으면 싸울 수 없다고 하였으며, 적과 싸울 적에 불화가 있으면 결코 승리할 수 없다고 하였다. 드 피크 장군은 군대에서의 단결의 중요성에 대해 다음과 같이 비유를 들었다. "서로 알지 못하는 네 사람의 용감한 사람이 한 마리의 사자를 공격하지 못한다. 그러나 별로 용감하지 않은 병사라도 서로 잘 아는 경우 그들은 상호 신뢰와 협조로 단호히 사자를 공격할 수 있다." 이러한 군대의 단결에서 지휘관의 역할이 중요함은 당연하다고 하겠다. 군사전략가들은 지휘관의 역할에 따라 군대의 단결이 좌우될 수 있음을 강조한다. 리지웨이 장군은 장교가 부대의 중심이 되는 데 따라서 부대의 사기와 인화의 온상, 그리고 군사전문지식의 근원을 장교가 역할을 해야 한다고 하였다. 삼략에서는 구체적인 상황을 들어 군대지휘관의 행동방침을 설명한다. "우물이 마련되지 못했으면 장수는 목마르다는 말을 하지 않아야 하며, 막사가 완비되지 못했으면 피로하다는 말을 하지 않으며, 식사준비가 끝나지 못했다면 배고프다는 말을 하지 말아야 한다." 이것은 일반 병사들이 장수의 행동에 따라 그 사기와 함께 단결이 달라질 수 있음을 의미한다. 1462년인 세조 8년에 편찬된 우리나라에서 가장 오래된 병서로 추정되는 『어제병장설주해』에서는 군대단결을 위한 행동강령을 다음과 같이 설명한다. "지혜가 있다 하여 사람을 거만하게 대하고, 지능이 있다 하여 남을 업신여기는 것, 남과 상대하기도 전에 제 뜻이 이미 남을 경멸하며 독단적으로 일을 처리하여 위와 아래가 서로 화합하지 못한다면 인화단결을 이룰 수 없다." 우리나라의 군인복무규율에서는 단결의 요체와 그 중요성을 다음과 같이 설명한다. "전쟁의 승리는 오직 단결된 힘에 의해서만 얻을 수 있다. 단결의 요체는 전원이 한 마음 한 뜻으로 뭉쳐 준법정신, 희생정신, 공사의 명확한 구분과 상호이해를 바탕으로 공동의 목표를 달성하기 위하여 모든 역량을 통합, 집중하는 데 있다. 그러므로 모든 부대는 군기가 상징하는 부대의 전통과 명예를 위하여 지휘관을 중심으로 굳게 단결하여야 한다."

4) 훈 련

강한 훈련은 실전의 승리에 막대한 영향을 끼치게 된다. 훈련을 통해 군인은 인내력과 함께 실전에서 겪게 되는 다양한 어려움을 예상하고 숙지할 수 있게 된다. 이것은 곧 군대의 사기로 연결될 수 있다. 몰트케는 실전과정의 군인들에게 훈련이 미치는 영향을 잘 설명하고 있다. "고난에 대한 훈련이 없으면 전투 중에 연속적인 승리가 계속되더라도 병사들은 그 승리에 대한 고난을 저주하게 되며, 그 전쟁 자체를 거부하게 된다." 몽고메리는 훈련에서 경험하는 다양한 상황들이 전쟁상황에서 도움이 됨을 설명한다. "병사는 반드시 자신의 무기에 대해 자신감을 가져야 하고, 어떤 상황, 어떤 지역, 어떤 기후에서도 무기를 효과적으로 사용할 수 있다는 자신감을 가져야 한다. 그러한 자신감은 집중적인 훈련을 통해서만 얻을 수 있다. 그리고 자신감이 생기면 사기도 올라가게 된다." 롬멜 장군은 실전에서 많은 손실을 입게 되는 가장 중요한 요인 중 하나로서 훈련의 부족을 꼽는다. "공격부대가 많은 손실을 입게 되는 주요 원인은 훈련부족 때문이다. 아무리 소규모 전투라 할지라도 손실을 감소시키기 위해서 사용할 수 있는 비결이란 훈련뿐이다."

나폴레옹은 아주 짧은 문구로 훈련과정에서의 어려움이 중요성을 설명한다. "고난과 결핍은 훌륭한 병사의 최상의 학교이다. 반면 사치와 안일은 병사의 적이다." 리지웨이 장군은 전쟁의 양상이 시대에 따라 아무리 다양해진다 할지라도 병사들의 신체훈련은 예나 지금이나 다름없이 중요하다고 하였다. 동양의 군사전략가들도 훈련의 중요성이 전쟁의 승패와 관련되기 때문이라고 설명한다. 위료자에서는 군사훈련 속에서 군기가 세워지면 천길만길의 계곡에서도 뛰어들어 공격을 하게 된다고 하였다. 그리고 제갈량은 훈련과정이 잘되어 있으면 무능한 지휘관이 지휘를 할지라도 전쟁에서 이길 수 있다고까지 하면서 훈련의 중요성을 강조한다. "군기가 서 있고 훈련이 잘된 군대는 무능한 지휘관이 지휘하여 적과 싸운다 해도 결코 패하지 않는다. 군기가 서 있지 않고 훈련이 안된 군대는 유능한 지휘관이 지휘한다 해도 승리할 수 없다." 우리나라의 군인복무규율에서도 교육훈련의 중요성과 지향점에 대해 다음과 같이 설명하고 있다. "교육훈련은 전투력 배양의 필수요소로서 그 목적은 적과 싸워 이길 수 있는 개인 및 부대를 육성하는 데 있다. 그러므로 군인은 투철한 국가관과 확고한 사상무장을 바탕으로 군인정신을 기르고, 직무수행에 필요한 지식과 기술을 익히며 필승의 전기전술을 연마하고 강인한 체력을 단련하며, 부대훈련에 힘써야 한다."

4. 군대의 관행과 전통들

1) 군대경례

경례는 가장 특징적인 군대예절의 중 하나로 간주된다. 군대의 경례는 흔히 오른손을 위 눈썹 위에 부드럽게 갖다대는 것으로 알려져 있으나 실제로는 이러한 거수경례 이외에도 집총경례, 예포경례, 부대경례 등 다양한 형식이 있으며 이들은 각각 고유의 유래와 의미를 갖는다. 따라서 군대경례에 대한 이해는 군대의 관행과 전통, 그리고 군대정신을 이해하는 데 중요한 의미가 있다 하겠다.[14] 거수경례는 비록 거의 모든 현대군대에 보급되어 있으나 그 정확한 기원은 아직 알려져 있지 않다. 다만 몇 가지로 추정을 할 수는 있다. 가장 대표적인 추론은 서양기사론이다. 서양에서는 전쟁 시 말을 타고 얼굴, 머리를 포함하여 몸 전체를 갑옷으로 덮었다. 따라서 동료기사를 만날 때에는 상대방에게 자신의 얼굴을 확인시켜줘야 했는데 이를 위해서 투구의 앞가리개visor를 벗어 올려야 했다. 이 과정에서 오른손이 앞가리개를 올렸고 왼손은 말고삐를 잡고 있어야 했는데 이것은 오른손이 무기로부터 멀어짐으로써 상대방에게 전의가 없음을 알려주는 우의와 신뢰의 표시로 전달되는 것이기도 하였다. 두 번째 가설은 고대에 무장이 허용된 군인들이 서로 만날 때 무기를 잡지 않고 있음을 나타내기 위한 표시로 오른손을 들었다는 것이다. 세 번째 가설은 중세시대에 신사들이 망토에 칼을 감추고 다녔는데, 동료를 만날 때에는 오른손을 올려서 망토덮개를 벗겨서 오른손으로 칼 손잡이를 잡고 있지 않음을 명확히 전달하였다는 것이다. 네 번째 가설은 모자와 관련된다. 즉, 하급자가 상급자를 만날 때에 모자를 흔히 벗곤 했는데, 의장대나 근위병의 경우에는 그 모자가 너무나 커서 벗는 대신 간단히 차양 끝부분을 잡는 것으로 대신하였고, 이것이 확산되면서 현재와 같은 거수경례로 발전하였다는 것이다. 경례는 총을 이용하여 표시하기도 한다. 그 유래는 1660년 영국의

| 14 윤준호, 「군대예절 및 제식」(서울: 삼광출판사, 2014), p.138.

찰스 2세가 왕정복고를 하던 시기로 올라간다. 당시 찰스 2세는 왕정복고를 하면서 근위보병연대로부터 충성서약을 접수하게 되었다. 이때 연병장에 부대가 집결한 상태에서 연대장은 다음과 같은 명령을 내렸다. "대왕 폐하 밑에서 근무할 것을 서약하여 무기를 바치라" 이에 병사들은 소총과 창을 높이 쳐들어 예를 표했고 이어서 명령에 따라 무기를 땅바닥 위로 내렸다. 잠시 후 국왕폐하를 위해 땅에 내려진 무기들을 잡으라는 명령에 따라 무기를 다시 집었고 국왕은 이 장면에 깊은 감명을 받고 앞으로 상관에 대한 예의를 표시할 때에 '받들어 총present arms'으로 통일하여 부르도록 하였다. 즉 집총경례의 유래는 충성서약이 된다. 군대경례에는 대포로 예우를 하는 대포경례도 있다. 이것의 유래는 미국에서 독립운동 초기에 군대에서 행하는 각종행사에 민간인이 참석하던 관습이다. 당시 군대에서는 민간인의 방문을 환영하고 예우하기 위해 예포를 발사하였다. 이것은 고위직 인사가 부대를 방문할 때 모든 탄환을 발사하여 재고가 없으므로 안심하라는 의미가 포함된다. 이 때문에 지상에서뿐만 아니라 선박에서도 동일하게 예포를 쏨으로써 무방비의 적의 없음을 명백히 신호로 알린다. 방문하는 귀빈의 위치에 따라 예포의 수가 달라지는데 그 기원은 1841년 미국의회에서 예포 발사수를 21발로 정한 것에 있다. 이후 최대 21발에서 11발까지로 세분화하였고, 발사의 간격은 3초로 지정되었다.

우리 군에서도 이를 참고하여 대통령과 외국원수는 21발을, 국무총리, 국회의장, 대법원장, 국무위원, 특명전권대사 이상의 외교관, 합참의장, 각군 총장, 대장은 19발을, 중장, 차관급은 17발을, 소장은 15발, 준장, 변리공사급은 13발, 대리대사, 총영사급은 11발로 규정하였다. 여기서 예포의 발사수가 홀수인 이유는 알려져 있지 않으

며 해군에서는 일설로 용왕이 바다에서 음양의 짝맞춤에 대해 화를
내어서 여자의 승선을 금한 것에서 유래한다고 하였다. 이상에서 살
펴본 바를 종합해볼 때 일반적으로 거수경례는 군인 상호간에, 집총
경례는 국가원수와 상관에 대한 충성서약으로, 예포경례는 외빈환영
에 주로 활용된다고 하겠다.

2) 제식훈련과 의식

씩씩한 제식훈련은 군대의 상징 중 대표적인 예에 포함된다.[15]
옆사람과 보조를 맞추고 통일된 동작으로 진행되는 제식훈련은 자기
혼자만 잘해서도 안 된다. 따라서 제식훈련은 보기에도 멋있지만 내
부적으로도 군대의 단체심과 협동심을 고취시킨다고 할 수 있다. 뿐
만 아니라 제식훈련을 받는 동안에는 지휘관의 구령에 따라서만 움
직여야 하므로 명령과 복종의 군인정신이 극명하게 표현되고 훈련된
다고도 할 수 있다. 따라서 제식훈련은 특히 신병훈련에서 군인정신
을 고양하고 내면화하는 데 중요한 역할을 하게 된다. 즉, 지휘자의
명령에 따른 절대적인 복종, 그리고 질서있고 정확한 행동을 통한 군
인의 절도는 제식훈련을 통해 얻게 되는 중요한 덕목에 포함 된다.

제식훈련의 기원은 로마시대 레기온에 유래한다. 로마 레기온은
부대행진 시에 경쾌한 음악이나 북소리에 맞추었다. 이것은 보조를
맞추는데도 유용하였지만 행군속도를 조절함으로써 전술적인 가치도
적지 않았다. 그리고 외견상 멋과 지루한 군대일과에서도 병사의 피
로를 씻고 사기를 고양하는 역할도 하였다. 로마제국의 멸망후 레기
온의 유익은 잊혀졌는데 그로부터 1천년이 지나서 거의 동시에 오
렌지 공국의 모리스 왕, 스웨덴의 구스타부스 아돌푸스 왕, 영국의

---

15 윤준호, 상게서, p.81.

올리버 크롬웰 등의 군개혁자들에 의해 다시 살아나게 된다. 이들 군 전략가들은 고대 로마군단의 모델에 근거하여 선형전술을 택하였는데 이것은 개개 군인들의 일사분란한 행동을 요구하였다. 그리고 명령에 따라 이를 즉각적으로 수행하는 것이 필요하였는데 이를 훈련하기 위한 방편으로서 제식훈련이 도입된다. 현대에 접어들면서 무기체계가 고도화되고 따라서 전술적으로 전투에서 질서정연한 대형의 행동은 의미가 없어졌다. 하지만 전술적 효용가치가 없어졌음에도 제식훈련은 군대정신의 고취에 있어 중요한 역할을 지속적으로 유지하고 있고 활용되고 있다

3) 군 복

현대적 의미의 군복은 17세기 루이 14세의 근위대에 유래한다. 이전이 군대에서는 군복이 없었다. 로마제국에서도 군대는 군복이 없이 단지 투구, 갑옷, 방패, 무기로 아군을 확인하였다. 루이 14세의 근위대 이후로 유럽에서는 1700년대까지 거의 모든 나라의 군대에서 군복이 착용되었다. 군복의 장점은 다음의 몇 가지로 나눌 수 있다. 첫째 아군과 적군을 쉽게 구별해준다. 둘째 다량의 군복을 구입함으로써 경제적이다. 특히 초기 군대에서는 연대를 창설한 연대장이 부대원들의 군복을 보급할 책임을 지고 있었기에 경제적 측면을 무시할 수 없었다. 셋째, 군복은 사기를 높여주고 자부심을 갖게 해 준다. 제임스 레이버James Laver는 그의 저서 『영국군대의 복장』에서 군복을 포함하여 모든 복장의 발달에 영향을 끼치는 원칙을 매력, 위계, 실용의 세 가지로 제시하고 있다. 첫째, 매력의 원칙이란 남성의 경우에 어깨를 넓히고 대신 둔부는 좁히며 키를 커보이게 함으로써 남성의 매력을 높여준다. 이것은 모병 시에 장점으로 작용하

며 젊은 여성들의 호감을 유발하는 역할도 하게 된다. 둘째, 위계의
원칙이란 복장으로 사회적 신분과 직위를 표시할 수 있다는 것이다.
역사적으로 군대의 장교는 원래 왕이나 귀족들만이 가능하였다. 따
라서 귀족들의 화려한 옷에 딸린 장신구나 관복의 직급에 따른 차별
등은 위계의 원칙을 잘 설명한다. 하지만 현대사회는 민주사회로서
복장에 따른 차별은 평등의 정신에 잘 어울리지 않는다. 다라서 지
금은 대통령이나 일반 서민이나 동일한 양복을 입는데 군대도 선진
화가 될수록 상관과 하급자의 군복의 구별은 점점 사라지는 추세에
있다. 셋째, 실용성의 원칙은 전투복과 근무복의 경우를 포함하여 실
제 일상근무에서도 유용하고 질기고 편리하다는 것이다. 제임스의 복
장에 대한 세 가지 원칙과 함께 군대의 군복은 또 다른 의미를 갖는
다. 그것은 단정한 군복을 통한 군에 대한 국민의 신뢰성 고양이다.
그리고 상관의 단정한 복장은 하급자에게도 신뢰도를 높여주게 된다.

4) 군악과 군가

역사적으로 군악의 공식적인 기록은 기원전 6세기 그리스 군대
가 전쟁터에서 용기를 북돋는 음악을 연주함으로써 전사들의 사기를
고양한 것이 처음이다. 역사가들은 로마군대의 승리에 중요한 요소
로서 북소리에 맞춘 속보행군을 든다. 즉, 군악은 전사들의 보조를
맞추기 위해 사용되었던 북소리에 기원한다. 로마군단의 군악대military
band는 트럼펫, 코오넷, 나팔로 구성되었는데 이들 각각은 그 활용목
적이 달랐다. 트럼펫의 경우에는 공격과 후퇴를 알릴 때 주로 쓰였
고, 북시나buccina 또는 클라시컴classicum은 장군이 임석 시에 병사들을
처형할 때 권위의 상징으로 쓰였다. 그리고 트럼펫은 일반보초와 전
초를 서는 병사에게 교체신호로, 그리고 작업이나 훈련시간을 통제

할 때 사용하였다. 14세기에는 스위스 군대가 고적대$^{\text{file and drum}}$의 가락에 맞추어 행군하였고, 15세기와 17세기 사이에 독일보병이 이를 본받아 유럽 각국에 이것이 보급되었다. 현대에 군악대에서 흔히 쓰이는 초반의 연속적인 북소리도 이 시기의 독일보병군악에서 비롯된다. 르네상스시대에는 중대급부대에서 군악대원이 배치되기 시작하였다. 그리고 이때부터 프랑스군대는 프럼펫과 북을 주로 사용하였고, 이후 17세기 중엽에 프랑스 국왕 루이 14세가 쥘러에게 군악대 창설을 명령하게 되었다. 우리나라의 역사에서는 이미 삼국시대에 전투를 독려하는 수단으로 나팔이나 북, 징이 사용되었다고 하였으며 고려와 조선시대에도 이어졌다. 기록에 의하면 임진왜란 중에 만들어진 속오군에는 기고관^{旗鼓官}과 취타수^{吹打手}가 편성되었다고 하였으며, 숙종때 금위영 내의 포하군에 취고수와 세악수로 편성된 악대가 존재하였다. 이때 취고수는 호적^{태평소}, 나팔, 소라, 바라, 징, 북을 연주하였고, 세악수는 향피리, 젓대, 해금, 장고를 연주하였다. 조선시대 병서에도 전쟁 시 북은 대열을 갖추고 전진하는 신호로 활용되었고, 징은 전진을 멈추고 복귀하라는 신호로, 나팔은 지휘관이 명령을 내릴 때 사용하였다고 하였다. 우리나라 역사상 '군악대'라는 명칭이 시작된 것은 1895년 6월 기존에 있던 '내취^{內吹}'가 '군악대'로 개칭하였다는 기록이다. 여기서 내취란 조선후기 선전관청에 소속되어 국왕행차 시 호위행렬의 일원을 말한다. 이후 근대 서양식의 군악대는 별기군에서 처음 만들어졌고 이때 나팔과 북으로 편성된 '곡호대'라고 하였다. 그리고 1900년 12월에 독일인 음악가였던 프란츠 엑케르트$^{\text{Franz Echert}}$가 군악 2개 소대를 창설하여 하나는 시위연대에 다른 하나는 시위기병대에 각각 1개 소대씩을 부속시켰다. 이때 일반 부대에는 중대에 나팔수 4명과 고수 2명이 편제되었고, 대대에는 대대군악장과 간이 군악대가 편제되었다. 해방 후에는 1946년 3월 당시 태릉의 경비대 제1연대에 군악대가 처음 창설되었고 이후 육군에서 사단급 이상부대에 미군 군악대를 참고하여 군악대를 설치하게 된다.

5) 종교문화와 군종활동

생사를 오가는 전쟁터에서 종교와 신앙은 큰 의지가 될 수 있다. 그래서 "참호 속에서는 무신론자가 없다"라는 격언이 있다. 서양 역사에서 군대와 종교는 매우 밀접한 관계를 가지고 있다. 역사적 기록으로 군종 개념은 십자군 원정시대와 관련된다.[16] 1189년부터 1199년까지 10여 년간 영국 국왕으로 재임하면서 제3차 십자군원정 사령관을 지냈던 리챠드 1세는 신병들을 기독교적 신앙으로 무장시킴으로써 전장에 나서게 하였다. 이를 위해 기병중대당 1명씩의 성직자를 배치하여 "상무는 곧 신앙"이라는 정신을 병사들에게 고취시켰다. 이들은 군종장교의 효시가 되었는데 전쟁터를 거부하는 병사들을 하나님의 저주와 사명감으로 회유하여 병사들이 십자가를 들고 전장의 선두에 서게 하였다. 이때 이들이 들고 다니던 십자가는 실제로 무기를 개조한 것으로서 육박전에서도 활용할 수 있는 창이나 망치로 알려져 있다. 본질적으로 종교는 인간의 구원이나 해탈과 같은 성스러운 목적을 가지고 있으나 군대는 전쟁에서 승리라는 세속적 목표를 가진다. 따라서 종교와 전쟁은 화합하기 어려운 이질적 속성을 가지게 되는데 그럼에도 불구하고 군대에서 종교를 장려하는 이유는 최고의 전투력을 창출하고 유지하는 데 도움이 되기 때문이라 할 수 있다. 즉, 군대는 '군대식 종교'를 허용하고 장려한다고 할

---

16 서경용(1989), "韓國 가톨릭敎會와 軍司牧," 가톨릭대학교 대학원 석사학위논문, p.46.

수 있는데 이것은 우리나라의 군인복무규율에 규정된 종교에 대한 설명에서 확인할 수 있다. "종교생활은 군인으로 하여금 참된 신앙을 통하여 인생관을 확립하고 인격을 도야하며 도덕적인 생활을 하게 하는 데 그 목적을 둔다. 지휘관은 부대의 임무수행에 지장이 없는 범위 안에서 개인의 종교생활을 보장하여야 한다." 여기서 주목할 구절은 '부대의 임무수행에 지장이 없는 한'에서라는 부분이다. 즉, 군대는 종교생활을 무조건적으로 보장하는 것이 아니라 오히려 부대의 임무수행에 지장이 없는 한에서 보장이 될 뿐이다. 만약 부대의 임무수행에 지장이 된다면 종교생활은 지지될 수 없다. 군인복무규율은 이를 명백히 하고 있다. "군인은 자기가 믿는 종교의 교리 또는 종교생활을 이유로 임무수행에 위배되거나 군의 단결을 저해하는 일체의 행위를 하여서는 아니 된다." 이 규정은 다음의 세 가지 의미를 함축한다. 첫째, 군인에게 부대임무는 종교생활에 우선한다. 둘째, 종교생활로 임무수행에 위배되는 행위를 해서는 안 된다. 셋째, 군의 단결을 종교생활이 해쳐서는 안 된다.

제 3 절 군대문화의 정체성 확립

국군은 건군이래로 독립군과 광복군의 정신을 계승하여 반공, 민주, 자주, 독립, 직업주의, 국민주의를 건군이념으로 추구하였다. 이것은 상위문화의 정립으로 이어졌으나 하위문화인 행동규범과 생활양식, 사고방식은 일제군대의 문화가 잔존하고 있고, 미국의 군대문화가 해방 이후 급격히 유입됨으로써 한국군의 군대문화는 정체성에서 혼란을 겪었다. 이것은 5·16 군사혁명, 그리고 12·12 사태와

같은 사건들과 함께 더욱 어려운 상황으로 내몰리게 되었다. 따라서
군대문화를 살펴봄으로써 다음과 같은 문제들에 대한 해법을 찾고자
한다. 첫째, 한국군 군대문화의 과거와 현실을 반성함으로써 바람직
한 군대문화를 이해한다. 둘째, 한국군 군대문화의 정체성을 확인함
으로써 바른 문화를 계승, 발전시킨다. 셋째, 미래지향적인 군대문화
를 발전시킨다.

1. 왜곡된 군대문화

1) 군사문화

5·16군사혁명을 통해 군대가 현실정치에 개입함으로써 군은 국
민의 불신과 저항을 얻게 되었다.[17] 이것은 군인 출신 집권자가 국
가를 운영함에 있어서 권위주의적 통치방식을 사용함으로써 더욱 큰
반발을 일으키게 되었다. 1988년 한 월간지에는 "청산해야 할 군사
문화"라는 칼럼이 실렸는데 이 칼럼은 다음과 같이 설명한다. "지난
날 군사문화란 거대한 괴물 앞에서는 합리적인 대화로 문제가 해결
되지 않았다. 그래서 호소가 절규로 바뀌고 각목과 화염병과 습격이
등장했다. 시민들은 민주화와 군부독재타도라는 절박한 명분 때문에
그 같은 저항을 당연한 것으로 보았도 또 박수도 쳤다. 군사문화는
이렇게 학생들에게 그 같은 행동양식을 길들여 놓았다고 보는 사람
도 많다."[18] 이어서 이 칼럼은 군 출신 대통령이 집권하고 있는 정부
는 일단 결정한 사항에 대해서는 밀어 붙이는 행위를 군사문화적 발
상에 근거한다고 하면서 다음과 같이 표현한다. "국민의 뜻과는 관

---

17 김선정(1991), "군사국가체제에 관한 분석," 이화여자대학교 대학원 석사학위논문,
   p.53.
18 오홍근(1988), "청산해야 할 군사문화," 「월간중앙」 1988년 8월호, p.47.

계없이", "각계각층의 빗발치는 반대에도 불구하고", "밀어붙이려는 태도", "일사불란한 능률만을 추구하여", "국민의 기본권을 침해하는 행위". 이 칼럼에서 주장하는 요지는 민주주의의 반정립으로서 군사문화의 폐해라 할 수 있는데 이것은 역사적으로 부인할 수 없는 현실과 관련된다. 1961년 이후 우리나라는 27년 동안 군 출신이 집권하였다. 그리하여 국가전반의 운영에서 '군대식' 운영방식이 적용되었다. 상명하복의 철저한 위계질서는 명령의 실행에서 효율성을 보인 것도 사실이지만 이로 인하여 사회전반에는 비민주적 내지 반민주적 군사문화의 씨앗이 뿌려졌고 이것은 우리 사회전반에 민주화가 지체되는 결과를 낳은 것이다. 이미 앞서서 스파르타와 아테네의 사례에서 본 바와 같이 군대문화와 시민문화는 본질적으로 갈등구조를 내포할 수밖에 없다. 따라서 현대 한국사회의 역사에서 보듯이 군대문화가 전면적으로 시민문화를 지배하게 될 때 군대문화는 곧바로 시민문화와 갈등이 증폭될 수밖에 없는 것이다. 당시 이 칼럼의 군사문화의 비판에 대해 당시 군 지도층은 즉각 군인만의 특성을 반민주적이라고 매도하는 것에 대해 항변하였다. "군의 존재목적과 조직의 특성은 외면한 채 사회 일반의 가치척도를 무분별하게 적용하여", "군인만의 특성을 반민주적"이라고 하는 데 대해 항변하며 "아무리 민주화 바람이 불어도 군대는 군대다워야 하고, 군인은 군인다워야 하며, 민주적이고 합리적인 군대는 있어도 군대 내의 민주화는 있을 수 없다"고 반발하였다.[19] 하지만 군 지도층의 항변에도 불구하고 현실적으로 군 조직의 내부에서도 군대문화는 도전을 받고 있었다. 1991년 육군본부에서 진행한 『군 기강확립을 위한 의식전환 실천과제』 보고서에서는 다음과 같이 기록하고 있다. "이를테면, 국

19 「육군참모총장 지휘서신(1988. 8. 8)」 '군의 단결과 기강쇄신' 중에서.

가와 민족에 대한 무한한 충성심과 애국심을 바탕으로 사고해야 할 군 간부마저 이기적 개인주의 팽배로 이해타산적 행동성향이 군 하부구조에 나타나고 있을 뿐만 아니라, 상하동료 간의 신의와 전우애를 생명과 같이 여기던 기존의 행동규범은 언제부터인가 상호간에 불신과 비방을 일삼는 사례까지 나타나기 시작하였고, 지휘관을 정점으로 일치단결하는 가운데, 상명하복을 생명과 같이 여기던 군 조직 특유의 특성마저 약화되어 가는 현상 등, 얼마 전까지만 해도 단지 우려에 그치던 일들이 현실로 나타나고 있다고 해도 과장이 아닐 것입니다."[20] 군대정신의 핵심요소는 명령과 복종이다. 이에 근거한다면 군대윤리의 위기는 이미 12·12사태에서 발생하였다는 주장은 주목할 만하다. 사법판단에 의해 군사반란으로 규정된 이 사건은 하나회 인맥과 보안사 요원들이 주동이 되어 대통령의 허락없이 부대를 불법으로 출동하여 직속상관인 육군참모총장 겸 계엄사령관을 납치·구금하고, 이어서 국방부와 육군본부를 무력점령함으로써 군의 정식지휘체계를 무력화하였다. 이 과정에서 부하는 직속상관에 총질을 하고, 동료 군인들 간에 총격이 발생하였고, 수도권의 주요 지휘관을 진급축하연을 연다고 기만하여 요정으로 유인하는 등 군대윤리에 어긋나는 비윤리적인 행위를 다양하게 하였다. 이어서 이들은 국회를 폐쇄시킨 후에 초헌법적 성격을 부여한 국가보위비상대책위원회를 설치하여 5공정권을 탄생시키게 된다. 이 과정에서 광주 유혈사태가 발생하게 된 것이다. 이로 인하여 수많은 지식인들은 12·12사태를 대한민국의 군대윤리를 파괴함으로써 군대문화를 왜곡시킨 주요사건이라고 지목하고 있는 것이다. 육사 8기로 중장으로 전역한 이재전 장군은 "12·12, 5·18실록"[21]에서 다음과 같이 말하고 있다.

20 육군본부, 「군 기강확립을 위한 의식전환 실천과제」, 1991. 3. 5, pp.12-13.
21 대한민국재향군인회편, 「12·12, 5·18실록」, 1997, pp.137-140.

"동서고금을 통하여 군대사회는 생명을 걸어야 하는 특수집단이기 때문에 거기에만 존재하는 고유의 도덕률이 있는바 즉, 상명하복, 상경하애, 공생공사, 동고동락, 위계질서 등의 윤리가 그것이다. 그럼에도 불구하고 12·12사태를 통하여 군을 지탱하는 황금률이 기본부터 파괴되었으니 과연 이런 군대가 일단 유사시에 목숨을 내어놓고 멸사봉공, 국민의 생명과 재산 나아가 국토와 국가이익을 수호할 수 있겠는지 우려를 금치 못하게 된다." 이어서 그는 하극상을 일으킨 12·12 주동자들의 행위가 군대조직에 어떠한 폐해를 끼쳤는지를 다음과 같이 질책하고 있다. "한편 이 같은 하극상을 통하여 군 본연의 임무에만 충실해야 할 군이 자신들이 저지른 불법행위를 합리화하고 보신을 위하여 부질없이 정치에 뛰어들어 급기야 광주사태와 같은 엄청난 참사를 빚어 국민으로부터 절대적인 사랑을 받아야 할 군대를 저주의 대상이 되게 함으로써 자기 직무에만 전념해온 대다수 선량한 장병들의 사기와 위신을 땅에 떨어지게 하였다."

2) 반공, 민주이념

대한민국 군대의 반공이념은 창군 이후 공산주의자들과의 투쟁과정에서 자연스럽게 형성되었다. 창군 초기에는 미군정 하에서 사상의 자유논리에 근거하여 불편부당정책으로 공산당의 합법적 활동공간을 허용하였다. 그래서 군대 내에도 좌익세력이 침투하게 되었고 결국 1948년 10월에 여순반란사건이 일어나게 된다. 이후 이 사건을 기점으로 국군은 '국군 3대선서'와 '국군맹세'를 공포하고 반공이념을 국군의 근본이념으로 삼게 되었다. 국군 3대선서는 다음과 같다. 1. 우리는 선열의 혈적을 따라 죽음으로써 민족과 국가를 지키자. 2. 우리의 상관, 우리의 전우를 공산당이 죽인 것을 명기하자.

3. 우리 군인은 철통같이 단결하여 군기를 엄수하여 국군의 사명을 다하자. 그리고 국군맹세는 다음과 같다. 1. 우리는 대한민국 국군이다. 죽음으로써 나라를 지키자. 2. 우리는 강철같이 단결하여 공산침략자를 쳐부수자. 3. 우리는 백두산 영봉에 태극기를 날리고, 두만강 수에 전승의 칼을 씻자. 민주이념이 국군의 중요정신이 된 것은 6·25 전쟁기간을 통해서이다. 전쟁초기에는 반공일념으로 전쟁에 임하였으나 차츰 이 전쟁이 공산진영과 민주진영 간의 사상전 성격이 짙음을 인식하고 전쟁의 명분을 자유와 민주주의 수호로 확장시키게 된다. 이 과정에서 반공과 민주이념이 상호 균형을 이루게 되었다. 6·25전쟁 이후 국민들은 반공이념이 명확하게 될 수밖에 없었다. 그런데 4·19 이후 정치, 사회적 혼란으로 인하여 반공태세가 약화되면서 일부 좌경세력들의 활동이 증가하게 되었다. 이러한 상황에서 군은 "반공을 국시의 제 일의로 삼고 지금까지 형식적이고 구호에만 그친 반공태세를 재정비 강화한다"라고 내세우면서 정치일선으로 진입하게 되는데 이것이 5·16의 배경이 되었다. 이를 계기로 단순히 공산주의에 반대하는 것이 아니라, 공산주의 체제를 이겨야 한다는 논리가 부상되었다. 이와 함께 공산주의와 본격적인 체제경쟁이 진행되었고 이것은 남한에서 눈부신 경제발전을 통하여 승공통일은 현실에 가깝게 되었다.[22] 그러던 중에 1975년 자유월남이 공산화가 되면서 반공이념은 '멸공'이념으로 전환하게 된다. 자유월남이 공산화된 이듬해인 1976년에 군은 '멸공투쟁 3대 지표'와 함께 '멸공구호'를 제정하여 발표하게 된다.[23] 멸공투쟁 3대 지표는 다음과 같았다. "나는 왜 북괴와 싸우는가?"

22 장재건(1997), "1950年代 戰後詩의 內面意識 硏究," 건국대학교 교육대학원 석사학위논문, p.68.
23 이하나(2014), "유신체제 성립기 '반공' 논리의 변화와 냉전의 감각,"「역사문제연구」통권 32호, pp.507-553.

하나. 나와 내 민족의 생존권 보장을 위해 싸운다.

하나. 나와 내 민족의 정통성 수호를 위해 싸운다.

하나. 내 조국의 통일과 민족중흥을 위해 싸운다.

이 과정에서 정부는 유신체제를 공고히 하고자 멸공, 민주주의
와 함께 유신을 결합시키게 된다. 즉 새로 제정된 멸공구호는 "때려
잡자 김일성, 쳐부수자 공산당, 무찌르자 북괴군, 이룩하자 유신과업"
으로 구성되었고 이것은 민주주의 체제를 유신이라는 권위주의 체제
를 정당화하는 이념으로 변질되는 계기가 된다. 그리하여 반공은 순
수성을 잃게 되었는데 이것은 곧 민주화의 혼선으로 작용하게 된다.
왜냐하면 급진좌경세력들은 '반공 이데올로기 철폐'를 유신체제 철폐
와 함께 민주화 투쟁의 전면에 내세웠기 때문이다. 이에 따라 군의
이념교육도 좌경세력의 실체를 밝히는 것으로 방향을 선회하게 된다.

2. 바람직한 군대문화

1) 민주주의

민주주의란 민주주의의 기본가치인 인간의 존엄성, 기본권 존중,
평등의 가치를 존중하고 실천하며 준법, 정치적 중립 등 민주적 질
서를 지키는 것이다. 이것은 아직도 잔존해 있는 군대의 구타, 가혹
행위, 고참의 횡포, 간부의 특권의식과 권위의식 등 비민주적인 현
실을 개선, 근절시키는 데 역할을 하게 된다.[24]

2) 인도주의

인도주의란 장병 개개인의 인명을 소중히 여기는 인명존중정신

---

24 임용순·이정우(1996), "선진민주사회에서 군의 역할과 위상,"「전략논총」8(一),
pp.8-66.

을 말한다. 이것은 전쟁의 상황에서도 명분없는 살상과 민간인의 공격을 방지하게 된다. 인도주의 정신은 포로에 대한 인도적 대우, 부상당한 적군에 대한 치료, 민간인 살상금지, 등 국제인도주의 원칙을 준수하도록 한다.

3) 합리주의

합리주의의 장점은 비합리주의로 인한 폐해를 알아봄으로써 더욱 극명해질 수 있다. 부대관리에서 경영마인드를 도입함으로써 예산의 불필요한 낭비를 줄이고 고도의 과학기술전과 정보전의 승리를 위한 과학정신은 합리주의에 기반한다.

4) 실용주의

실용주의는 능률과 실질의 중요하게 생각한다. 이를 통해 형식과 낭비를 줄이게 된다. 즉, 외형과 격식을 위해 자원을 낭비하고 비능률을 초래함으로써 군대조직이 후진화되는 것을 방지하게 된다.

5) 자율, 책임주의

자율, 책임주의는 상부의 간섭을 최소화하면서 통제의 범위를 축소하는 것이다. 대신 자율에 따른 책임을 중요하게 생각하는데 이것은 개인의 창의력을 존중하고 발휘를 권장하는 것이다. 지나친 간섭과 통제는 경직과 피동적인 소극적 복무태도를 조장함으로써 창의성에 의한 군대문화의 개선에 저해요소가 될 수 있다. 이런 군대는 현대에 결코 강한군대가 되기 어렵다. 앨빈 토플러는 "전쟁과 반전쟁"에서 인류역사가 제3의 물결에 진입한 것처럼 전쟁도 제3의 물결 전쟁으로 발전해왔다고 설명한다. 즉, 제1물결 전쟁은 일 대 일의 살상이었는데 이때 군인들은 완력에 기반하여 근접전에서 무기를 통해 상대를 공격하였다. 대부분의 명령이 구두를 통해 전달되었고 농업의 육체노동은 백병전에서 그대로 적용되었다. 즉, "제1물결의 전쟁은 그 기술적 측면에서뿐만 아니라 조직, 통신, 병참, 관리, 보상제도, 지도력 형태 및 문화적 가설 등의 면에 있어서도 제1물결 농업경제의 명백한 특징을 지니고 있었다."[25] 전쟁의 제2물결은 산업혁명의 소산이다. 즉 산업시대경제의 핵심원리가 대량생산인 것처럼 산업시대 전쟁은 대량파괴가 핵심원리가 된다. 대량생산과 같이 국민개병으로 대량징집이 이루어졌고, 산업의 분업화와 마찬가지로 군대에서도 전문화된 새로운 병과들이 등장하게 되었다. 그리고 기업에서처럼 관료제가 성장한다. 산업시대의 기계화는 군대에서도 기관총과 기계화전으로 대변되는 새로운 화력을 탄생시켰고 이 과정에서 전술도 변화되었다. 제2차 세계대전의 전쟁양상과 히로시마 나가사끼에 투여된 원자폭탄은 그 절정을 보여준다. 전쟁의 제3물결은 정보지식이 중심이 된다. '사막의 폭풍작전'이 끝날 무렵에 미국의 전쟁지에는 3천대 이상의 컴퓨터가 미국 현지의 컴퓨터와 연결되어 있었다. 걸프전에서 미군은 50만명을 파견하였지만 정작 전쟁의 승리는 2천명의 군인에 의해 결정되었다. 걸프전에서는 군대 역사상 최대의 통신동원이 이루어졌고 이를 통해 전쟁의 승리가 가능하였다. 통신의 발달은 첩보의 수집과 처리, 판단, 실행에서도 속도를 증가시킴으로써 현대전은 이전 전쟁과 비교할 바 없이 빠른 속도로 진행되었다는 특징도 가지게 된다.[26] 따라서 현대군대는 제1물결과 제2물결형을 대비하면서도 제3물결의 전쟁을 준비해야 한다. 이러한

25 앨빈 토플러(1994), 이계행 감역, 「전쟁과 반전쟁」, 한국경제신문사, pp.54-60.
26 원영제(2002), "정보기술에 의한 전쟁 수행 방식의 변화," 연세대학교 대학원 석사학위논문, p.38.

숙제들은 모두 직업군인 장교들의 의식과 사고방식의 전환을 요구한다. 즉, 군대의 패러다임의 전환이 요구되는 이유인 것이다.

제 9 장

군인의 의무와 덕목

제1절 진 실 성

1. 진실성의 의미

　진실성integrity의 사전적 의미는 참되고 바른 성질이나 품성이다. 유의어로는 신빙성이 있다. 즉, 진실성이란 정직, 거짓이나 속임을 하지 않는 것을 의미한다. 진실성이란 도덕성과 같은 의미로 사용될 정도로 중요하다. 잘못은 용서받을 수 있지만 부정직한 언행은 용납 받지 못하는 것은 진실성의 중요성을 반증한다. 진실성은 누구나 타고나는 것이 아니다. 이것은 자기 훈련과 내면의 믿음, 살아가면서 어떤 상황에 부딪혀도 정직함을 지키려는 각오에서 오는 결과물이다. 우리 사회를 지배하는 인생철학은 물질주의적 소비심리를 중심으로 돌아가고 있다. 모두가 순간적 욕구를 추구하다 보니 변치 않는 의미를 가진 가치는 설 자리를 잃고 있으며, 진실성과 같은 기본적인 가치들은 하룻밤 사이에 퇴색해 버릴 수 있다.

2. 지휘자의 진실성

지휘자에게서도 진실성이란 말과 행위가 일치할 것, 일관성이 있을 것, 거짓이나 속임이 없을 것이 적용된다. 그리고 부하에게 제시한 바의 가치대로 자신이 살아가는 것이 포함될 것이다. 진실한 지휘자의 명령은 부하로 하여금 충성심에서 우러나오는 복종을 이끌어낸다. 사무엘 헌팅턴이 말한 바와 같이 군대의 최고덕목이 충성과 복종이라면, 지휘자의 진실성은 충성과 복종이 가능하도록 하는 필요조건이 되므로 매우 중요한 덕목이라 할 수 있다. 즉 진실성은 충성과 복종보다 더 근본적이고 중요한 의무가 되는데, 왜냐하면 진실성의 토대 하에서 충성과 복종이 가능하기 때문이다. 따라서 진실성은 모든 군대덕목에서 기본적인 위치를 차지하게 된다.

만약 군대에서 진실성이 없는 충성이 발생한다면 어떤 일이 벌어질 것인가? 출세주의, 완벽주의, 충성병과 관련된 오도된 충성들은 바로 진실성이 결여된 상태에서 발생하게 되는 것이다. 이렇게 되면 군대조직은 군대윤리를 유지할 수 없게 되면서 상호신뢰를 잃어버리게 된다. 신뢰성이 깨어진 군대조직에서 이루어질 수 있는 작전과 업무의 진행은 매우 위험하게 된다. 즉, 진실성은 신뢰성와 매우 밀접한 관련을 가지고 있다. 논어에서도 '무신이불립'이라고 하여 신의가 없을 때에 한 인간으로 설 수 없다고 하였다. 이것은 단순히 한 인간에게만 적용되는 것이 아니라 어떠한 조직, 특히 명령과 복종을

근간으로 하는 군대조직에서는 매우 중요하게 다루어져야 할 필요성
이 있다.

3. 진실성과 신뢰성

상관에 대한 존경과 신뢰는 인격적 진실성과 관련이 있다. 왜냐
하면 신뢰하지 못하는 상관이 명령을 충성으로 복종하기는 쉽지 않
을 것이기 때문이다. 진실성은 신뢰성과 매우 밀접한 동전의 앞·뒷
면과 같은 관계를 가지고 있다. 따라서 군사적 효율성을 높이는 데
있어서 진실성은 매우 중요한 역할을 하게 된다. 마이클 윌러Michael O.
Wheeler에 의하면 신뢰성은 병사와 지휘관 사이에 존재하는 가치상의
간격을 메우는 역할을 할 수 있다. 그 이유는 신뢰성이 공감을 이끌
어 낼 수 있고, 공감은 다시 복종을 가능하게 하기 때문이다. 한 사
람에 대해 신뢰를 하게 되면, 의심스러운 부분이 있을지라도 그것을
선의로 해석하고 받아들이게 된다. 그럼으로써 그가 요구하는 바를
이행하게 된다. 특히 명령과 복종, 그리고 책임이 뒤따르는 군대조
직에서 상관에 대한 신뢰성은 중요한데, 만약 상관이 신뢰할 만하다
고 판단하면, 상관이 이후에 일어나는 책임에 대해서도 그러할 것이
라고 추정하기 때문이다. 즉, 그가 신뢰하는 사람의 명령은 법적, 도
덕적으로 옳다는 생각을 하게하고, 복종을 함으로써 군대의 효율은
상승하게 된다.[1]

---

1 Wheeler, C.M.O.(1973), "Loyalty, Honor, and the Modern Military," Air University
Review.

제2절 성실성

1. 성실의 의미

성실성에서 성은 한자 문화권에서 다른 도덕의 중심적 원리로
여겨졌다. 음양오행적으로도 성은 토에 위치하여 사방의 중심에서 다
른 덕들의 중심이 된다. 성은 사와 대립되는 개념으로서 다른 존재
는 물론 자기 자신에게도 속이지 않는 진실함을 의미한다. 그리하여
스스로 부끄러움이 없어 만족하여 여기는 상태가 된다.

영어에서 성실은 integrity로 쓰이는데 어원사전에 의하면 다음
과 같이 설명한다.

> "innocence, blamelessness; chastity, purity," from Old French in—
> tegrité or directly from Latin integritatem (nominative integritas)
> "soundness, wholeness, blamelessness," from integer "whole" (see
> integer). Sense of "wholeness, perfect condition" is mid—15c.

즉, 성실은 라틴어의 integritatem에서 유래하는데 그 뜻은 전체
whole에서 유래하여 "soundness, wholeness전체성, blamelessness,"의
의미를 갖는다. 즉, 성실성은 도덕적 덕으로서, 일련의 가치들의 총
체로서 독자적 도덕규칙이라 할 수 있다. 그리고 부분이 통합되어
조화를 이룬 완전한 상태로 이해할 수도 있는데 이 때문에 성실성은
사람의 사람다운 모습의 총체적 표현이라고 할 수 있다.

성실성은 상황에 따라 크게 일관성과 정직이라는 두 가지 개념
으로 쓰일 수 있다. 하나는 원칙principles, 기대expectations, 행위, 가치, 방

법 등의 일관성 또는 지속성consistency의 의미이다. 그리고 다른 하나
는 행위의 동기와 관련된 정직honesty과 진실성truthfulness의 성질을 뜻하
기도 한다. 두 번째의 경우에 반대되는 개념은 위선hypocrisy이 될 것이
다. 그리고 첫 번째의 뜻으로 사용되는 성실성은 최선의 정성을 다
하여 중단 없이 지속함을 뜻한다. 이것은 마치 하늘이 지속적으로
중단 없이 운행을 하는 것과 같다. 따라서 성실함은 순수하고 한결
같음이란 의미가 추가된다.

조선시대 양명학의 대가였던 정제두1649~1736는 성誠에 대해 다음
과 같이 설명한다.

"성이란 것은 둘이 아니요, 그치지 않는다. 가릴 수 없으며, 감
하여 통하는 도이다. 이것은 이광이 바위를 향해 화살을 쏘았던 때
와 같은 것이다. 그의 마음이 지극히 전일하나에 집중함하여 그 성이 흔
들려 둘이 되지 않았던 까닭에 바위를 꿰뚫었던 것이다. 만약 조금
이라도 짐짓 시험삼아 한가롭게 하여 능히 전일하지 못함이 있었다
면, 의가 의혹에 미쳐서 거의 신뢰를 기필할 수 없었을 것이며, 생
각에 곧 종래 꿰뚫을 수 있는 이치가 없었을 것이다." 왕양명이 이
르기를 "고양이가 쥐를 잡을 때처럼 하고, 수탉이 암탉을 굴복시킬
때처럼 한다면 거의 성에 가까울 것이다"라고도 하였다.[2]

2. 지휘자의 성실성

『미 공군의 핵심가치』에서는 'integrity'를 지닌 사람에 대하여
다음과 같이 말한다.[3]

2 정재두, 「하곡집(霞谷集)」(서울: 민족문화추진회, 1985), pp.132−137.
3 「United States Air Force Core Values(Department of the Air Force, 1997)」,
  pp. 3−5.

첫째, 성실성을 지닌 사람은 도덕적 용기를 지닌 사람이다. 자신의 약점이나 과오를 솔직하게 인정하는 도덕적 용기를 지닌 사람이다.

둘째, 성실한 사람은 정직한 사람이다. 그는 거짓말을 하거나 잘못을 둘러대지 않는 정직성을 가진 사람이다.

셋째, 성실한 사람은 책임감이 강한 사람이다. 그는 자신의 책무에 최선을 다하며, 법적 책임을 지는 사람이다.

넷째, 성실한 사람은 정의를 실천한다. 정의로운 사람은 법규를 준수하고 상벌을 공정하게 처리한다.

다섯째, 성실한 사람은 개방적인 사람이다. 그는 사실을 은폐하지 않고 개방하는 개방성을 지닌 사람이다.

여섯째, 성실한 사람은 자신의 인간적 됨됨이와 직업적 탁월성에 자부심을 갖는다. 그는 스스로 전문가인 동시에 인간으로서 떳떳하다는 자부심을 갖고 실천하는 자이다.

일곱째, 성실한 사람은 겸손한 사람이다. 그는 겸손하게 솔선수범하는 자이다.

한편 미 육군의 『지휘통솔』 교범에서는 성실성을 법적, 도덕적으로 옳은 것을 행하는 것이라고 하면서, 성실성을 지닌 리더에 대하여 다음과 같이 설명한다.

> "성실성을 지닌 사람은 원칙에 따라 지속적으로 일관되게 행동한다. 성실한 리더는 높은 도덕 수준을 지니고 말과 행동이 정직하다. 정직하다는 것은 어떠한 압력에도 진실하고 올바른 것을 의미한다. 상급지휘관의 요구 수준에 비해 부대의 작전 준비율이 떨어진다면 성실한 지휘관은 부하들에게 그 수치를 맞추도록 지시하지 않을 것이다. 그 지휘관은 사실을 보고하고 명예롭고 성실하게 기준을 맞출 수 있는 해결책을 찾을 것이다."

그 지휘관은 잘못을 발견한다면 바로잡는다. 성실한 리더는 개인의 희생이 따를지라도 옳은 것을 행한다. 리더는 자신이 하고 있는 것을 숨길 수 없다. 리더는 솔선수범하여 군대 가치를 부하들에게 침투시킨다.

3. 성실과 신뢰 감동

유학儒學에서는 인간사회의 규범으로 오륜 또는 오달도五達道나 오상五常을 제시한다. 특히 오상 가운데 신信이란 방위方位에서는 중앙, 오행으로는 토, 즉 만물을 싣고 육성하는 흙에 해당한다. 따라서 인간사회에서 핵심적 기본이 되는 도덕규범은 다른 사람에게 신의를 지키는 것임을 의미한다. 그런데 신의는 마음을 다하는 충과 분리될 수 없다. 충성은 곧 신의를 지키는 것이고, 신의가 있다고 하는 것은 상대에게 최선을 다하는 것을 의미한다.

『중용』에서는 성이란 자타自他의 간격과 대립을 극복하고, 상호 감응感應하고 소통하게 하여, 사물을 생육하고 변화시키며 완성하는 능동적 힘이라고 한다. 또 성실성이란 모든 사물의 처음과 끝이며, 이것 없이는 사물은 존립할 수 없다고 한다.

윌러Wheeler는 성실성과 신뢰, 충성의 관계를 다음과 같이 설명한다.

"충성은 주로 신뢰의 한 기능이다. 신뢰의 대상에게서 성실성이 지각되면 통상 그에게 신뢰가 주어진다. …(중략)… 이러한 충성의 개념은 신뢰에 의해 고취된 충성이며, 그 신뢰는 지휘관의 도덕적 성실성에 깃들어 있다. … 이러한 신뢰는 군인들과 지휘관의 가치들 사이의 간격을 메우는 역할을 할 수 있다. 왜냐면 신뢰는 공감적 태도와 복종의 성향을 조성하기 때문이다. 당신이 어떤 사람을 신뢰하면 그에게서 의심스러웠던 부분도 선의로 받아들이게 되고, 그래서 그가 요구하는 바를 따르게 된다. 그러므로 민주국가의 군인은 자신의 행위에 대하여 궁극적 책임을 지는 도덕인이며, 동시에 그가 신뢰하는 사람의 명령에는 그것이 어떠한 것이건 법적·도덕적으로 옳다는 생각에서 복종할 수가 있는 것이다." [4]

월러는 상대를 신뢰할 때 충성을 다하며, 지휘관에 대한 신뢰는 그의 도덕적 성실성에서 비롯된다고 한다. 도덕적 성실성은 신실함으로 나타나고 그러한 사람의 모습은 타인의 신뢰를 고취하고, 신뢰는 공감적 태도와 복종의 성향을 낳으며, 충성을 유발한다는 것이다.

상관의 권위는 부하들이 그를 신뢰할 때 세워지며, 상관에 대한 부하의 신뢰는 상관이 명예로울 때 쌓아진다. 그리고 상관에 대한 부하의 신뢰는 곧 상관에 대한 부하의 충성으로 이어지게 된다. 여기서 밖으로부터 주어지는 명예란 인격의 총체적 표현으로서 성실성을 지닌 사람에게 주어지는 평가라고 할 수 있을 것이다.

4. 성실의 함양과 고취

유교의 경전에서는 성실성에 이르기 위해서 자기 자신을 돌이켜 보아야 한다고 하였으며, 선을 택하여야 한다고도 하였다. 또 홀로 있을 때 삼가는 것이야말로 그 뜻을 성실하게 하는 것이라 한다. 더 구체적인 방법으로 박학·심문·신사·명변·독행 등을 제시하였다. 또 평소에 언사를 믿음직하게 하고, 행동을 삼가서 사악한 생각을 막아 성실성을 보존하며, 말과 문장을 닦아 자기의 성실성을 세운다고 하였다.

---

4 Michael O. Wheeler(1986), "Loyalty, Honor, and the Modern Military", War, Morality, and the Military Professio(ed. By Malham M. Wakin, Westview Press, Inc., pp.175-178

성실성을 습관화하는 데에는 3단계가 필요하다. 첫째, 옳은 것과 그른 것을 분별하는 것이다. 둘째, 개인적인 희생이 있을지라도 옳다고 분별한 것에 따라 행동하는 것이다. 셋째, 자신이 옳다고 이해하는 것에 따라 행동하고 있다는 것을 공개적으로 말하는 것이다. 이러한 단계를 반복적으로 실천할 때 성실성이 내면화된다고 하겠다.

군대사회에서 거짓과 꾸밈, 은폐를 쫓아내고 성실성을 형성하려면 첫째, 부대는 현실적이고 성취 가능한 목표를 지향해야 하며, 둘째, 지휘관은 부하의 실수를 참지 못하고 부대의 나쁜 소식을 들으려 하지 않는 태도를 고쳐야 한다.

제 3 절 충   성

1. 충성의 의미

사전적 의미로 충성忠誠은 '참 마음에서 우러나는 정성'이다.

동서고금의 역사를 볼 때 한 나라의 흥망성쇠는 그 나라 국민과 군인의 충성심 여부에 달려 있음을 알 수 있다. 충성스러운 국민과 충직한 공직자 그리고 이들의 충성심을 고취하는 통치자가 있을 때 그 나라는 안녕과 번영을 누렸다. 그러나 충성이 왜곡, 오해 혹은 오도될 때 진정한 충성은 배척 받으며 결국 그 나라는 멸망에 이르게 된다.

충성의 의미는 주자朱子가 설명한 자신의 정성을 다한다盡己之謂忠의 '충忠'과 참된 마음의 '성誠'이 결합하여 "참된 마음으로 자신의 정성을 다하는 것"으로 이해를 할 수 있다. 이와 비슷하게 미국의 로이스Josiah Royce는 충성에 대해 "대의 명분을 위하여 자기 자신을 기꺼이 헌신하는 것"이라고 정의하였는데, 여기서 대의명분이란 '참다운 가치real value'를 의미한다.

충성은 자칫 왜곡되거나 오도되기 쉬운 개념이며, 충성이 왜곡되는 경우 사회와 나라를 위하기보다는 자기 자신의 이익을 위한 수단으로 이용된다. 따라서 진정한 충성이란 거짓이나 꾸밈이 없이 진실하고 순수한 것이고, 공정한 마음으로 대의명분이나 원칙 및 참다운 가치를 위해 자발적으로 한결같이 헌신하는 것이어야 한다.

2. 군인의 충성

군인과 간부에게 충성의 대상은 국가안보이다. 안중근 의사의 "위국헌신 군인본분"에서 위국헌신이 곧 충성이라 할 수 있다. 따라서 충성은 '애국심patriotism'과 깊이 관련된 개념이 된다. 즉, 충성은 참마음으로 자발적으로 기꺼이 자신의 모든 것, 모든 정성, 심지어는 자신의 생명까지 내던질 수 있을 만큼 나라를 사랑하는 것에서 가능해진다. 국가안보의 영역에는 국토보존, 국민의 생명과 재산의 보호, 외국의 침략으로부터 국민주권을 지키는 일이 포함된다. 물론 일반 시민들의 일상, 교육, 식품과 일용품들의 생산 등도 모두 국가를 위한 일이고 충성과 관련된다 할 수 있다. 하지만 군대조직에서의 충성은 보다 국가의 사활에 직접적으로 관련되어 있다는 특징을 갖는다.

군대조직에서 모든 행위는 명령체계를 통해 이루어지므로, 충성은 상관에 대한 복종과도 관련이 된다. 상관의 명령이 대의명분, 참다운 가치, 국가안보와 관련이 있다면 진심으로 기꺼이 그 명령에 복종하고 수행을 하는 것이 곧 충성이 된다. 상관의 명령에 대한 절대복종의 특성으로 인하여 군대에서는 '문민통제' 또는 '문민우위'의 원칙, 즉 '군이 정치적 중립' 또는 '정치적 불간섭'의 원칙과 의무가 중요하게 된다. 왜냐하면 군대는 막강한 무력을 구비하고 있고, 그 폭력성이 잘못 쓰여지게 될 때에는 오히려 국가와 국민을 위험에 빠뜨리고 헌법을 무시하게 될 수 있기 때문이다. 이 때문에 헌팅턴은 군의 '정치적 중립', '정치적 불간섭'을 군대덕목 중 최고로 내세웠다. 충성의 대상인 '대의명분' 또는 '참다운 가치'는 민주주의 이념과 가치, 세계평화를 기반으로 하며, 이것에 대한 수호가 곧 충성이 된다.

3. 충성의 함양과 고취

군체제는 명령과 절대복종이라는 군만이 갖는 특유의 규칙이 있는데 이것은 곧 군대윤리를 깨뜨리는 원인이 될 수 있다. 왜냐하면 군인이 신이 아니기에 명령과 명령, 또는 충성과 충성이 서로 상충될 수 있기 때문이다. 충성을 와해시킬 수 있는 주요 근원에는 상관의 권력남용 또는 상관의 권력에 대한 부하의 아첨, 출세주의careeris, 완벽주의zero error mentality의 세 가지가 포함된다.

첫째, 상관의 권력남용 또는 상관의 권력에 대한 부하의 아첨에 대한 표적인 예는 진급과 관련된다. 상관의 평정은 부하의 진급에 결정적인 영향을 미치게 된다. 따라서 상관의 평정은 부하를 통제하는 구속으로 작용할 수 있다. 왜냐하면 한 번의 불리한 평정은 그동안 쌓아온 경력을 물거품으로 만들 수도 있기 때문이다. 이 상황에서 상관에 대한 공포심과 자신의 욕심이 결합되어 상관의 부당한 지시에 복종하게 될 수 있다. 이 상황에서 부하는 갈등 속에서 충성에 대한 혼란을 경험하게 된다.

　둘째, 올바른 충성을 깨뜨릴 수 있는 것은 출세주의이다. 계급은 보수와 직위를 결정할 뿐만 아니라 자존심에도 영향을 주게 된다. 이 때문에 직업군인에게 계급은 중요한 목적이 될 수 있다. 더구나 그 군인이 야심에 차 있다면 계급승진은 더욱 중요한 요소가 된다. 국가를 위한 충성스러운 '공복public servant'은 이제 개인의 영달을 위한 관리public official로 전락하게 된다.

　셋째, 완벽주의는 올바른 충성을 손상시킬 수 있다. 군인정신은 한치의 오차도 허용하지 않는 무결점, 완전무결 정신을 요구한다. 하지만 현실적으로 군인이 신이 아닌 이상 실수를 할 수도 있고, 불운의 상황에 처하여 오차를 발생시킬 수 있다. 하지만 잘못된 완벽주의에 집착하여 그 보고를 조작하거나 하지 않게 된다면 더욱 큰 문제가 발생할 수도 있게 된다. 즉, 허위와 보신문화는 실수 자체보다는 실수에 대한 보고체계를 더욱 부정적으로 보게 되고, 이것은 국가의 안위에 위협이 될 수 있다.

　이상과 같이 충성에 대한 갈등상황들을 지혜롭게 풀어나가면서 참다운 충성을 해야 할 것이다. 참다운 충성은 무조건적인 복종이기보다는 국가를 중심에 두고, 잘못된 상관에 대해 문제를 은폐하거나 왜곡하는 것이 아니라, 조언과 비판을 할 수 있어야 한다. 자신의 이익과 상관의 권한에 대한 불안으로 무조건적으로 복종하는 것은 참된 충성이라 할 수 없다. 이것은 상관 개인을 파괴할 수 있을 뿐만 아니라 군대의 특성상 국가의 존립마저 위태롭게 할 수 있는 큰 문제가 될 수도 있다.

제 4 절 존   중

1. 존중의 의미

존중은 한자로 존중存重으로 그 뜻은 '높이어 귀중하게 대함'이다. 영어 어원사전에서 존중인 respect를 찾아보면 "1540s, "to regard," from Middle French respecter "look back; respect; delay," from Latin respectere, frequentative of respicere (see respect (n.). Meaning "treat with deferential regard or esteem" is from 1550s."[5]와 같이 나타난다. 즉, 중세 프랑스에서 돌아보다, 회고하다 의 'look back'에서 유래하였는데 그것은 다시 라틴어의 respectere 에서 기원한다. 그 뜻은 경의를 표하거나deferential 공손한respectful 대우 또는 존경을 의미한다. 그리고 어떤 이를 존중한다는 것은 어떤 사 람의 외부적인 환경에 의한 부당한 편견이 없는 것이라고 설명하 고 있다.

존중은 자신을 포함하여 다른 모든 사람들을 소중히 하고 인정 하고 배려하는 것이라 할 수 있다. 그것은 그 생명과 인격, 그리고 개인적 특성과 재능에 대한 존중을 포함하고 있다. 군대 리더십에서 는 존중을 사람들이 마땅히 대우받아야 할 것을 대우하는 것이라고 설명하고 있다.[6]

존중에 대해 가장 잘 설명하고 있는 영역은 아마도 종교와 철학 이 될 수 있다. 동서양의 대표적인 종교들의 근본원리는 인간을 인

---

5 DICTIONARY, O.E. respect. 2015; Available from: http://www.etymonline. com/index.php?allowed_in_frame=0&search=respect&searchmode=none.

6 Army, U.S.(2010) and J.W. Bennett, 「Army Leadership FM 6−22 (FM 22−100)」, Red Bike Publishing.

정하고 존중하는 것에서 시작하고 있기 때문이다. 따라서 존중의 의미를 이해하는 데 있어 동서양의 대표적인 종교에서 설명하는 존중을 살펴보는 것은 의미가 있다고 하겠다.

불교의 기본원리 중 하나는 불성이라는 개념이다. 즉, 고귀하거나 비천한 사회적인 신분에 상관없이 모든 인간은 부처가 될 수 있는 성질 곧, 불성을 가지고 있다. 따라서 모든 존재가 부처가 될 수 있으므로 모든 존재는 마땅히 존중받아야 한다는 논리가 성립된다. 존중과 관련된 불교의 중요한 또 하나의 원리는 모든 존재가 서로 의존하여 존재한다는 것이다. 나와 다른 존재는 별개의 분리된 존재가 아니라. 인드라망으로 대표되는 것처럼 하나의 존재는 다른 모든 존재와 그물처럼 연결되어 있다. 하나의 존재를 건드리면 연결된 다른 모든 존재가 흔들리게 된다. 그러므로 모든 존재는 서로 협동하며 살아가는 존재가 된다. 자타불이와 동체대비라는 불교의 가르침은 모든 존재는 서로 존중받을 수밖에 없음을 실존원리로서 설명한다.

기독교에서는 만물이 신으로부터 나온 것으로 자신이나 타인을 무시하거나 존중하지 않는 것은 곧 신의 섭리, 신의 창조원리, 그리고 인간의 존재원리에 어긋나는 것이 된다. 기독교의 사랑은 창조주가 인간에 부여한 핵심적 명령으로서 하나님에 대한 사랑과 인간에 대한 사랑의 두 가지로 나뉠 수 있다성경 마태 22:37-40. 이 두 가지는 서로 분리된 것이 아니라 상호 긴밀히 연결된 구조를 가진다. 기독교에서 말하는 아가페agape적 사랑이란 자신에 대한 사랑이나, 혈연이나 이성에 대한 사랑과 같이 사랑할 만한 사람을 사랑하는 것에 머무르지 않는다. 오히려 그것을 넘어서서 사랑할 가치가 없음에도 사랑하는 강력한 의지와 적극적이고 실천적인 사랑을 의미한다. 이러한 사랑이 성공하기 위해서는 인내와 온유가 요구되며, 마음을 다하

고 목숨을 다하고 뜻을 다해야 한다.[7]

동양에서는 유교의 인과 예의 철학이 존중과 관련된다. 유교에서 인의 정의는 타인을 존중하고 공경하며, 이웃과 고락을 함께 하는 것이다.

> "樊遲問仁(번지문인) 子曰愛人(자왈애인)
> 問知(문지) 子曰知人(자왈지인)
> 樊遲未達(번지미달) 子曰 擧直錯諸枉(자왈 거직조저왕)
> 能使枉者直(능사왕자직)

번지가 仁인에 대해 물었다. 공자께서 '사람을 사랑하는 것이다'라고 말씀하셨다. (번지가) 지혜에 대해 물었다. 공자께서 '사람을 아는 것이다'라고 말씀하셨다. 번지가 이해하지 못하자 공자께서 말씀하셨다. 바른 사람을 뽑아 바르지 못한 사람 위에 두면 능히 바르지 못한 사람도 바르게 만들 수 있다.[8]

그리고 타인을 위하고 헌신하고 희생하는 것으로서 기독교의 사랑과 실천적 측면에서 흡사하다 하겠다. 이것은 상호감응하고 소통함으로써 한 몸이게 하는 원리인데, 이것은 곧 만물을 낳고 살리며 육성하는 원리가 된다. 따라서 타인을 존중하는 것은 곧 인간사회의 운영원칙일 뿐만 아니라 자연세계까지 관통하는 기본원리가 된다. 따라서 인간은 이 근본원리를 달성하기 위해 노력해야 할 당위가 부여된다.

한편 심리학자인 프롬Erich Fromm, 1900~1980은 성숙한 사랑이 합일이라고 하였다. 그 합일은 두 가지 조건이 있는데 하나는 본래의 성실

---

7 「성경」 마태복음 5:38-48, 고린도전서 13:4-7.
8 「논어」 안해편.

성이고 두 번째는 개성을 보존한 상태에서의 합일이다. 여기서 개성
을 보존한다는 것은 존중한다는 의미이며 이것은 곧 존중의 개념과
관련된다.

2. 존중의 실현

타인을 존중한다는 의미는 유교의 역지사지와, 충서, 혈구지도와
같은 개념에 근거하여 실천할 수 있다. 역지사지란 타인과 자신의
상황을 바꾸어서 생각해보는 것이다. 이것은 자신이 하고자 하지 않
는 것을 타인에게 강요하지 않으며, 자기가 하고픈 것을 타인이 먼
저 이루도록 배려하는 것으로서 인간사회의 황금률이다. 인간은 자
신의 마음을 살펴봄으로써 그 감정과 의도를 관찰할 수 있고, 이를
근거로 타인의 처지와 감정을 헤아릴 수 있는 능력을 가지고 있다.
이 능력은 상대를 배려할 수 있는 기본적인 능력이다. 이에 대해 유
교에서는 다양하게 그 사례와 의미를 설명하고 있다.

논어, 안해편에는 중궁이 인에 대해 묻자 공자가 말씀하시길
"자기가 바라지 않는 것을 남에게 베풀지 않는 것이다"라고 하였다.
그리고 자공이 묻기를 한마디 말로써 평생동안 실행해야 할 것이 있
는가라고 물었을 때, "그것은 서가 아니겠는가? 자기가 바라지 않는
것을 남에게 베풀지 않는 것이다."[9] 그리고 중용장구 13장에는 "충
서는 도에 가까우니, 자기에게 베풀기를 바라지 않는 것을 남에게
베풀지 말라"고 하였다. 다학장구, 전 10장에는 "위에서 싫어하는
바, 그것으로써 아랫사람을 부리지 아니하며, 아래에서 싫어하는 바,
그것으로써 윗사람을 섬기지 아니한다. 이것을 혈구지도라고 한다"

| 9 「논어」 위영공편.

고 하였다.

공자는 안연에게 인에 대해 이렇게 설명하고 있다.

"자기의 욕구를 극복하고, 예를 회복함이 인을 행함이다. 하루라도 자기를 극복하고 예로 돌아가면 천하가 인으로 돌아갈 것이다. 인을 행함은 나로 말미암는 것이지 타인으로 말미암는 것이 아니다." 이에 안연이 그 세목을 묻자 공자는 다음과 같이 응답한다. "예가 아니면 보지말고, 예가 아니면 듣지 말고, 예가 아니면 말하지 말고, 예가 아니면 행하지 말라."[10] 즉, 인을 실천하는 행동이 예가 되며, 그 중심에는 자기절제와 겸손 그리고 공경이 자리한다.

불교에서는 자비행을 말한다. 이것은 행위의 대상과, 행위의 주체, 그리고 행위 자체에 대해 집착하지 않는 것이다. 무집착 상태에서 불법을 전하여 괴로움을 벗어나게 하고, 재화를 베풀어 육체적인 생존의 두려움에서 벗어나게 하며, 온갖 걱정과 근심을 덜어주는 것으로서 보시를 한다. 이것은 소유와 집착을 버리는 연습인데, 이것은 자신에 대한 집착을 버림으로써 타인을 존중하고 배려할 수 있음을 의미한다.

3. 군대에서의 존중

군인복무규율에는 군인 상호간의 구타, 폭언, 가혹행위를 금지하고 있다. 그리고 지휘관은 이러한 행위가 발생하지 않도록 지도, 감독하도록 규정한다. 일반적으로 군대의 가장 큰 특징 중 하나로 상명하복의 위계질서를 말한다. 하지만 이것은 단지 부하의 상관에 대한 무조건적인 복종만을 의미하는 것은 아니다. 상관이나 부하는 모

| 10 「논어」 안연편.

두 본질적으로 인간이라는 실존적 실체에 기반한다. 따라서 이성과 함께 감정을 가진 존재로서 군인에 대한 이해가 없다면 건강한 사회 조직으로서 군대는 유지가 어렵게 된다. 즉, 군대는 상관에 대한 충성, 상관의 명령에 대한 복종, 상관에 대한 예의를 요구하지만 동시에 부하에 대한 상관의 존중이 중요하다.

미 육군 교범에는 평소 지휘관에게 존중을 받던 부하가 전투 중 믿음직한 군인이 되며, 부하를 존중하는 상관은 부하의 존경심을 고취시킨다고 하였다.

"전투 중 자유국가의 군인들을 믿음직스럽게reliable하는 기율discipline은 거칠거나 폭군같은tyrannical취급으로 얻어질 수 있는 것이 아니다. 반대로 그러한 취급은 군대를 만들기보다 훨씬 더 파괴할 것처럼 보인다. 강렬한 욕구 외에 아무런 감정도 없는 군인들에게 복종을 고취하기 위하여 그러한 방식과 어조로 가르치고 명령하는 것은 가능하다. 반면 반대의 방법과 어조는 확실히 강력한 분개resentment와 불복종의 욕구를 일으킬 것이다. 부하를 다루는 하나의 방식mode이나 다른 방식은 지휘관의 가슴에 상응하는corresponding 정신에서 나온다. 다른 사람에게 마땅히 돌려야 할 존중감respect을 느끼는 사람은 확실히 그들에게 자신에 대한 존중심regard을 고취시킬 수 있다. 반면 타인, 특히 하급자inferior에게 무례disrespect를 느끼고 드러내는 사람은 확실히 자신에 대한 증오심hatred를 불러일으킨다.[11]

평소 상관에게 존중을 받지 못하였던 군인은 상관에게 복종하지 않을 뿐만 아니라 증오심을 갖게 된다는 구절을 주목할 필요가 있다. 이것은 군대 내에서 상관의 하급자에 대한 존중이 결핍된다면 곧 군대조직의 단결을 해치고, 유사시에 군대조직의 분열로 이어지

| 11 John M. Schofield 소장, 미 육사생도들에게 행한 연설, 1879. 8. 11.

는 중요한 원인이 될 수 있다는 것이다.

지휘관이 전투상황에서도 부하를 믿을 수 있고, 부하로부터 존경과 신뢰, 그리고 충성에서 우러나오는 복종을 이끌어내기 위해서는 반드시 그들을 존중해야만 한다. 이것은 계급의 서열 이전에 인간의 본질적 원리인 역지사지의 원리를 군대 내 지휘통솔의 핵심원리로 삼아야 함을 의미한다. 즉, 내가 상대를 존중하지 않는데 상대가 나를 존중할 수는 없는 것이다.

맹자는 제나라 선왕에게 다음과 같이 설명하였다.

> "임금이 신하 보기를 자기의 손발같이 여기면 신하는 임금 보기를 자기의 배와 염통같이 여기고, 임금이 신하 보기를 개나 말과 같이 여기면 신하는 임금 보기를 일반 국민처럼 여기고, 임금이 신하보기를 토개(티끌)같이 여기면 신하는 임금 보기를 원수같이 여긴다."[12]

단순히 군대에서 지휘관과 하급자의 관계뿐만 아니라 임금과 신하간의 관계에서도 상대에 대한 존중은 상호 호혜성의 원리를 갖게 된다는 것을 알 수 있다. 나 자신이 타인의 존중을 받고 싶다면 우선 나 자신이 타인을 먼저 존중하고 배려해야 한다. 특히 군대는 생명을 담보로 위급한 상황에서 국가의 존립과 관계된 국가안보를 담당하고 있다. 따라서 군대에서 부하는 지휘자에게 가장 소중한 자원이 된다. 왜냐하면 유사시에 그들은 목숨을 걸고 전쟁터에 나갈 것이기 때문이다. 그러므로 자유민주주의 국가의 군대에서 군대의 리더는 성, 신념, 종교, 인종에 상관없이 상대를 존엄성을 가진 존재로 존중하고 대우해야 하며 이를 군대의 소중한 기풍으로 키워나가야 한다. 특히 미래의 전쟁은 다양한 전문능력을 가진 구성원들의 자발

12 맹자, 「이루하(離婁下)」.

적 참여가 중요하다. 따라서 존중과 배려에 기반하여 부하의 충성심을 불러일으키고 그들이 가진 잠재력을 최대한으로 이끌어내야 한다. 이것이 현대 군대에서 필요한 장교의 리더십이 된다. 군대의 리더는 타인존중의 정신을 실천하고 모범을 보임으로써 상호존중과 신뢰로 고취된 충성심을 일으키게 된다.

현대는 개성과 다양성이 존중된다. 따라서 상대를 진심으로 존중하기 위해서는 타인에 대한 윤리적, 성적, 종교적, 등 다양한 영역의 기본적인 정보를 습득하고 있어야 하며, 그에 기반하여 타인에 대한 이해와 관용이 가능하고, 이를 통하여 상대를 진심으로 존중하고 배려하고 공정한 대우와 처우를 기대할 수 있다.

군인은 전쟁이라는 유사시를 전제로 공동생활을 하는 경우가 많다. 군인은 서로 목숨을 바쳐 서로를 지키는 존재인 것이다. 따라서 군인관계는 단순한 직장동료의 수준에 머물지 않는다. 이들은 피로 맺어진 동지와 전우고 따라서 상호 깊은 이해와 존중과 사랑이 있을 수밖에 없다.

존중은 평상시에 이루어지는 훈련과 전투부대의 유지를 위해서도 중요한 요소가 된다. 생명이 오가는 위험하고 가혹한 전투상황에서 하달된 명령을 수행하고, 동료의 목숨을 지키는 것은 동료군인들에 대한 신뢰와 존중이 기반이 된다. 만약 상호존중과 신뢰가 허물어진다면 전쟁터에서의 작전수행은 불가능한 것이다.

존 하키트John Hackett는 그의 저서 「전문직업군專門職業軍, (The) profession of arms」에서 부하를 질책하는 데 자존심을 건들지 않도록 특히 주의할 것을 당부하였다.[13] 그는 부하를 불명예스럽게 책임을 묻기 보다는 자존심을 회복하거나 도와서 자존심을 회복할 수 있도록 돕게 되면

---

13 존 하키트, 「전문직업군」(서울: 韓元出版社, 1998), p.142.

지휘관에게 그에 상응하는 보답이 있을 것이라고 강조하였다. 이것
은 본질적으로 인간에 대한 존중이 그 기반이 된다.

제 5 절 책   임

1. 책임의 의미

사전적 의미로 책임은 1) 맡아서 해야 할 임무나 의무 또는 2)
어떤 일에 관련되어 그 결과에 대하여 지는 의무나 부담 또는 그 결
과로 받는 제재制裁로 정의된다. 즉 책임은 직책이나 직위 또는 이름
에 수반한 임무나 의무를 의미한다. 만약 맡겨진 임무나 의무를 다
하지 못하고 소홀히 하게 되면 또는 법에 어긋난 행위를 하였을 때
에는 상응하는 불이익과 처벌을 받게 된다. 하지만 임무나 의무는
단순히 법이나 규정 또는 명령의 요구에 의한 것 이상의 능동성을
요구한다. 현대 자유민주주의 사회에서 임무나 의무는 능동적이고
적극적이고 창의적인 수행을 요구하는 경우가 많기 때문이다.

책임에는 도덕적 책임과 법적인 책임의 두 가지로 나뉠 수 있
다. 전자는 자발적 행위에 대한 의무와 책임을 의미하며, 후자는 법
이 요구하는 책임과 의무, 그리고 이와 관련된 불법적 행위에 대한
법률상 불이익 또는 제재를 의미한다.

앞서 살펴본 바와 같이 '책임성'은 전문직으로서의 직업이 가지
고 있는 세 가지의 중요한 특성 중 하나이다. 전문직은 그 사회의
구성과 운영에 있어서 매우 중요하고 필수적인 기능을 수행하게 되
는데 이 때문에 사회에 대한 책임성이 중요한 주제로 자리잡게 된

다. 즉, 전문직은 그 역할과 기능의 중요성에 걸맞는 책임을 져야
한다. 군대의 장교와 부사관 역시 전문직으로서의 책임이 있다. 군
대는 국가가 부여한 '폭력관리 기술'을 이용하여 국가안보를 보장해
야 하는 막중한 책임을 가지고 있다. 그리고 헌법과 제반 법률적 규
정들을 지키고, 복종하여 군대에 부여된 권한 내에서 국가를 지키
고, 국민의 생명과 재산을 보존해야 한다.

책임은 적극적 책임과 소극적 책임의 두 가지로 나뉠 수 있다.
적극적 책임이란 "부여된 임무를 최선을 다해 완수한다"는 것이며,
소극적 책임은 "임무 수행과정에서 따르게 된 모든 불이익을 감수한
다"는 것이다. 군간부의 책임은 임무완수적 측면이 더욱 크다. 하지
만 동기부여가 제한되어 있는 경우에 도덕적, 법률적 문책에 대한
조항들은 동기부여의 한 방법이 될 수도 있다. 그리고 군대와 같은
합법적 폭력이 동원되는 조직에서 책임성은 중요한 주제가 된다.

2. 책임의 실현

체스터 바나드Chester Barnard는 책임성의 실현을 위해서 강한 도덕
적 성향이 함양되어야 한다고 하였다. 왜냐하면 책임성이란 반대로
행동하고 싶은 상황이나 충동에서도 개인의 행동을 규제함으로써 지
향하는 행동을 하는 능력이기 때문이다. 즉, 도덕준칙의 지배를 받
을 수 있는 능력은 곧 책임성 있는 사람을 만드는 강력한 힘이 된다.
도덕성, 충성, 복종 등의 다양한 덕목들은 의지의 허약성으로 인하여
드러낼 수 없게 되기도 하는데, 이때에 도덕적 성향은 의지의 허약성
을 극복하여 실행의지와 실행능력을 제고시켜 주게 된다.

피터스R.M. Peters는 도덕적 성향과 능력을 구성하기 위한 덕목으로

용기, 인내, 진실성, 일관성, 극기 등을 포함하고 있다. 이러한 덕목들의 증진은 두려움과 불안, 유혹의 상황을 극복하고 도덕원리와 규칙을 실행할 수 있도록 돕는다. 자신의 안전과 이익을 추구하고자 하는 본능적인 속성은 책임감과 충돌하게 된다. 주어진 직위와 직급이 높을수록 이러한 충돌의 갈등은 커지는데 그것은 그만큼 강력한 권한들이 주어지기 때문이다. 따라서 높은 직급의 군인일수록 의지의 강도를 높여주는 도덕적 성향과 인격적 특질들을 개발할 필요성이 더욱 커진다.

3. 고의적이지 않은 행위에 대한 책임

'결과에 대한 책임'에 대한 고찰은 부당한 책임문제를 방지할 뿐만 아니라 책임에 따른 권한의 중요성을 알려주므로 중요하다 하겠다. 아리스토텔레스 철학에 의하면 행위에 대한 책임은 행위자의 인격과 의지에서 나온 '고의적 행위voluntary act'로 한정된다. 즉, '고의적이지 않은 행위involuntary act'에 대한 결과는 책임을 물을 수 없다. 고의적이지 않은 행위는 다시 '강요에 의한 행위compulsory act'와 '무지에 의한 행위ignorant act'의 두 가지로 더욱 나뉘게 된다. 강요에 의한 행위는 "행위의 원인이 외부상황에 있고 행위자는 그 원인에 대해 관여하는 바가 없는 행위"를 의미한다. 즉, 강요에 의한 행위는 행위자의 인격이나 의지와는 관련되어 있지 않고 따라서 책임을 물을 수 없다. 예를 들어 고문이나 강압에 의해서 이루어진 행위들이 된다. 두 번째는 '무지에 의한 행위'로서 행위자가 그 행위의 목적이 무엇이고, 그 결과가 어떻게 될 것인지에 대한 지식이나 고려 없는 가운데 이루어진 행위이다. 예로서 어린아이의 행위나 비정상인의 행위가 이에 포함된다. 뿐만 아니라 정상인에 의한 행위일지라도 그것이 상황과 조건을 알지 못하였을 때, 즉 '고의성'이 없다면 책임을 물을 수 없다.

고의성이라는 기준의 설정은 자연스럽게 '고의성의 기준'은 무엇인가에 대한 물음으로 이어진다. 그러나 고의성의 기준은 설정할 수 없으며, 우리는 단지 행위의 발생상황에 근거하여 추론을 할 수 있을 뿐이다. 그리고 고의성이 없었다 하더라도 그 행위의 결과가 심대한 경우, 그 행위에 대해 정상참작은 가능하겠으나 자동적인 면책으로 이어진다는 것은 적절하지 않을 수도 있다. 특히 군대를 지휘하는 지휘관이나 고급간부의 '고의성'에 근거한 면책은 받아들여지기 쉽지 않은데 그것은 군대가 막강한 폭력적 능력을 가지고 있다는 것과 관련된다.

4. 군대에서의 책임

군인의 책임은 국가안보에 직결될 수 있으므로 사회적으로 군대에 대한 책임요구는 매우 클 수 있다. 군인이 책임은 계급에 따른 책임, 연대책임의식, 개인의 희생과 헌신이라는 세 가지 특징을 가지고 있다.

첫째, 군인에게 책임은 계급과 직책에 따라 명확한 한계가 있다. 이것은 국군병영생활규정에 기록된 바와 같이 군인의 복무상 책무로서 지휘관, 장교, 부사관으로 나누어 설명할 수 있다. 첫째, 지휘관은 부대를 지휘, 관리, 훈련을 하며, 부대의 성패에 대한 책임이 있다. 부대의 군기와 사기, 단결은 지휘관의 지도력에 큰 영향을 받게 되며, 따라서 지휘관은 군 지휘권을 엄정하게 행사하고 부하를 지도, 감독하면서 부하들의 복지향상을 위해 제한된 자원을 효율적으로 사용해야 하는 책임이 있다. 둘째 장교는 군인의 직무수행에 필요한 전문지식과 기술을 익히고 건전한 인격도야와 심신수련에 힘써야 한다. 그리고 처사를 공명정대히 하며 법규를 준수하고, 올바른 판단과 조치를 할 수 있도록 통찰력과 권위를 갖추어야 할 책임이 있다. 셋째, 부사관은 부대의 간부로서 맡은 바 책무를 다하고 모든 일에 솔선수범하여 병의 법규준수와 명령이행을 감독할 책임을 갖는다. 그리고 교육훈련과 내무생활을 지도하며, 병의 신상을 파악함으로써 선도한다. 각종 장비와 보급품관리에 힘쓰는 것도 책임에 포함된다.

둘째, 연대책임의식이라는 특징이 있다. 현대 군대는 매우 복잡하고 다양한 직종들이 함께 결합하여 임무를 수행하게 된다. 따라서 각각의 책무가 다르고 계급이 서로 다른 군인들이 함께 작업을 할 수 있는데, 만약 이 때 한 사람이 자기역할을 못함으로써 전체가 어려운 상황에 놓일 수 있다. 즉, 한 개인은 다른 모두의 운명에 영향을 줄 수 있는데, 이 때문에 연대책임이 군대에서 강조된다.

셋째, 개인의 희생과 헌신이라는 특징을 갖는다. 일단 사회조직과 달리 군대는 자신의 생명마저 담보로 하여 임무를 완수하게 된다. 예를 들어 전쟁상황에서 전투 중에 자신의 생명을 구하기 위해 도망친다면 그는 법적 책임을 지게 된다.

제6절 용   기

1. 용기의 의미

사전적 의미로 용기勇氣, courage는 "씩씩하고 군센 기운", "사물을 겁내지 않는 기개氣槪"로 정의된다. 소크라테스의 대화록 중 하나인 『라케스』는 '용기'를 어떻게 젊은이들에게 가르칠 것인가가 그 주제이다. 이에 의한 용기의 정의는 '용감한 것들의 나열', '용감한 것들의 공통된 힘으로서의 분별있는 인내력', '용기가 모든 분별있는 인내력일 수 없음'이라는 세 가지 단계로 발전하고 있다. 즉, 첫째 용기는 정신적인 인내력이다. 둘째, 분별있는 인내력은 용기와 관련된다. 셋째, 지향하는 바가 개인의 사소한 이익이 아닐 때 비로소 용기라 할 수 있다. 즉 라케스에 의하면 용기는 "정의를 위한 분별있는 인내력"이 된다. 만약 분별이 없다면, 다시 말해서 정의와 관계가 없다면 그것은 만용이라 이름붙인다. 이러한 의미에서 용기라는 덕은 '만용'과 '비겁'의 중용상태라 할 수 있다. 이것은 위험이나 위기를 알지 못하는 상태에서 부리는 철 없는 아이의 객기가 아니다. 즉, 용기란 닥쳐온 상황의 본질을 파악하고 위기를 느끼면서도 굴복하지 않고 극복하려고 노력하는 것이다. 따라서 용기는 단순히 육체적인 강건함만을 의미하는 것이 아니며, 오히려 "위기와 위험의 상황 속에서도 대의를 위해 인내하고 극복하고 실천해 나가는 씩씩한 기개"이다. 그것은 정신적 또는 인격적 특성 또는 행동적 성향이라 할 수 있다.

2. 용기의 실현

논어의 술이述而편은 이를 함축하고 있다.

> "의를 보고도 행하지 않는 것은 용기가 없는 것이다. 군자는 의(義)를 으
> 뜸으로 삼는다. 군자가 용기가 있되 의(義)가 없으면 반란자가 되고, 소인
> 이 용기가 있되 의가 없으면 도적이 된다."

그렇게 하는 것이 옳은 것인 줄 알면서도 행동하지 않는 것은
실천력이 없는 용기, 즉 생각·말에 그치는 용기는 진정한 용기가
아니라는 것이다. 반면에 외면적 행동이 용기 있는 것처럼 보이지
만, 그 행동이 보편적 의리에 부합하지 않는다면 이것 또한 진정한
용기가 아니라는 것이다.

공자는 군자의 도道로서 지인용知仁勇의 조화를 말하며 진정한 용
기란 사리에 밝게 통달하여 시비선악을 올바르게 판단하는 지智를
바탕으로 사랑과 정의 등의 가치를 목표로 삼아, 어떠한 위협에도
좌절하거나 두려워하지 말고 실천하는 것이라고 보았던 것이다.

3. 군대에서의 용기

클라우제비츠는 전장환경에 대해 "자연환경과 피아상황의 불확
실성과 우연, 전투로 인한 생명과 부상의 위험, 육체적 활동과 수면
부족, 열악한 기후와 보급부족 등 육체적인 고통과 노력으로 둘러싸
이는 환경"이라고 설명하였다. 이러한 상황은 곧 군인에게 다른 사
회환경이나 조건과는 다른 특별한 용기를 요구하게 된다. 군인은 죽

음도 두려워하지 않는 용기와 어떠한 어려운 환경과 조건도 인내하고 극복하는 용기, 어려운 환경에서도 임무를 수행하고자 하는 불굴의 의지가 요구된다. 맥아더 장군은 군대에서 용기의 비중에 대해 다음과 같이 설명한다. "군인에게 가장 알맞은 성격 중에서 인간에게 가장 감명을 주는 것은 용기이다. 이것이야말로 모든 군사활동을 성공시키는 기초가 된다."

군인의 최고 미덕은 용기이며, 군인다움의 본질적 요소이다. 공포를 누르고 두려움을 극복하고 임무를 완수하여 전쟁을 승리로 이끄는 가장 큰 동력은 바로 용기이다. 특히 장교 또는 지휘관의 용기는 중요하다. 왜냐하면 전투에서 장교나 지휘관의 용기는 이를 따르는 부하들의 정신과 사기에 영향을 즉각 주게 되기 때문이다. 장교나 지휘관이 죽음을 두려워하지 않는 용기를 보일 때 부하들도 삶에 대한 집착에서 벗어나 용감히 전투에 임하게 된다. 따라서 장교와 지휘관은 스스로 용기를 내어 불굴의 의지와 참다운 가치를 실현시키는 것과 함께 부하들의 용기를 고취시켜야 하는 책임과 의무를 가지게 된다.

용기는 육체적인 용기와 함께 정신적인 용기의 두 가지로 크게 나뉠 수 있다. 이 두 가지는 모두 군대에서 요구되는 용기이다. 우선 육체적 용기란 육체적으로 적의 공격을 받을 때 그 공포를 이겨내는 것이다. 이를 위해 자신의 국가안전보장과 국민생명과 재산의 보호와 같은 참다운 가치, 대의명분을 상기하는 것이 도움이 된다. 육체적 생명의 위험에 대한 두려움을 극복하고 임전무퇴의 정신으로 임무를 수행하는 것이 육체적 용기에 포함될 수 있다.

두 번째, 정신적 용기는 도덕적 용기와 관련된다. 명예의 실추나 도덕적 비난, 경력이나 평가에서의 불이익이 있을지라도 그 위험과 두려움을 이겨내고 자신의 의무인 대의명분, 정의, 참다운 가치를 수행하는 것이다. 이것은 육체적인 위해에 대한 것이기 보다는 오히려 자신의 신념이나 가치, 도덕원칙을 지키고자 하는 것으로서 정신적인, 도덕적인 용기라 할 수 있다.

육체적 용기와 정신적 용기는 서로 관련을 가지고 있다. 육체적 위험에 대해 용기를 가지는 자가 자신의 신념이나 가치, 도덕원칙을 쉽게 손상시키려 하지는 않을 것이라 생각할 수 있다. 육체적으로 자신의 목숨을 바칠 각오가 되어 있는 용맹한 이에게 외부의 도덕적 비난이나 경력상의 불이익은 그리 큰 것이 아닐 수 있다. 역사적으로 소크라테스, 마틴 루터 킹 목사, 안중근 의사 등 수많은 인물들은 육체적으로뿐만 아니라 정신적으로도 강인한 용기로 칭송을 받고 있는데 그 용기가 대의명분을 위한 것이었기 때문이다.

명령과 복종을 통한 철저한 위계질서를 확립하고 있는 군에서 육체적 용기와 정신적 용기 이외에 또 다른 차원의 용기를 요구할 수 있다. 즉 상급자가 부당한 명령을 내린다거나 할 때에 상급자와 의견이 대립하는 경우이다. 상급자라 할지라도 신이 아닌 이상 잘못된 판단 하에 명령을 내릴 수 있는 것이고, 이를 무조건적으로 받아서 수행하는 것이 용기 있다고 할 수 없다. 특히 상급자의 명령이 국가안보, 국민의 생명과 재산보호를 손상시키는 중대한 것이라면 자신의 의견을 표명하고 막는 것이 용기 있는 행동이라 할 수 있다. 따라서 군인의 참된 용기에는 전체적인 상황을 종합하고 판단을 내릴 수 있는 고도의 지적 능력을 함께 요구한다고 하겠다. 참된 용기는 무지의 상태에서 이루어지기 어렵기 때문이다. 군대의 명령체계의 속성상 계급과 직위가 올라갈수록 더욱 정신적인 용기와 판단능력이 요구된다.

군인의 참된 용기는 생명을 담보로 하여 진행되는 전쟁 시에 더욱 확실해질 수 있다. 6·25전쟁 때 목숨을 바쳐 국가를 구한 수많은 이름없는 무명인사들의 모습에서 우리는 참된 용기의 전형을 만나게 된다. 역사적으로 수많은 외침에서 국가와 백성을 위해 목숨을 초개와 같이 던지고, 자신과 심지어 그 가문의 모든 것을 바쳤던 조국의 선열들은 진정한 용기의 모범을 보여주고 있다.

제7절 명   예

1. 명예의 의미

한자의 사전적 의미로 명예名譽는 1) 세상에서 훌륭하다고 인정되는 이름이나 자랑, 또는 그런 존엄이나 품위, 2) 어떤 사람의 공로나 권위를 높이 기리어 특별히 수여하는 칭호로 정의된다. 영어에서 명예는 honor인데 어원사전에 의하면 라틴어 'honorare'에서 유래된 것으로서 그 의미는 "honor, dignity위엄, office공적인, reputation명성"이다. 즉, 명예는 기본적으로 자신의 도덕적, 인격적 존엄에 대한 타인의 승인, 존경, 칭찬이 전제가 된다. 하지만 명예는 단지 외적인 인정으로 충족되기 보다는 스스로의 자각이 동반되어야 한다.

이를 위해 우선 명예의 사전적 의미를 살펴볼 필요가 있다. 사전에 명예名譽는 1) 세상에서 훌륭하다고 인정되는 이름이나 자랑, 또는 그런 존엄이나 품위, 2) 어떤 사람의 공로나 권위를 높이 기리어 특별히 수여하는 칭호라고 정의하고 있다. 명예는 동사로도 쓰여서 '명예롭다'라고 표현한다. 아리스토텔레스는 명예에 대해 "신들에게

우리가 들리는 것, 높은 지위에 있는 사람들이 가장 절실하게 희구
하는 것, 가장 고귀한 행위에 주어지는 상"이라고 정의하였다. 이에
의한다면 명예는 어떤 고귀한 행위에 주어지는 것으로서 타인이나
집단 또는 사회로부터 주어지는 찬양과 관계된다. 즉, 외적인 선의
측면이 있는 것이다. 그리고 명예롭다라는 동사에서 살펴볼 수 있듯
이 명예는 자신이 스스로 만족스러워하고 자랑스러운 만족상태와 관
련된다. 아리스토텔레스는 명예로운 사람을 긍지가 있고 최고로 선
한 사람이라고 하였다. 그리고 스스로도 큰 재목으로 생각한다고 하
였고, 큰 일에 합당한 사람이라고 하였다.

"긍지 있는 사람은 자기 자신을 큰일에 합당하다고 생각하며,
또 실제로 그런 사람이다. 긍지 있는 사람은 가장 큰 가치를 지닌
사람인 까닭에 또한 최고로 선한 사람이다. 명예란 긍지 있는 사람
이 추구하고 긍지 있는 사람에게 돌려지는 것이다. 신들에게 우리가
들리는 것, 높은 지위에 있는 사람들이 가장 절실하게 희구하는 것,
그리고 가장 고귀한 행위에 주어지는 상賞이 명예이다."[14]

아리스토텔레스에 의하면 명예는 외적 조건과 내적 조건이 충족
되어야 가능한 것이라 할 수 있다. 즉 명예는 긍지가 있는 자가 스
스로 추구하는 것인데, 그 스스로 위대한 일을 할 수 있다고 생각하
고, 실제로 하는 자이다. 이런 의미에서 명예는 소명의식과 연결된
다고 해석될 수 있다. 그리고 이러한 내면적 긍지 또는 명예로 누구
에게나 한점의 부끄러움이 없다고 생각하는 마음상태를 주관적 명예
또는 느껴지는 명예honor-felt라고 하였다. 이러한 주관적 명예 또는 긍
지와 자부심은 그 균형을 잃어버릴 때 자칫 교만이나 자만에 빠질
수 있다. 아니면 자신을 비하하고 타인에 굴종하는 비굴이 될 수도

| 14 김남두, 아리스토텔레스 「니코마코스 倫理學」 권4, 제3장(서울: 서광사, 2004), p.51.

있다. 참된 긍지란 이들의 사이에서 균형이 바른 가치이다. 아리스토
텔레스는 니코마코스 윤리학에서 이에 대해 다음과 같이 설명한다.

> "스스로 그런 가치가 없으면서 커다란 가치가 있다고 생각한다면, 그것은
> 교만한 사람이다, 반면 스스로 가치 이하의 가치밖에 없다고 생각하는 사
> 람은 비굴한 사람이다."

두 번째 명예의 외적 조건은 '객관적인 명예' 또는 '보상받는 명
예honor-paid'이다. 그것은 긍지있는 자에게 주어지는 상으로서의 명예
를 의미한다. 즉, 가치있는 일이나 고귀한 행위가 타인과 사회의 인
정을 받고 존중받으면서 이름과 평판이 높아지는 것이다. 이것은 객
관적인 사실에 근거한 명예가 된다.

2. 군대에서의 명예

왓킨M. M. Wakin은 서양의 전통적인 명예규정이 영국에서 물려받은
것으로 하였다. 예를 들어 "군 간부는 신사다", "군 간부들은 전통적
인 영광을 위해 싸운다"와 같은 구절들은 서양의 군대명예의 성격을
잘 알려주고 있다. 이러한 서구 군대의 명예에 대한 성격을 이해하
기 위해서는 간략히 서구 군대의 성장배경을 이해하는 것이 필요하
다. 서양의 경우 1800년대 이전까지만 해도 군대에 장교들은 지금과
같은 전문화된 직업군인이 아니라 용병과 귀족으로 이루어져 있었
다. 용병은 이윤을 위해, 귀족은 명예와 모험을 위해 군대장교가 되
었다. 용병장교는 군사에 대한 직업적 전문성이 있기 보다는 금전적
보수를 흥정하고 이윤을 최대화 하는 것으로서 능력을 인정받았다.
뿐만 아니라 용병들은 서로 다른 독립적인 용병부대로 구성되어 있

었기에 공통적인 행동기준이나 규율, 책임감이 있을 수 없었다. 이러한 상황은 1618~1648년 사이에 일어난 30년전쟁이 일어나면서 변화되었다. 군국주의 군주들이 등장하게 되면서 그들의 영토를 보호하고 지배권을 유지하기 위해서 상비군의 필요성을 깨닫게 된 것이다. 군주국가는 사회의 최하위계층으로부터 매수와 강제를 통하여 통상 8~12년이란 장기간의 복무기간을 할당하여 상비군을 구성, 유지하였다. 일반 병사인 상비군에 비해 장교는 매수나 강요를 통해 귀족들 중에서 왕이 직접 선발하였다. 1789년의 프랑스 대혁명 시기까지 유럽의 군대는 이처럼 귀족들의 장교와 최하위계층의 상비군의 이원화된 계층이 구성하게 된다. 즉, 이것이 서구의 장교상은 귀족장교상이 된 이유이다. 귀족장교들은 군대의 직업적 가치인 전문성, 규율, 책임감 보다는 귀족적 가치인 명예, 개성, 용기를 더욱 중요시하였다. 그들은 장교답기보다는 귀족다웠고, 생각과 행동이 귀족에 근거하였다. 그리하여 1752년의 한 야전규칙에는 가장 중요한 가치로서 장교에게는 명예가, 병사에게는 복종이라고 명기하였다.

서구유럽의 명예정신은 미국으로 넘어와서 미육군 장교들은 스스로를 '국제신사international gentleman'라고 하면서 장교의 말은 그의 보증서라고 그 명예를 소중히 여기고 있다. 자노비츠Morris Janowitz는 미국의 군대명예규정은 영국에서 유래한 것이라고 하면서 다음의 중요 요소를 제시하였다. 1) 장교는 신사다 2) 지휘관에게 개인적으로 충성을 할 의무가 있다. 3) 장교는 하나의 커다란 전우집단의 일원이다. 4) 장교는 전통적인 영광glory를 위하여 싸운다. 이것을 미국군은 다음과 같은 명예규정으로 변용하였다. 1) 장교가 신사라고 하는 것은 도덕적 품성을 지녀야 함을 의미한다. 2) 개인에 대한 충성은 최고원수로서 대통령이라는 직책과 헌법에 대한 충성으로 바뀌었다. 3) 전우

개념은 군대명예 개념의 강력한 요소로서, '단결'과 '전우애'로 남아
있다.

미국의 「육군장교지침서Army Officer's Guide」는 의무duty, 조국country, 성
실성integrity와 함께 명예honor를 전통적인 규정의 기초로 삼고 있다. 그
리고 명예에 대해 다음과 같이 정의하고 있다.

"명예는 장교다운office-like 행위의 보증hallmark이다. 그것은 인격의
산물outgrowth이다. 명예로운 사람은 옳고 그름을 가릴 줄 아는 지식을
보유하고 있으며, 옳은 것을 확고히 견지하는 용기를 가지고 있다.
그것은 장교가 기록하거나 구두로 표현하는 말은 의심없이 받아들일
수 있다는 것을 의미한다. 부대와 군과 나라의 선善을 고려하여 모든
행위가 이루어진다. 그 행위들은 모두 인격적 성실성personal integrity에
포함되어 있다."[15]

미국 사관학교에서는 명예제도를 만들어서 생도들의 교육단계에
서부터 명예로운 인격을 향상시키도록 노력하고 있다. 미국의 경우
와 같이 한국육사에서도 명예제도를 운용해오고 있다. 여기서 명예
제도는 소극적이기 보다는 적극적 개념으로 이해할 필요가 있다.
즉, 절도나 사기를 하지 않는 것이 명예는 아닌 것이다. 이것은 정
직성, 공정성과 같은 윤리에 속하는 것이다. 군대명예는 국가와 군
과 상관에 대한 충성, 책무를 능동적이고 창의적으로 수행하는 책임
감, 위험과 위협에 굴하지 않는 용기, 부하와 동료에 대한 존중과
배려, 헌신 등의 군대의 전통적인 가치들을 수행한 자에 할당된다.
하지만 현대에 군인명예는 이와 함께 전문직업적 지식과 기술을 추
가적으로 요구하고 있다. 미군의 『육군장교지침서army officer's guide』에
정의한 명예로운 장교를 다음과 같이 설명하고 있다.

| 15 Crocker, L.P.(1996), 「Army Officer's Guide」, Stackpole Books, p.31.

"1) 자기부하의 가정환경, 심신상태, 장단점, 능력 등을 파악하고 돌보는 능력, 2) 자기 부대의 장비와 무기를 관리하고 활용하는 지식과 기술, 3) 자신 및 부대의 임무를 정확히 파악하고 마땅히 해야 할 일과 일의 선후경중先後輕重을 구별하는 능력, 4) 새로운 정보와 지식을 획득하고 분석, 종합하여 미래에 대비하고, 창의적으로 활용하는 능력, 5) 전투의 승리를 위한 전술적 지식과 전략적 사고능력, 6) 천문과 지리, 기상을 꿰뚫어 보고 분석하여 정확한 방책을 이끌어 내는 능력, 7) 합리적 목표를 제시하여 부하들의 역량을 최대화하고 결집할 수 있는 탁월한 지휘통솔력을 갖춘 자이다."[16]

이상을 종합하자면 군대의 명예는 탁월한 군사적 업적을 이루거나, 군대의 이상과 가치를 실현하는 식으로 타인으로부터 인정과 존중을 받으며, 스스로도 긍지와 자부심을 느끼는 것이라 할 수 있겠다.

3. 명예의 실현

앞서 설명한 바와 같이 참된 명예는 외적 조건과 내적 조건을 요구한다. 즉, 외적조건이란 객관적 조건으로서 타인이나 사회, 국가로부터 인정과 칭찬, 상을 받는 '보상받는 명예honor-paid'라고 할 수 있다. 그러나 참된 명예는 이것만으로 부족하다. 왜냐하면 외부적으로 아무리 높은 가치의 상을 수상받더라도 자신이 그것에 대해 부끄러워한다면 명예라고 할 수 없기 때문이다.

즉, 명예의 내적 조건은 주관적 조건으로서 스스로 인정하는 명예이다. 자신의 내면에서부터 우러나오는 평가honor-felt로서 자긍심과 긍지, 만족이 포함되어야 비로소 참다운 명예라고 할 수 있다. 역사적으로 당대에는 핍박과 멸시 속에 있었지만 스스로 자신의 신념과

| 16 Crocker, L.P.(1996), 상게서.

사상을 지키고, 후대에 정당한 평가를 받게 되는 경우가 빈번하다. 이들은 재평가를 통해 명예를 얻게 된다.

비록 아리스토텔레스는 명예에 대해 스스로 큰일을 할 수 있다는 자기긍정과 함께 실제로 큰일을 성취하는 것으로서 정의하였을지라도, 현대사회에서 명예는 보다 폭넓고 일상의 일들로도 확대될 수 있다. 즉, 자기의 생업 속에서 맡은 바 임무를 충성스럽고 탁월하게 해 나간다면 그것의 기여가 상대적으로 크지 않아 보일지라도 전체 사회의 운영과 구성에서 중요한 일을 하는 것이다. 왜냐하면 현대사회는 수많은 톱니바퀴가 결합하여 움직이는 것과 같아서 작은 일상의 업무도 전체 사회의 운영과 긴밀히 관련되어 있을 수 있기 때문이며, 그만큼 중요성을 얻게 된다. 아리스토텔레스가 이어서 말한 바 명예는 "신들에게 들어 올려지는 고귀한 일"이므로 그것을 아는 것은 오직 신들뿐인 것이다. 따라서 진정한 명예는 도덕적 가치와 윤리적 가치에 근거하여 자신의 맡은 바 일에 최선을 다하는 것이 기본적인 요강이 된다.

제 10 장

바람직한 군간부상

제1절 사 생 활

1. 공직자의 사생활에 관한 논의

과거에 비해 우리시대의 삶이 누릴 수 있는 최고의 가치 중 하나는 우리가 향유하는 사생활이다. 내 스스로 내 삶의 방식을 결정하고 남과 다른 가치를 추구하는 것을 최대한 보장하는 성숙한 사회라야, 비로소 우리의 삶은 진정한 의미를 찾게 된다. 그러나 진정한 공인公人들에게는, 그들의 직업윤리의 지향점인 공익으로 인해 사생활에 대한 특별한 희생이 요구되거나 정당화된다.

그렇다면 사생활에 대한 공적 개입의 한계는 어떻게 찾아야 하는가? 밀John Stuart Mill은 그의 저서 『자유론On Liberty』에서 '자기관련적 행위self-regarding actions'를 설명한다. 나 또는 나와 동의한 상대자의 행위가 어리석거나 잘못이라고 생각할지라도 이 행위가 타인에게 해악을 끼치지 않는 한 제3자로서 간섭을 받지 않는다는 것이다.[1] 그는 중국과 달리 유럽이 정체되지 않고 계속 진보할 수 있었던 것은 그 다양성에서 비롯되었고, 시대의 획일성을 거부하는 파격과 관습을 따르지 않는 것만으로도 인류에게 봉사하는 것이라고 생각했다.

　　물론 밀이 말하는 것은 국가로부터 보호되는 시민의 사생활이며, 우리가 여기서 말하는 공직자, 특히 군인의 사생활에 밀의 자기관련성이 그대로 적용될 수는 없다. 예컨대 국가가 법으로 개입할 수 없는 순수한 사적 영역에서 비윤리적인 행동들이 벌어진다고 생각해보자. 개인 당사자들의 순수한 합의에 의해서 은밀하게 발생하는 문제에 국가가 개입하는 데는 분명 법규범적 절차의 문제뿐만 아니라 자기관련성을 떠난 제3자에 대한 해악이 고려되어야만 한다. 그러나 행위의 당사자가 군인이라고 한다면 우리는 분명 달리 생각할 수 있다.

　　의사나 변호사 등 여타의 전문가 집단에서 나타나는 비윤리적 행태는 비록 그들이 도덕성에 타격을 가할 수 있을지언정, 최소한 그들의 직업적 전문성에 침해를 가져오지는 않는다. 그렇지만 군인의 부도덕한 행동이 외부로 알려지게 되면, 군인의 직무에 대한 신뢰의 훼손을 가져온다. 따라서 군인을 비롯한 공직자들에게는 보다 높은 도덕적 수준을 가지고 모범이 되는 것이 요구된다.

　　공직자에게 부여되는 특별한 책임은 가장 강력한 규범인 법을 통해서 부여될 수 있다. 우리 헌법 제7조는 "공무원은 국민전체에 대한 봉사자이며, 국민에 대하여 책임을 진다제1항. 공무원의 신분과

| 1 Kleinig J.(1996),『The Ethics of Policing』, Cambridge University Press, p.191.

정치적 중립성은 법률이 정하는 바에 의하여 보장된다제2항"고 규정함
으로써 일반 시민보다 공무원에게 특별한 책임과 의무 부과의 근거
를 마련하고 있다. 따라서 공무원에게는 앞서 밀이 제시한 자기관련
성의 범위를 넘어서는 행위에 대해서까지 그 책임이 인정될 수 있
다. 물론 공무원에 대해서 법률의 근거가 없이도 헌법과 법률에 의
한 기본권을 제약할 수 있고, 이에 대한 사법심사가 제한된다는 이
른바 '특별권력관계론'은 더 이상 인정되지 않는다. 그렇다 하더라도
공직자에게 일반인과 동일한 수준의 사회적 책임만이 적용되는 것은
아닐 것이다. 법률유보의 원칙에 배치된다는 비판을 받아온 종래의
특별권력관계론은 특별행정법관계론으로 수정되어 공무원은 법률에
의해 일반 국민과 다른 기본권의 보장체계를 가지게 되며, 보다 강
도 높은 사생활에 대한 제약이 가능해진다.[2] 이에 따라 법률이 정한
공직자들은 사적 재산을 신고해야 한다. 심지어 공직자들은 자신의
직계존비속의 재산까지 파악하여 성실하게 신고하여야 한다. 뿐만
아니라 특정 고위공직자들을 자신과 가족들의 재산상황과 병역사항
을 국민들에게 공개하여야 한다.

2. 군인의 사생활

시민적·정치적 권리에 관한 국제규약 제17조는 사생활의 비밀
과 자유를 규정하고 있고 헌법 제17조는 "모든 국민은 사생활의 비
밀과 자유를 침해 받지 아니한다"고 규정하고 있다. 헌법재판소는
사생활의 비밀과 자유에 대하여 "사생활의 비밀은 국가가 사생활 영
역을 들여다보는 것에 대한 보호를 제공하는 기본권이며, 사생활의

2 김광수(2008), "공무원과 기본권," 「서강법학」 10(1), p.1.

자유는 국가가 사생활의 자유로운 형성을 방해하거나 금지하는 것에 대한 보호를 의미한다. 구체적으로는 사생활의 비밀과 자유가 보호하는 것은 개인의 내밀한 내용의 비밀을 유지할 권리, 개인이 자신의 사생활의 불가침을 보장받을 수 있는 권리, 개인의 양심영역과 같은 내밀한 영역에 대한 보호, 인격적인 감정 세계의 존중의 권리와 정신적인 내면생활이 침해 받지 아니할 권리"라고 설명하고 있다.

사생활의 비밀과 자유는 감시, 도청 등으로 사생활에 적극적, 소극적으로 침해 받지 않을 자유이며, 자유로운 사생활의 형성 및 유지의 불가침을 말한다. 그런데 병사의 경우 집단생활로 인해 사생활 비밀과 자유가 전면적으로 노출될 위험성에 놓여 있다고 할 수 있다. 또한 생활관 점검 등으로 장교 등의 상급자들에 의한 수양록, 편지 등의 열람과 공개가 사고예방차원이라는 명목 하에 아직까지 관행처럼 남아 있다. 특히 병사의 사생활의 비밀이 침해될 소지가 큰 사안은 보안조사와 내무검사가 있다. 병사들의 경우 보안점검에 아무런 대책 없이 무방비 상태에 노출되어 있다. 규정에 의하여 군부대 내의 보안조사를 하는 것은 군부대의 생명이라고 할 수 있는 비밀의 유지를 위하여 불가피한 점도 일부 있을 수 있다. 그러나 군에 필요한 보안조사가 부대를 상대로 한 것이 아니라 부대의 주요 구성원인 병사 개인들을 상대로 아무런 제한조치 없이 일상적으로 실시되는 것은 중대한 문제이다. 특히 이러한 보안조사는 병사들의 사생활의 비밀과 자유를 위협하는 것으로서 기본권의 본질적인 침해에 해당한다고 하지 않을 수 없다. 보안조사의 목적이 아무리 정당하다고 하여도 비례의 원칙상 허용될 수 없다.

3. 성적 군기문란

성 군기 위반이란 '성을 매개로 군 기강을 문란케 해 부대 단결을 저해하거나 군 위상을 실추시키는 행위'들을 말한다. 이는 개개인의 성 인식의 문제와 더불어 도덕성과도 관련이 되므로 사회적으로 지탄의 대상이 된다. 이러한 성 군기 위반 유형에는 성범죄, 성희롱 등이 있다. 먼저 성범죄란 상대방의 의사에 반해 인권을 침해하는 성폭행·강제추행·성매매·동성 간 범죄를 말한다. 다음으로 성희롱은 상대방에게 신체적·언어적·시각적으로 성적 수치심을 느끼게 하는 행위들로서 상대방에게 입맞춤·포옹 등을 하거나 안마를 요구하는 행위, 음란한 농담과 성적인 비유, 외설적인 사진을 보여주거나 전송하는 행위, 자신의 신체 일부를 노출하거나 만지는 행위들이다. 그 외에 성 군기 위반 행위로는 성범죄에 해당되나 고소가 없는 경우, 기타 품위 유지를 위반한 행위로 불륜, 사생활 방종, 성적 문란 행위 등이 있다. 이런 성 군기 위반은 개인의 사생활 영역에서의 감찰문제와 맞물려 많은 충돌을 빚는다. 하지만 우리는 단순히 무리한 개별적 감찰행태에 대해 비난해서는 안 된다. 사생활 영역에서 발생하는 개인적 일탈행위마저도 군대조직 전체의 책임으로 확대하는 그릇된 외부의 시선과 여기에 줏대 없이 흔들리는 내부의 조바심을 동시에 경계해야 한다. 군대 조직체와 상급자들이 군인의 직무를 넘어서는 개인들의 사생활의 영역에 관심을 가지게 되는 것은 그들이 부담하는 과도한 책임에서 비롯된다. 최소한 범죄에 해당하지도 않고 외부로 노출되어 사회문제가 되지 않는 범위에서는, 그들의 사생활의 영역을 최대한 보장해주는 노력이 필요하다.

4. 종교생활

절박한 전투상황에서 종교와 신앙은 큰 힘이 되고 의지가 된다. 이러한 상관관계 때문에 서양에서는 전통적으로 군대와 종교는 밀접한 관계가 있었으며, 이에 따라 군대에 성직자가 있게 되었다. 그런데 군대와 종교는 각각 저마다 독특한 전통과 조직목표를 갖고 있다. 종교는 인간의 구원이나 해탈 같은 성스러운 목표를 지니나 군대는 싸워 이겨야 한다는 세속적 목표를 가진다. 이렇게 종교와 군대는 이질적 요소를 가지고 있지만 최고의 전투력을 창출하고 유지하기 위해서 군대에서는 종교활동을 허용하고 장려한다. 군인복무규율에는 "종교생활은 군인이 참된 신앙을 통하여 인생관을 확립하고 인격을 도야하며 도덕적인 생활을 하게 하는 데 그 목적이 있다. 따라서 지휘관은 부대의 임무수행에 지장이 없는 범위 안에서 개인의 종교생활을 보장해 주어야 한다"고 규정하고 있다. 여기서 주목해야 하는 것은 지휘관이 부하의 종교생활을 무조건적이 아닌 부대의 임무수행에 지장이 없는 범위에서 보장해 주어야 한다는 것이다. 그리고 임무가 우선적이기 때문에 "군인은 자기가 믿는 종교의 교리 또는 종교생활을 이유로 임무수행에 위배되거나 군의 단결을 저해하는 일체의 행위를 하여서는 아니 된다"고 규정하고 있다. 우리나라의 경우 6·25전쟁 중 전투에 임하는 장병들에게 신앙을 통해 사생관을 정립시켜 싸움에서 이기는 정병육성에 기여하고, 장병들의 사기진작·복지증진·정신전력 함양을 위해 군종병과가 창설되었다. 그러나 이 과정에서 폐단 또한 존재한다. 그것은 종교적 다원주의라는 한국의 현실에서 사회의 종교단체들이 군대를 교세확장에 유리한 포교의 장으로 보고 장병들의 신앙생활보다는 신도 확보에만 급급했던 것과 군내 종교활동의 과열화로 종교가 서로 다른 군인들 간에 위화감을 조성했던 것, 지휘관이 자신이 신봉하는 종교에 편향되어 그 종교를 강요하는 한편 자신이 신봉하지 않는 타종교의 종교 활동을 방해하는 것 등의 바람직하지 못한 사건도 있었다.

육군규정(179)인 군종업무규정 제20조는 "장병들의 신앙심 함양과 신앙 전력화를 위하여 종교시설을 건립·운영한다"고 되어 있는데 이는 정교분리원칙을 천명하고 있는 헌법에 반하는 것이며 국가가 종교적인 행사 등에 재정적 지원을 하는 것도 금지된다. 그런데 육군 규정들은 군에서 계획에 따른 예산편성으로 종교시설을 건립·운영하고, 종교기금도 운영하는 등 공개적으로 종교에 대한 재정적 지원을 하고 있는 것에 문제가 있다. 또한 위 규정 제21조, 제24조 등에서 볼 수 있듯이 교회·성당·법당만 규정함으로써 다른 종교들과도 차별대우를 하고 있으며, 소수 사람들이 신봉하는 소수종교도 분명히 종교로서 동등하게 존중 받아야 하며, 종교간의 평등한 지원도 정교분리원칙에 반하는데 공개적으로 원불교까지 포함하여 4종류의 종교에 대해서만 차별 지원을 하고 있는 것은 중대한 문제이다. 군인복무규율 제32조는 "군인은 자기가 믿는 종교의 교리 또는 종교생활을 이유로 임무수행에 위배되거나 군의 단결을 저해하는 일체의 행위를 하여서는 아니 된다"고 규정함으로써 종교적 행위의 자유에 제한을 가하고 있다. 이 규율은 '임무수행에 위배되거나 군의 단결을 저해하는' 행위가 무엇인지 너무도 막연하고 추상적이며, 지휘관에 따라 자의적으로 적용될 가능성이 아주 높은 규정이다. 또한 '일체의 행위'를 금지함으로써 매우 포괄적인 수권조항의 형식을 취하고 있어 군인의 종교의 자유가 심각하게 침해될 수 있는 조항으로서 헌법상 명확성 원칙을 위반한 조항으로 볼 수 있다.

5. 사생활의 품위

"공무원은 직무의 내외를 불문하고 그 품위가 손상되는 행위를 하여서는 아니 된다"고 규정하고 있는 국가공무원법 제63조는 국가 공무원들에게 사생활에 있어서도 품위를 유지해야 할 의무를 부과한다. 이 조문은 군인을 비롯한 공무원 징계의 근거로서 사용되고 있다. 문제는 여기서 말하는 품위가 지극히 다의적이고 추상적이라는 것이다. 판례는 이를 다음과 같이 해석한다. 국민으로부터 널리 공무를 수탁하여 국민 전체를 위해 근무하는 공무원의 지위를 고려할 때 공무원의 품위손상행위는 본인은 물론 공직사회에 대한 국민의 신뢰를 실추시킬 우려가 있으므로 지방공무원법 제55조는 국가공무원법 제63조와 함께 공무원에게 직무와 관련된 부분은 물론 사적인 부분에 있어서도 건실한 생활을 할 것을 요구하는 '품위유지의무'를 규정하고 있고, 여기에서 품위라 함은 주권자인 국민의 수임자로서 직책을 맡아 수행해 나가기에 손색이 없는 인품을 말한다.[3] 대법원은 이를 장황하게 풀이하고 있지만 사실 그 내용을 구체적으로 살펴보면 '품위'라는 개념을 조금도 구체화시키지 못하고 있다. 사생활에 있어서 품위훼손으로 판단된 주요 판례들은 다음과 같다. 교통사고를 일으키고 도주한 경우, 부도덕한 축첩행위, 사통하던 여자와 싸우다가 상해를 가하여 고소를 당한 경우, 아무런 변제대책도 없이 과다채무를 부담한 경우, 불법과외교습, 도박행위, 음주운전 및 음주상태에서 교통사고를 야기한 경우 사례의 대부분은 군이 품위를 언

3 대법원 1998. 2. 27. 선고 97누18172 판결.

급하지 않더라도 법령을 준수해야 한다는 공무원으로서의 의무를 게을리 했다는 점에서 징계책임이 부과될 수 있다. 공무원의 윤리장전으로서 품위유지의 의무를 선언하는 것은 윤리적 책임의 문제로서 그 정당성을 가질 수 있지만, 법적 의무로서의 품위유지의무는 신분상의 불이익을 가져오는 징계의 근거이며, 그 해석의 재량범위가 너무 넓고 자의적이라는 문제가 있다. 윤리의 문제인 품위를 법의 문제로 확대하는 것은 주의해야 한다.

제 2 절   동·서양의 전통적 장수상

1. 직업주의와 능력

서구에서 귀족주의를 이후로 직업주의가 출현함으로 인해 사회적 출신 성분과 가문의 전통을 기초로 하던 장교 충원 기준은 업무수행에 필요한 능력의 소유로 바뀌었다. 그리고 장교의 권위도 그의 사회적 출신배경에서가 아닌 그가 군대에서 맡은 직위와 업무수행 능력에서 나오게 되었다.

귀족주의 군대에서 귀족 장교와 병사는 신분이 엄격히 구분되었고, 따라서 장교는 병사들 위에 군림할 수 있었다. 장교와 병사는 서로 다른 막사에서 취침하고, 서로 다른 식당에서 식사했다. 장교들은 더 많은 특권을 누렸고 좀 더 많은 장식물을 제복에 부착하는 반면, 병사들은 장교들의 생활을 안락하게 해주기 위해서 일했고 전쟁터에서는 장교의 명예를 위해서 죽었다.

장교와 병사 사이의 관계는 군 직업주의가 등장하면서 함께 출현한 국민개병제의 시행에 따라 국민군대가 탄생함으로써 변하게 되었다. 오늘날 병사는 국민의 일원으로서 당연한 권리와 의무를 갖는다. 프러시아가 국민개병제를 시행할 무렵 군대 내에서 병사들에게 행해졌던 태형을 폐지해야 한다고 선언하고 나선 것도 이런 맥락에서 이해할 수 있다. 이 선언 직후 새로운 군법이 반포되었는데, 이로 인해 군기를 세우는 데 지휘관의 처벌권과 병사들의 시민권 사이의 괴리를 극복하게 되었다.

국민군대의 출현은 장교단을 아마추어주의에서 직업주의로 전환하는 것과 밀접한 관련이 있다. 이러한 관련성은 장교단을 최초로 전문직업화한 프러시아가 국민개병제 또한 최초로 채택했다는 점을 생각해보면 명백히 알 수 있다. 병사들이 숙련된 직업적 정규군으로 구성되어 있을 때는 귀족 출신의 아마추어 장교들로 군대의 유지가 가능했을 것이다. 하지만 병사들이 아마추어 시민군인으로 구성되어 있을 때 군대는 유능하고 경험 있는 장교가 맡아야 한다. 이제 장교의 역할은 계속 보충되어 들어오는 병사들을 훈련하고, 군대조직의 핵심을 이루고, 군사기술의 발전을 담당하는 것으로 확대되었다. 직업주의의 출현으로 인해 장교의 위상은 귀족적인 '신사'에서 군사전문가로 바뀌게 되었다. 과거에 권위가 형성되는 원리가 지배였다면, 다시 말해 이유는 설명해주지 않고 즉시 실행해야 할 명령만 내리는 것이었다면 군 직업주의가 출현한 이후의 장교의 위상은 엄격한 훈육관에서 리더로 바뀌었다. 그리고 이에 따라 장교의 권위의 근거도 인격과 능력으로 대치되었다. 미군의 리더십 교범을 통해서도 인격과 능력을 갖춘 리더가 오늘날 서양의 장교상을 이루고 있음을 알 수 있다. 미 육군의 리더십 교범은 리더십의 요구조건을 인격[Be]—지식[Knowledge]—행동[Do]으로 정형화했으며, 이후 인격적 자질과 능력이라는 두 가지 요건으로 압축해 놓고 있다. 여기서 '인격적 자질'을 '인격'으로 해석할 때 결국 인격과 능력을 갖춘 리더를 오늘날 서양의 장교상으로 삼아도 무방할 것이다.

2. 장수의 지위와 역할

1) 장수는 백성의 생명을 좌우할 권한을 지니며 국가의 운명을 책임진다.

국방력의 강약과 전쟁의 승패는 백성의 목숨과 나라의 존망을 좌우하며, 군을 지휘하는 장수의 능력에 의해 전쟁의 승패가 결정이 난다. 전쟁은 나라의 존망을 좌우하는 나라의 가장 중요한 일이다. 그러므로 전쟁을 지휘하는 장수에게 국가의 운명이 달려있다. 또한 백성의 목숨과 전군의 질서 여부가 장수에게 달려있으며, 국가경영의 안정 여부도 장수의 무력의 뒷받침에 의존한다. 따라서 현명한 장수를 얻으면 군대가 강하고 나라가 번창하지만, 현명한 장수를 얻지 못하면 군대가 약하고 나라가 망한다고 하였다.

2) 장수는 자율성을 지닌 군 지휘자이다.

손자는 군주가 국가경영을 안정적으로 운영하기 위해서는 장수의 지혜와 재능에 의한 무력의 뒷받침이 있어야 한다고 보았다. 따라서 군주는 장수의 군 지휘권을 보장해주어야 한다고 말했다. 손자는 군주가 지휘권에 간섭해서 군을 위태롭게 하는 경우를 다음과 같이 말했다. 첫째, 군의 진퇴와 같은 전투에서의 군 운용에 직접 관여하는 것. 둘째, 군의 행정, 관리 등 군 업무에 간섭하는 것. 셋째, 군 지휘의 특수성을 모르면서 전군의 지휘권에 간섭하는 것이다. 중국에서는 전통적으로 군주가 장수를 전쟁터에 보내면서 행하는 출정식에서 장수에게 부월斧鉞을 내려주는 의식을 통해 장수에게 군의 지휘권을 보장하였으며, 군주에 대한 충성과 전쟁에서 승리를 거둘 책임과 의무를 부과하였다. 군주가 장수를 임명하여 전쟁터에 보내면서 행하는 의식 중에서 군주의 훈시와 장수의 선서를 통해 장수의 의무와 덕이 무엇인지 알 수 있다. 군주는 장수에게 전투지휘의 권한을 맡기면서 올바른 판단과 부하와 고락을 함께 할 것을 지시한다. 군주가 장수에게 부월을 내려주는 것은 군주의 간섭 없이 자율적으로 군을 지휘할 수 있는 전권을 보장한다는 의미이다. 반면 장수는 군주에 대한 충성과 전쟁에서의 승리를 맹세한다.

3. 동·서양의 장수상 분석

1) 서양의 장교상

서양의 전통적 장교상은 "장교는 신사다"라는 말로 표현할 수 있다. 이것은 귀족주의적 장교상의 전통을 반영한 것이다. 이런 전통으로 인해 장교는 명예를 가장 중요한 가치로 여겼다. 현재 미국의 사관학교에서 시행하고 있는 명예제도도 이런 맥락에서 이해할 수 있다.

군 직업주의의 등장으로 장교는 귀족적인 '무사' 또는 '신사'에서 군사전문가로 그 위상이 바뀌게 되었으며, 장교의 권위의 근거도 그의 사회적 출신배경 대신 업무수행 능력으로 대체되었다. 그리고 장교의 명예도 장교 개인의 인격으로 바뀌었다. 지금의 서양의 장교상은 '인격과 능력을 갖춘 리더'로 정형화되었으며, 미 육군 리더십 교범은 그 좋은 본보기가 된다. 그리고 제2차 세계대전을 승리로 이끈

마셜, 맥아더, 패튼, 아이젠하워 등 미국의 전쟁영웅들에게서 인격과 능력을 갖춘 리더의 본보기를 발견할 수 있다.

(1) 신사도와 명예

서양의 역사를 볼 때 19세기 이전까지는 군사적 식견이 없는 아마추어 귀족들이 장교직을 거의 독점하고 있었다. 이런 아마추어 귀족들에게 장교직은 하나의 취미에 불과했다. 귀족 장교들에게는 전문성, 규율, 책임과 같은 군대의 직업적 가치보다도 명예, 용기, 개성과 같은 귀족적 가치가 더 중시되었다. 그들은 장교답게 행동하고 생각하기 보다는, 귀족처럼 행동했고 또한 귀족처럼 생각했다.

그들은 중세의 기사들처럼 명예를 가장 소중한 가치로 여겼다. 1752년의 한 야전규칙은 장교에게는 명예가, 병사에게는 복종이 가장 중요한 가치라고 강조한다. 장교는 명예심을, 병사는 복종심과 충성심을 지녀야 한다. 위험에서의 용맹과 침착, 능력과 경험을 얻고자 하는 정열, 상관에 대한 존경, 동료에 대한 겸손, 부하에 대한 배려, 범법자에 대한 엄벌 등은 명예심으로부터 도출되어 나온다. 따라서 명예 이외의 다른 어떤 것이 장교를 움직이게 해서는 안 된다. 명예는 그 자체가 값진 것이다. 그러나 병사들은 보상과 처벌에 대한 두려움에 의해서 움직여지고 억제되며 길들여진다.[4]

우리가 생각하기에 기사는 보통 품위 있고 교양있는 복장과 매너, 깨끗한 승부를 거는 용감한 결투 그리고 귀부인에 대한 정중한 태도와 로맨틱한 사랑 등의 이미지와 관련하여 연상을 한다. 그러나 사실 기사도 정신의 핵심은 국왕에 대한 충성, 기독교적 겸손과 무사적인 용기, 페어플레이 정신, 금전을 목표로 하지 않는 아마추어 운동가 정신이라 할 수 있다. 기사로서 명예를 지키는 길은 이런 기

4 니코 케이저 저, 조승옥·민경길 역, 전게서, pp.26-30.

344 제4부 군인의 윤리규범

사도 정신에 따르는 것이다. 기사들은 자신의 '명예를 위하여' 결투를 건다. 결투는 정정당당해야 하며 결투할 때 야비하거나 비겁한 행위를 해서는 안 된다는 규범이 바로 결투법^{code of honor}이다. 따라서 결투법의 핵심 가치는 명예라고 할 수 있다. 명예는 기사도 또는 신사도의 전통으로 존중되어 왔으며 서양에서 군대명예의 근간이 되었다고 할 수 있다.

서양 문명의 산물이라 할 수 있는 전쟁법에도 기사도의 페어플레이 정신이 나타나 있는데, 그 대표적인 예로 제네바협약의 배신행위 금지 규정을 들 수 있다. 그 외에 기사도 정신의 현대적 구현에는 포로에 대한 인도적 대우나 항복한 자와 부상이나 질병으로 전투능력을 상실한 자의 생명을 보존해주고자 하는 전쟁법 규정을 들 수 있다. '기사도'가 '신사도'로 호칭된 것은 영국의 전통 때문인 것으로 보인다. 영국의 역사에서 신사란 공식적으로 무기를 휴대하는 상류계급으로 간주되었다. "장교는 신사다"라는 영국의 전통은 여기서 비롯되었고, 미국은 영국의 이런 전통을 변형하여 받아들였다.

켐블은 『미 육군 장교 이미지』에서, "미국의 장교상이 비록 신사로서의 장교상에서 점점 전문 직업인으로서 장교상으로 변화하고 있지만 기본적으로는 신사라는 개념에서 출발했다"라고 말한다.[5] 그런데 귀족주의는 애초부터 존재하지 않았던 미국에서 귀족적 장교상이 영속해 온 것은 매우 역설적이라 할 수 있다.

(2) 명예와 인격

이처럼 미국의 역사적·사회적 맥락에서 장교에게 신사라는 개념을 적용하는 것이 곤란함에도 신사는 장교 명예의 핵심을 이루고 있으며, 장교에 관한 최초의 공식적인 정의로 사용되었다. 최초의

---

5 C. Robert Kemble(1973), The Image of the Army Officer in America: Background for Current View Westport, Greenwood Press

미 군사법도 '신사답지 않은 행동'을 하는 장교는 파면된다고 명시함으로써 "장교는 신사다"라는 공식적인 정의를 뒷받침했다.[6]

『미 육군장교지침서』에서는 "장교는 신사가 되는 것이 미 육군의 전통이다"라고 전제하고, 장교는 명예를 지킬 것을 요구한다. 이 지침서는 명예에 대하여 다음과 같이 설명하고 있다.

"명예는 장교다운 행동의 품질보증이다. 명예는 인격에서 우러나온다. 명예로운 사람이란 옳고 그름을 구분할 수 있는 지식과 옳은 것을 단호히 지키려는 용기를 지닌 사람을 의미한다. 이는 장교의 말과 글이 의심 없이 받아들여질 수 있음을 의미한다. 사실대로 말하고 의견은 솔직해야 한다. 모든 행위는 부대와 군과 국가의 이익을 고려하여 이루어져야 한다. 이런 행위들은 다 개인의 진실성에 포함되어 있다. 여기서 의미하는 명예는 윤리보다는 좁은 의미이다. 국가에 봉사할 때 명예의 중요한 요소로 장교는 품위 있는 생활을 영위할 것이 기대된다. 장교는 거짓말, 사기, 절도를 하지 않고 도덕률을 어기지 않아야 한다. 장교는 불법적이지는 않지만 잘못된 행위에 변명을 하려고 해서는 안 되며, 복무규정에 명시되어 있지는 않지만 떳떳하지 못한 일이라면 그것이 어떤 것이건 하려고 머뭇거려서는 안 된다."[7] 이렇게 해서 장교 명예는 기사도에 바탕을 둔 신사도보다는 장교 개개인의 인격과 밀접히 관련이 된다. 미국의 사관학교들에서 명예제도를 시행하고 있는 이유도 바로 '인격을 갖춘 리더'를 양성하기 위한 것이다.

---

6 Moris Janowitz(1960), 「The Professional Soldier: A Social and Political Portrait」, p.215−231.
7 LTC Lawrence P. Crocker, USA(Ret.), 「Army Officer's Guide」, p.31.

2) 중국의 장수상

서양의 장교상과 비교 가능하고, 우리나라의 전통적 장교상에도 영향을 미친 것으로는 중국의 장수상을 예로 들 수 있다. 전통적으로 중국의 장수상은 '문무겸비'의 장수상이라 할 수 있다. 여기서 문文은 인격을, 무武는 능력을 의미하는 것으로 이해한다면, 이것은 서양의 '인격과 능력을 갖춘 리더'로서의 장교상과 일맥상통한다고 볼 수 있다. 중국의 전통적 장수상에서 우리는 장수의 인격적 특징과 자질 그리고 리더십 스타일을 도출해 낼 수 있으며, 서양의 장교상과 비교해볼 때 많은 공통점을 발견할 수 있다.

(1) 문무 겸비

장수는 먼저 군사들의 마음을 얻어야 하기 때문에 문덕을 갖추어야 한다. 아울러 장수는 총검이 부딪치는 전쟁터에서 승리를 쟁취하여야 하기 때문에 무덕을 갖추어야 한다. 손자의 말에 의하면 "사졸이 아직 장수와 친해지지 않았는데 벌로써 이끌고자 하면 복종하지 않고, 복종하지 않으면 쓸 수가 없다. 사졸이 이미 장수와 친해졌는데 벌이 시행되지 않으면 역시 쓸 수가 없다. 그러므로 문으로 명령을 내리고, 무로써 다스려야 한다. 이런 군대는 반드시 승리한다"라고 한다.

장수는 문무와 강유剛柔를 겸비해야 한다. "문무를 겸비한 인물이라야 비로소 삼군의 장수가 될 수 있으며, 강함과 부드러움을 겸비한 인물이라야 비로소 용병의 대사를 담당할 수 있다. 장수가 용맹스럽기만 한다면, 적을 가볍게 여겨 경솔하게 적과의 접전만을 추구할 뿐 이해관계를 알지 못한다. 이런 인물은 절대 삼군을 통솔할 장수가 되지 못한다."[8]

장수는 강직함과 유연함을 겸비해야 한다. "훌륭한 장수는 강하지만 꺾이지 않고 부드럽지만 굽히지 않는다. 부드럽고 약하기만 해서는 반드시 패하게 되고, 거세고 뻣뻣하기만 해서는 반드시 망하게 된다. 강하지도 않고 유하지도 않게 상황에 따라 중용의 도를 취하는 것이 최선의 방책이다."[9]

(2) 충·지·신·인·용·엄

충성은 사사로운 욕망을 버리고 오직 나라에 몸을 바치는 것이다.

"장수가 출정 명령을 받게 되면 온갖 어려움을 무릅쓰고 적을 격파한 뒤 개선할 생각만 해야 한다. 이것이 장수된 자의 예의, 마음가짐이다. 그러므로 장수는 출정하는 날부터 오로지 싸우다가 죽는 것을 영예롭게 생각할 뿐 구차스럽게 살아 돌아와 치욕을 당할 생각은 결코 하지 않게 되는 것이다."[10] "장수는 재물과 이익을 보고도 탐욕하지 않고, 미인을 보고도 음란한 마음을 품지 않으며, 자신을 나라에 바치고자 하는 간절한 열망을 끝까지 지킬 뿐이다."[11] 장수가 전쟁에서 승리하려면 무엇보다도 먼저 저편과 이편의 전력의 우열과 허와 실 그리고 작전 지역의 지리적 조건 등 관련된 정보를 기초로 정확한 형세 판단을 해야 한다. 형세 판단을 정확히 한 다음에는 작전계획을 잘 세울 줄 알아야 한다. 작전계획을 세울 때 장수는 깊은 통찰력으로 손실을 피하고 이익을 취하는 지략을 발휘해야 한다. 항상 멀리 앞을 내다보고 넓은 관점에서 판국을 파악하며, 큰 이익을 위해서는 사소한 이익을 버릴 줄 알아야 한다. 다음으로 실

8 「오자」, 논장편.
9 「제갈량집」, 장강편.
10 「오자」, 논장편.
11 「제갈량집」, 장지편.

전에 임하여 용병술을 알아야 한다. 전쟁상황은 수시로 변하므로 장수는 미리 세워놓은 계획에 구애되기보다 상황에 민첩하게 임기응변할 수 있는 융통성 있는 사고를 하는 것이 필요하다. 제갈량은 이런 능력을 갖춘 장수를 지장이라고 불렀다.

신(信)이란 명령이 한결같은 것이다. 장수가 계획을 자주 변경하고, 명령을 자주 바꾸면, 장병들은 그 명령을 믿고 따르려 하지 않을 것이다. 따라서 신의가 없으면 명령이 시행되지 못하고, 명령이 시행되지 못하면 군은 단결하지 못하고, 군대가 단결하지 못하면 이름을 빛낼 수 없다.

인이란 부하와 괴로움과 즐거움, 편안함과 위태함을 함께하는 것이다. "장수는 땡볕에서 차양을 치지 않으며, 엄동설한에 자기만 옷을 두껍게 입지 않으며, 험한 길에서는 마차에서 내려 사졸들과 같이 걸으며, 숙영지의 우물이 완성되더라도 사졸들이 마신 뒤에 마시고, 사졸들이 식사하기 전에 식사하지 않는다. 진지가 완성되기 전에는 휴식을 취하지 않으며, 언제나 고락을 함께 한다.『위료자』전위편" "장수는 겸양으로 화합을 이루며, 나쁜 일은 자신에게 돌리고 좋은 일은 부하에게 미루어 부하의 마음을 기쁘게 함으로써 부하가 힘을 다하게 해야 한다.『사마법』엄위편"

용기란 의를 따르는 것이다. 의를 따르고자 하는 도덕적 용기를 지닐 때 엄정하게 되고, 엄정하면 위엄이 있게 되고, 위엄이 있으면 군사들이 그를 따르게 된다. 용기는 자신의 생각과 신념을 행동으로 옮기게 하는 역할을 하기 때문에 용기가 없다면 덕은 발휘될 수 없다. "용맹스러운즉 적을 두려워하지 않는다. 그러므로 적이 감히 침범하지 못한다."[12] "장수가 용감하지 않으면 전군이 정예롭지 못하게

| 12 「육도」, 용도 논장.

된다."[13]

장수가 군을 자유자재로 움직일 수 있도록 해주는 것이 기강이 자 군기이다. 군기의 핵심은 명령에 대한 복종이다. 그러므로 "군대 에서는 명령에 복종하는 것이 최고의 미덕이며, 명령에 불복종하는 것이 최악의 죄악이 된다. 그러므로 누구나 명령에 의지하지 않고는 용맹과 힘을 함부로 쓰지 않게 된다."[14] 군대의 기강이 엄격해야 장 수의 위엄이 서게 된다. 그리고 장수의 위엄은 침착하고 냉정하며, 상벌을 공정히 내리고, 앞서 내린 명령을 가볍게 변경하지 않는 데 있다.

3) 일본의 장수상

(1) 사무라이와 무사도

'무사도'는 사무라이 즉, 무사가 지켜야 할 정신적 덕목임과 동 시에 오랫동안 일본인들이 지향하던 인간수련의 목표로 여겨졌다. 무사도의 핵심은 충성과 무용이다. 충성은 주종관계를 유지할 덕목 으로서, 이것의 본질은 주군의 은혜와 보호에 대한 대가였는데, 그 관계는 법적이 아닌 윤리적인 것이었다.

무사도의 특징이 있다면 그것은 무사도 선불교와 손을 잡고 특 유의 사생관과 에토스를 형성한 것이다. 그리하여 충은 봉건질서를 관통하고 있는 기본적인 주종관계를 무사와 주군 간의 관계뿐만 아 니라 본가와 별가, 상점의 주인과 고용인, 농촌의 지주와 소작인 사 이의 관계까지 지배하는 규범이 되었다.

무사들이 주군에게 충을 실천하는 것은 일종의 의무의 수행이었 다. 사회에 대한 의무감은 무사들의 사회적 신분과 특권을 유지하는

---

13 「육도」, 용도 기병편.
14 「사마법」, 천자지의편.

데 필수적인 것이었다. 이 의무감은 자기훈련을 통해 인위적으로 형성되기 때문에 행동력의 근원으로서 한계가 있다. 의무를 다하기 위해 힘을 다하지만 그것이 불가능해지면 스스로의 사회적 의식을 마비시킴으로써 쉽게 그 의무감의 압박으로부터 해방되는 파괴적인 결과가 더불어 생기기도 하였다. 결론적으로 일본의 무사도는 선불교와 유교적 이데올로기 그리고 일본 특유의 봉건질서가 혼합되어 형성되고 보완되었다고 볼 수 있다.

(2) 메이지 유신과 신 무사도

도쿠가와막부 시대까지 무사는 월등한 사회적 지위를 누렸으며, 특권을 갖는 하나의 계급을 형성하였다. 하지만 메이지 유신을 계기로 무사의 특권은 폐지되고 징병령의 실시로 전쟁은 무사의 특권이 아니라 평민의 의무가 되었다. 그러나 메이지 유신 이후 제도상으로는 무사계급이 없어졌을지라도 오랫동안 계승되어온 무사도 정신은 쉽게 사라지지 않았다. 그 결과 '무사도 정신'은 새로 생긴 '군인정신'이라는 이름으로 계승되었다. 군인정신은 1882년 육해군에 내린 칙유의 가르침을 기초로 하여 발달하였으며 이는 곧 충성·무용·염치·신실·예의 등 전통적인 무사도의 여러 덕목을 바탕으로 하여 이루어졌다.

(3) 흔들리는 무사도

제2차 세계대전에서 패한 일본은 새로운 환경에 맞게 군인들의 정신적 자세를 정립하였다. 이들에게서는 구 일본군에서 볼 수 있었던 개인과 국가의 일체화, 개인의 천황에 대한 절대복종이라는 정신은 찾아볼 수 없다. 그 대신 민주주의를 기초로 하는 기본적 인권과 개인의 자유를 존중하는 정신을 볼 수 있다. 새로운 군인의 정신에서는 국토와 국민을 위한 길이 애국의 길이며, 절대복종은 명령의 적절한 하달과 자각에 의한 복종으로 대치되었다. 그리하여 천황친솔의 신화는 사라지고 지휘관의 통솔력과 인간적 유대가 강조되었다. 그리고 집단 속의 개인의 중요성과 직책에 대한 충성을 강조하고 정치적 활동에 관여하는 것을 금지하고 있는 것 등을 특징으로 한다.

이렇게 새로 정해진 자위관의 정신은 구 일본군이 실현한 군인정신의 전통을 계승했다고는 하지만 본질적으로 그 성격이 다르다.

4) 한국의 장수상

서양의 전통적 장교상은 "장교는 신사다"라는 말로 표현된다. 중국의 전통적 장교상은 충·지·신·인·용·엄을 고루 갖춘 장수상으로 대표될 수 있다. 그리고 일본의 전통적 장교상은 선불교와 유교적 이데올로기와 봉건질서가 혼합된 무사도 정신으로 말할 수 있다.

한국의 전통적 장수상은 주로 중국의 장수상을 모델로 삼았을 것으로 판단된다. 실제로 장수의 자질을 논한 우리나라의 옛 병서는 주로 '무경칠서'를 중심으로 한 중국의 고전적 병서에 제시된 장수상을 따르고 있다. 하지만 우리 고유의 장수상이 없는 것은 아니다. '세속오계'로 표상되어 있는 화랑도 정신, 화랑도의 고유한 수련 방법, 전쟁터에서 용맹을 떨친 화랑들의 활약 등에서 한국적 장교상의 전통을 발견할 수 있다. 그 외에도 우리나라 역사에서 특출했던 명장들과 장수의 자질을 논한 옛날 병서들을 통해 한국의 전통적 장교상을 이끌어낼 수 있다.

(1) 화랑도

화랑도는 국가적 인재를 선발하기 위한 제도임과 동시에 인재양성을 위한 교육제도였다. 세속오계는 화랑도의 정신을 대표하고 있는

352   제4부 군인의 윤리규범

규범이라 할 수 있으며, 화랑들이 추구한 가치 또는 규범은 충성·효도·신의·용기·정의라 할 수 있다. 화랑도의 충성·효도·신의·용기·정의는 손자의 "智信仁勇嚴"보다는 육도의 "勇智仁信忠"에 더 가깝다고 할 수 있으나, 이들 어느 것과 같지는 않다. 화랑도는 공자·노자·부처의 가르침을 따랐기 때문에 공자에 한층 더 충실한 중국의 장수도와는 차이가 난다.

화랑도는 "혹은 서로 도의로써 연마하고 혹은 서로 가락으로써 즐기면서 산수를 찾아 유람하는데 먼 곳이라도 다 미치지 않는 데가 없다"는 특유한 수행방법에서도 알 수 있듯이 도덕적 수양을 귀중하게 여겼고 멋과 낭만을 알고 자연과 더불어 심신을 단련했다.

화랑도를 한국적 무사도의 전형으로 삼을 수 있는 이유로는 첫째, 화랑도는 무사집단의 정신과 에토스를 말하는바, 이는 우리의 역사상 사회적 신분과 지위가 이처럼 명확히 구분된 하나의 무사계급으로 존재했다는 사실과 둘째, 화랑도가 유교, 불교, 도교 등을 사상적 뿌리로 하고 있지만 세 사상을 무사가 추구해야 할 윤리에 창조적으로 접합시킨 것은 조화를 지향하는 우리 민족의 특성을 반영하고 있으며 셋째, 화랑도는 화랑들의 사상과 행동을 지배했고 행동으로 실천됨으로써 그 규범적인 기능을 다했고 넷째, 우리나라의 무인들이 전통적으로 추구했던 정신은 화랑도의 기본정신에서 크게 벗어나지 않는다는 점 등을 들 수 있다.

화랑도의 정신은 지도자가 갖추어야 할 훌륭한 덕목들로서 동서고금의 군장교에게 빼놓을 수 없는 특성이라 할 수 있다. 이러한 화랑도의 정신은 오늘날 '군인복무규율'의 "군인정신", "지휘관 및 장교의 책무", "군인의 일상행동" 등과 같이 우리 군의 정신적 유산으로 이어져오고 있다.

제 3 절 한국군 간부상 정립

1. 대한민국 군의 창군과 건군

1) 창군, 경비대

1945년 8월 15일 일제로부터 해방이 되고, 1948년 8월 15일 대한민국 정부가 수립되기까지 3년간 미군에 의한 군정이 실시되었기 때문에 광복과 건국이 일치하지 않게 되었다. 이 3년간의 공백 때문에 '창군'과 '건군'이 구분이 된다.

대한민국정부가 수립되고 나서 미 군정 하의 '조선경비대'와 '조선해안경비대'가 그대로 국군에 편입되어 대한민국 육군과 해군이 되었다. 이 때문에 미 군정 하에서 설치된 경비대가 대한민국 국군의 초석이 되고 모체가 된다고 볼 수 있다. 미 군정 하에서 경비대는 해방 이전까지 광복군, 일본군, 만주군에서 복무한 군사경력자들을 기간요원으로 삼아 창설되었다. 경비대 간부들의 구성이 이질적이었듯이 이들의 주도로 창설된 경비대는 뚜렷한 이념도 정체성도 없이, 일본군 군복에 일제총을 메고, 일본말을 직역한 구령에 한국 밥을 먹고 한국 군가를 부르며, 미국식 제식훈련을 받는 기형적인 모습을 보였다.

다만 미군정의 방침에 따라 미군이 맡아오던 통위부장국방부장관에 임시정부 군무총장과 참모총장을 역임한 유동열을, 경비대총사령관육군참모총장에 광복군 편련처장을 역임한 송호성을 임명함으로써 광복군의 법통과 정신을 계승하여야 한다는 시대적 여망에 따른 것이 특별히 다루어질 만한 사항이다.

경비대 구성원 중에서 일본군 출신들이 한때 일본군에 몸담았다는 사실 하나만으로 그들을 친일파로 비난할 수 없다. 왜냐하면 이들 가운데는 노백린, 이갑, 유동열, 김경천, 이청천, 조철호, 이종혁 등 일본육사 출신들과 고려대학교 총장을 역임한 김준엽, 언론인 장준하 등 학도병 출신들처럼 민족진영에 가담하여 독립투쟁을 전개한 인사도 있었기 때문이다.

2) 육군사관학교

미 군정 당국이 경비대를 조직하는 데 있어서 조직의 핵심이 될 간부를 확보하는 것이 우선적으로 해결해야 할 과제였다. 이런 과제를 해결하기 위해서는 자연히 과거 군대 경력자를 최대한 활용할 수밖에 없었다. 그런데 이들을 활용하는 데 언어장벽이 가장 큰 장애요소였고 그래서 만들어진 것이 군사영어학교이다. 처음 입교자 선발에서 가장 크게 고려한 점은 광복군, 일본군, 만주군 출신들을 고루 뽑아 인맥이 한쪽에 치우치지 않도록 하는 것이었다. 그러나 결과적으로 입교생 대부분이 일본군 출신이 차지하게 되었다. 군사영어학교 출신 총 110명 가운데 87명이 일본군 출신이고, 나머지 만주군 출신이 21명이며, 광복군 출신으로 분류되는 입교자는 단 2명에 불과했다. 군사영어학교는 1946년 4월 30일에 폐교되었고, 다음 날인 5월 1일 당시 군사영어학교가 있던 현재 화랑대 자리에 남조선국방경비사관학교가 세워졌다. 이후 '국방경비대'가 '경비대'로 이름이 바뀜에 따라 조선경비대사관학교로 교명을 바꾸었다가 정부수립 직후인 1948년 9월 5일 육군사관학교로 이름이 바뀌어 오늘날까지 이르고 있다.

정부수립 때까지 육군사관학교경비사관학교는 제1기에서 제6기까지 총 1,254명의 졸업생을 배출했는데, 생도들의 성분은 제4기까지는 과거 광복군, 일본군, 만주군에 복무한 군사경력자들이 대부분이었다. 제5기생은 5년제 중학졸업^{오늘날 고졸} 이상인 순수 민간인 가운데서 선발했는데, 3분의 2가 월남한 이북 출신이었다. 제6기생은 각 연대 우수 부사관과 병을 대상으로 모집했는데 이북 출신이 주류를 이루었다.

정부수립 후 육군사관학교는 제7기부터 제10기까지 총 3,657명을 배출하였다. 제7기와 제8기는 정기와 특별과정이 있었는데, 정기과정은 민간인들을 선발하여 교육한 과정이고, 특별과정은 그때까지 군에 입대하지 않은 광복군, 일본군, 만주군 출신의 중진급 인사들을 단기간 입교시킨 후 과거 경력을 고려해 계급을 부여해 임관시킨 과정이다.

이처럼 육군사관학교는 초창기에 출신 성분이 다양한 생도들을 하나로 통일하는 데 결정적으로 기여했다고 볼 수 있다. 그리고 대한민국 육군사관학교는 창군과 건군의 역군을 배출하였을 뿐만 아니라 한국군 장교단의 정체성을 확립하고, 한국전쟁에서는 위기에 처한 나라를 구해낸 군사인재를 양성하였다. 그리고 전쟁 후에는 전후 복구사업과 군의 현대화에 필요한 인재를 배출하였다. 그리고 육군사관학교는 독립군―광복군―대한민국 국군으로 이어지는 군의 정통성을 계승하고자 했다는 역사적 평가를 할 수 있다. 광복군 출신들이 초창기 육사 교장에 연이어 취임한 것도 이런 맥락에서 이해될 수 있다.

2. 참군인 사례분석

대한민국 장교상의 표상으로 삼을 수 있는 인물은 과연 누구일

까 하는 질문에 사람마다 견해를 달리할 수 있다. 그만큼 의견의 일
치를 보지 못하고 있기 때문이다. 이에 대해서는 앞으로 더 많은 연
구가 이루어져야 하겠지만 우선 김홍일 장군과 이종찬 장군을 대한
민국 참군인의 본보기로 들고자 한다.

1) 김홍일 장군

　　자주독립과 애국애족을 몸소 실천한 김홍일 장군[1898~1980]은 중국
군관학교를 졸업, 중국군 장교로 임관한 후 만주와 시베리아에서 항
일투쟁을 전개하고, 중국군에서 대일전쟁을 수행하면서 중국군 소장
과 사단장 직위까지 두루 거쳐 지냈다. 그는 중국군 상하이 병기창
주임장교로 있을 때 김구 주석의 부탁으로 이봉창, 윤봉길 의사가
의거에 사용할 폭탄을 제조해준 숨은 공로자이기도 하다. 그가 광복
군 참모장에 취임하여 활동하던 중 일제가 패망하였다. 이에 그는
중국군에 복귀하여 만주지역에 거주하는 200만 동포들의 신변안전
과 재산을 지키는 일을 수행하였다. 이런 사정 때문에 귀국이 늦어
져 1948년 12월 10일 육군준장으로 국군에 입대하여 한국군 최초로
장군에 진급한 5명 가운데 하나가 되었다. 그리고 곧 육군사관학교
교장에 취임하여 생도교육에 열과 성을 쏟았다.

　　이후 육군참모학교장에 임명되었으나 곧 전쟁이 발발하여 시흥
지구전투 사령관으로 한강방어전을 성공적으로 전개해 미군이 한국
전에 투입되는 데 필요한 시간을 확보함으로써 한국전쟁의 결정적
위기를 극복해냈다. 그 후 한국군 최초로 창설된 제1군단 군단장에
보임되어 전쟁을 지휘하다가 육군종합학교 교장에 취임, 1951년 3
월 중장 진급과 동시에 예편하였다.

　　김홍일 장군이 육사 교장으로 취임하여 가장 중점을 두고 강조

한 것이 충국애민忠國愛民이다. 나라에 충성하고 민족을 사랑하는 장교가 되라는 뜻이다. 그는 광복군 출신들이 흔히 지닐 수 있는 독선적 태도를 버리고 일본군과 만주군 출신들의 입장을 이해하고 포용하는 자세를 지녔다. 그는 "일단 육사라는 용광로를 거쳐가는 군인은 그의 전신이 광복군이건 일본군이건 만주군이건 모두가 다 대한민국 국군이 되어야 한다"라고 강조했다.

그는 육사 교장으로 있으면서 생도들에게 행한 정신교육을 통해 신생 조국의 장교가 될 생도들에게 정신적 방향을 명백히 제시해 주었다. 그는 인격의 중요성을 강조하며 "제 아무리 지식이 많고 재주가 뛰어나도 인격이 없으면 그 지식과 재능은 잘못 사용된다고 하였다. 그는 중대장이면 중대장, 소대장이면 소대장, 지휘관은 모두 반드시 자기의 인격으로 영향을 끼쳐야 한다"라고 말했다. 또 개개 병사들의 인격을 존중하여 가혹행위나 폭언을 하지 말아야 한다고 강조했다. 장교가 인격으로 영향을 주기 위해서는 솔선수범하여야 한다고도 말했다. 그는 확실히 일본군 장교들의 권위적이고 비민주적인 리더십과는 근본적으로 다른 분위기를 풍겼다. 그는 평소에 "부하를 사랑하고 부하들과 더불어 고락을 같이해야 한다. 그래야만 그 부하들이 전시에 생사를 같이할 수 있는 것이다"라고 말하였다. 김홍일 장군은 육사 영내에 거주하면서 사관생도들이 먹는 꽁보리밥과 밀밥을 같이 먹었으며, 생도들이 일어나는 시간에 같이 일어났다.

그는 손해를 보는 일이 있더라도 옳고 참된 일을 행해야 한다고 강조했다. 정도를 걷기 위해서는 주위의 유혹을 물리치고 구차한 짓을 하지 말아야 하며 이것이 바로 용기라고 말했다. 그는 실제로 강직하게 살았다. 그는 중국군에 있을 때 재산을 모을 기회가 많았지만 결코 재물에 관심을 두지 않고, 검소하고 청빈한 생활을 한 것으로 알려져 있다. 부하들로 하여금 명령에 복종하도록 하는 것은 지휘관이 공평무사, 신상필벌로 부하들을 다스리는 데서 비롯된다고 말하고, 상을 주고 벌을 주는 데는 조금이라도 사심이나 정실이 개입되어서는 안 된다고 하였다. 즉, 공평무사, 신상필벌로 다스릴 때 지휘관의 위신이 서며, 명령이 명령으로써 준엄성을 갖는다는 것이다.

군대가 승리하기 위해서는 전우애와 협동정신이 필요한데, 이는 진실을 바탕으로 하는 상호 신의가 전제되어야 한다고 말했다. 김홍일 장군이 장교들과 사관생도들에게 깊은 인상을 남긴 것은 신념에 찬 정신교육과 당당하고 꿋꿋한 외모와 태도 때문이었다고 한다. 그는 육사교장, 참모학교장, 육군종합학교장들을 거치며 후진 양성에 힘썼다. 군단장을 역임한 그는 새로 설치되는 육군종합학교장에 취임하였는데, 이 학교는 개전 초 전선에 투입되어 살아남은 육사생도 2기생과 보병학교 간부후보생들이 입교하였다. 이후 종합학교를 졸업하고 임관한 장교는 모두 7,267명에 달했다. 전쟁 기간에 이들은 일선 소대장과 중대장으로 싸우다 절반 가량이 전사하거나 부상당했다.

2) 이종찬 장군

원칙과 소신을 지켜 우리 군의 '정신적 대부'라는 호칭을 받은 이종찬 장군^{1916~1983}은 많은 일화를 남긴 장군으로 유명하다. 그만큼 개성이 강하고 신념이 뚜렷한 장군이었다. 일본육사를 나와 일본군 소좌_{소령}로 남태평양 뉴기니에서 일제의 패망을 맞았다. 일본육사시절부터 그에게 민족의식이 싹텄다고 한다. 일본군 장교가 된 한국인들이 대부분 창씨개명을 했지만 그는 끝까지 한국 이름을 지켰다.

뉴기니에서 공병부대에 근무하고 있던 그에게 뉴기니 민간인 집단 수용소를 관리하라는 임무가 주어졌는데, 그곳 사령관이 수용된 민간인 가운데 젊고 예쁜 위안부를 차출하여 사령부로 보내라는 명령을 내리자 이를 단호히 거절하여 위험 지역으로 좌천되기도 하였다. 그는 일본의 패망으로 귀국이 어려워진 일본군 출신 조선인을 이끌고 온갖 어려운 고비를 겪은 끝에 1946년 6월 인천항에 도착, 귀국하였다. 많은 일본군, 만주군 출신들이 귀국과 동시에 군에 들어가 고급 간부를 차지한 것과는 대조적으로 그는 일본군에 복무했다는 죄책감 때문에 귀국 후 3년 동안 자숙의 세월을 보냈다. 그러나 주위의 권유로 1949년 6월 대령으로 임관하여 국군에 입대하였다.

그 후 그는 수도경비사령관으로 전쟁을 맞았다. 한강 방어선이 붕괴되자 패잔병이나 다름없는 부하들과 수원 북문에 도착했을 때 적 전차를 저지하기 위해 북문 폭파 준비를 서두르고 있는 공병부대를 목격하고, "이 북문은 귀중한 민족의 사적으로 우리는 이를 보존할 의무가 있다"라고 만류하였다. 이에 공병부대는 대신 대전차 지뢰를 묻게 되었다.

이후 제3사단장에 임명된 그는 포항방어전에 임해 자결을 각오하고 형산강 방어선을 지켰다. 그는 전선 시찰 도중 소속 부대가 포위 공격을 당하고 있는데도 위치를 이탈하지 않고 성실하게 임무를 수행하고 있는 보초를 목격하고는 이 병사를 표창하기 위해 지프에 태우고 사령부로 돌아가다가 적의 포탄 공격을 받아 죽을 뻔하기도 하였다.

인천상륙작전과 때를 같이 하여 제3사단은 공세로 전환해 포항을 탈환하고 이어서 동해안을 따라 추격전을 전개하여 1950년 9월 30일 38°선에 도착했다. 11일 동안 360km를 진격한 것이다. 제3사단이 경북 영덕을 공격할 때 적의 저항이 만만치 않아 진격이 어렵게 되자 군단장이 그에게 돌파가 어려우면 읍내에 포격을 가하고 방

화를 해서 진입하도록 명령하자 민간인 희생을 우려해 명령을 취소
하도록 하였다. 사단이 강릉에 진주했을 때 병사들이 과수원에서 사
과를 따 먹고 있는 것을 목격한 그는 "우리는 주인을 기다리는 사과
나무를 지켜주어야 할 의무가 있는 사람이야!"라고 힐책했다고 한다.

사단이 38°선을 넘은 후 원산에서 한 헌병이 공산당 여성을 강
간하려다가 성기가 잘린 사건이 발생했다. 이종찬 장군은 헌병과 헌
병을 유인한 그 여성을 함께 처형하도록 하였다. 한 연대장이 지방
의 공산주의자들을 현장에서 처형하려는 것을 저지하고, 경찰에 이
첩하여 법대로 처리하도록 하였다. 북진 중에 생포한 인민군 중좌^{중령}
를 감시와 후송이 번거롭다는 이유로 즉결 처분하려 한다는 말을 들
은 이종찬 장군은 국제법 규정대로 포로를 후송하도록 조치하였다.
그는 적의 시체는 부대 이동에 지장이 되지 않는 한 매장토록 하고,
신원을 확인해 나무푯말을 묘지 앞에 세워두도록 지시하였다.

1951년 6월 참모총장에 취임하면서 그의 파란만장한 군대생활
이 시작되었다. 총장으로서 그가 맨 처음 고심한 것은 국민방위군사
건과 거창 양민학살사건 처리 문제였다. 국민방위군사건은 만 17세
이상 만 40세 미만의 제2국민병으로 조직된 국민방위군을 중공군
개입으로 후퇴시키면서 이들에게 보급을 지급하지 않아 기아와 동상
등으로 1,000여 명의 장정이 희생된 사건이다. 이 사건은 방위군사
령관 이하 최고위급 간부들이 방위군에 지급된 예산을 착복함으로써
발생한 부정부패 사건이다. 그런데 1심 재판에서 이들에게 경미한
처벌이 내려지자 여론이 들끓고 국회에서 정치문제화 되었다. 이에
이종찬 장군은 재심 재판을 개최하여 사령관 김윤근 준장, 부사령관
윤익헌 대령을 포함한 5명의 고급장교를 사형에 처하는 단호한 조
치를 취했다.

거창 양민학살사건은 군이 작전 도중에 저지른 비행으로 재판 결과 군의 사기가 저하되어서도 안 되지만, 그렇다고 관계자를 엄벌에 처해야 한다는 국민여론도 무시할 수 없는 미묘한 사건이었다. 결국 사건에 책임이 있는 지휘관에게 무기징역을 선고하는 선에서 마무리했다.

이종찬 총장은 취임 직후 전쟁 초기에 분대장 이상 지휘자에게 내려졌던 즉결처분권을 취소하는 훈령을 내렸다. "민주주의 국가의 국군으로서 엄연한 군법이 확립되어 있는 이상 이러한 즉결처분권은 있을 수 없다"라는 것이 그 이유였다. 즉결처분권이란 명령 없이 후퇴하거나 작전명령을 불이행하는 자에 대해서는 현장에서 총살하도록 하는 초법적 조치를 말한다.

그는 "욕망은 모든 번뇌의 근원이다", "사람은 누구나 욕심을 갖기 마련이나 이것을 자기수양을 통해 줄이는 것이 인격자요 지성인이다", "윗사람이 공정무사하면 아랫사람들이 따르게 된다"라고 자주 말했다. 출장비가 남으면 국고에 반납할 정도로 그는 금전관리를 철저하게 했다. 한 번은 부하가 당시 장성들 사이에 유행하던 미제 가죽 점퍼를 가지고 왔지만 "무슨 돈으로 이걸 사왔느냐?"라며 받지 않았다. 정기 인사에서 진급자 명단에 들어있는 사촌동생을 빼도록 지시하여 진급에 하자가 없는 동생을 누락시켰다. 그 대신 그는 어떤 진급 청탁도 받아주지 않았다. 그는 인사문제에 공정성을 잃으면 군 기강이 근본부터 무너진다는 생각을 가지고 있었다. 정계 실력자의 이권청탁도 거절하였다. 그가 이런 태도를 취할 수 있었던 것은 친척이 경영하는 회사 제품의 군납을 받지 못하게 하는 등 자신의 주변부터 먼저 깨끗이 하였기 때문이다.

이렇게 청렴 무사한 이종찬 장군도 친구와 부하에 대하 인정은 남다른 데가 있었다. 절친한 친구에게 파격적인 편의를 제공해주기도 하고, 자신이 어려울 때 도움을 준 사람에게 사업을 하도록 밀어주기도 하였다. 살림이 어려운 부하에게 물질적 도움을 주기도 하였다.

그는 1952년 5월의 '부산 정치파동'을 계기로 한국군의 '정신적 대부' 또는 '참 군인'이라는 호칭을 얻게 되었다. 이승만 대통령이 집권 연장을 위한 개헌을 강행하기 위해 5월 25일 0시를 기해 부산 일원에 비상계엄령을 선포하자, 원용덕 계엄사령관이 헌병을 시켜 야당 국회의원들을 구속하는 조치를 취했다. 이때 이종찬 총장에게 2개 대대 병력을 계엄군으로 부산에 출동시키라는 대통령의 명령이 국방부장관을 통해 하달되었다. 이종찬 총장은 군은 국가방위라는 본연의 임무에 충실할 뿐 특정 정치인의 정치적 목적을 달성하기 위해 이용될 수 없다는 확고한 신념에 따라 이를 단호히 거절하였다.

이로 인해 그는 대통령의 노여움을 사 신변에 위협을 당하기까지 했으며, 결국 총장직에서 해임되고 말았다. 이후 1년간 미국 유학을 마친 그는 무려 7년 동안 육대 총장으로 재직하다가, 4·19 혁명으로 이승만 정권이 붕괴되자 예편하여 과도정부 국방부장관에 취임하였다. 그는 군이 정치에 이용당하는 것 못지않게 군이 정치에 개입해서는 안 된다는 소신을 지켰다. 과도정부 국방부장관에 취임한 그는 정치적 혼란기에 군이 정치에 개입하는 것을 차단하기 위해 3군 참모총장과 해병대사령관으로 하여금 헌법준수 선서를 하도록 하였다. 그는 수차례 군사혁명을 제안 받았지만 응하지 않았다. 박정희 장군의 군사혁명 제안도 일언지하에 거절하였음은 물론이다.

총장시절 그는 4년제 육사를 개교하도록 하였고, 광복군의 전통을 계승하도록 광복군 출신이자 안중근 의사의 조카인 안춘생 장군을 교장으로 임명했다.

사항색인

저자 소개

김장흠

1957년 충북 영동에서 출생, 대전에서 초·중·고를 졸업하고 육군3사관학교와 육군대학을 졸업했다. 한성대학교 국제대학원 안보전략학석사, 한성대학교 대학원 행정학과 정책학박사를 졸업했다. 대한민국 육군에서 32년간 야전부대와 정책부서에서 지휘관과 참모업무를 수행하면서 국가와 군을 위해 헌신하는 자세로 열정적이고 성공적으로 근무를 하였다.

육군대령으로 전역하여 영남대학교 군사학과에서 후학양성에 일익을 담당하면서 국가안보와 군 간부의 도덕성이 얼마나 중요한 것인지를 깨닫게 되었다. 이후 대덕대학교 군사학부장으로 자리를 옮겨 '군이 원하는 인재' 인성과 품성을 겸비한 장교 및 부사관 양성에 진력하고 있다. 현재 대덕대학교에서 군사학부장과 3사커리어개발센터장을 역임하면서 육군3사관학교, 육군부사관, 해군부사관 전국최다 합격생을 배출하고 있다.

연락처: 010-5072-7358
　　　　kjh2@ddc.ac.kr

국가와 군대윤리

초판인쇄	2016년 2월 15일
초판발행	2016년 3월 1일
지은이	김장흠
펴낸이	안종만
편 집	이승현
기획/마케팅	임재무
표지디자인	조아라
제 작	우인도·고철민
펴낸곳	(주) 박영사
	서울특별시 종로구 새문안로3길 36, 1601
	등록 1959. 3. 11. 제300-1959-1호(倫)
전 화	02)733-6771
f a x	02)736-4818
e-mail	pys@pybook.co.kr
homepage	www.pybook.co.kr
ISBN	979-11-303-0274-4 93390

copyright©김장흠, 2016, Printed in Korea

정 가   18,000원